Bruno Hespeler

Jägerhandwerk

Österreichischer Jagd- und Fischerei-Verlag

Bruno Hespeler

Jägerhandwerk

Österreichischer Jagd- und Fischerei-Verlag

Bruno Hespeler, Jahrgang 1943, war lange Jahre Berufsjäger und Revierleiter im Allgäu. Er lebt heute als freier Journalist und Sachbuch-Autor in Kärnten.

Titelbild: Markus Zeiler

Fotos: Peter Eggenberger (Seiten 80, 152, 153, 168, 170, 237, 279, 297), Siegfried Erker (S. 98), Fotostudio Steffen Hauswirth (S. 225), Frank Heil (2× S. 28), Eric Leitner (S. 221, 2× S. 222), Matthias Kneppler (S. 241), Franz Kovacs (S. 256), Miha Krofel (S. 66, 163), Herbert Raffalt (S. 249), Gerd Rossen (S. 69), Markus Stähli (S. 79, 159, 198), Dietmar Streitmaier (S. 114 unten), Tomaz Velikonja (S. 63, 65, 88, 143, 188, 294), Jaroslav Vogeltanz (S. 307), Hubert Zeiler (S. 92, 246), Markus Zeiler (S. 10, 14, 60, 70, 72, 85, 95, 120 oben, 122, 157, 160, 173, 178, 196, 200, 226, 285), Jakob Zmölnig (S. 90, 2× S. 232, 255, 275 rechts).
Alle anderen Fotos, Fotomontagen und Grafiken: Bruno Hespeler

Verlagsassistenz und Sekretariat: Angela Pleyel

Gesamtherstellung: Print Alliance, Bad Vöslau

ISBN 978-3-85208-129-8

INHALT

I.

Vorweg

Wenn mit der Post eine Jagdzeitschrift ins Haus kommt, sind dieser meist gleich mehrere Einleger beigegeben. Dabei spielt es keine Rolle, ob es sich um eine österreichische, eine deutsche oder schweizerische Jagdzeitung handelt. Gut, das stört mich zunächst nicht. Früher selbst Redakteur gewesen, weiß ich, dass sich Zeitschriften nicht zuletzt über die Werbung finanzieren. Die Einleger tragen folglich mit Sorge, dass „meine“ Zeitschrift nicht noch teurer wird. Den Magen dreht es mir bei vielen dieser Einleger erst um, wenn ich sie durchblättere. Sie vermitteln mir ein Bild der Jagd, das zu Selbstzweifeln führt: Bin ich noch von dieser Welt? Hat das, was ich bis heute so gerne mache, mit der richtigen Jagd gar nichts zu tun? Ist das Werkzeug, dessen ich mich bis heute bediene, überhaupt noch zeitgemäß und tierschutzgerecht? Halte ich vielleicht Trauerwache neben einer ideologischen Leiche, die früher „Jagd“ genannt wurde, mit der heutigen Jagd aber gar nichts mehr zu tun hat?

Gut, ich bin vielleicht etwas nostalgisch veranlagt, glaube aber keineswegs so uneingeschränkt an die „gute, alte Zeit“, wie es scheinen mag. Im Gegenteil, was die Jagd betrifft, so wird mir bei manchem Rückblick sogar übel. Aber eines war die Jagd in früheren Zeiten ganz gewiss – ein *Handwerk,* in dem nur der wirklich erfolgreich war, der es verinnerlicht hatte. Gut – „zu Schuss“ kamen immer auch schon andere, solche ohne Handwerk, ohne Gefühl und vor allem ohne Zeit. Solche, welche die Jagd als Statussymbol betrachteten oder schlicht ihrem gesellschaftlichen

Stand angehaftet sahen. Daran hat sich bis heute nichts geändert. Früher wie heute hatscht der eine oder andere hinter einem Führer her und wartet, bis er aufgefordert wird, auf irgendeine ihm avisierte Kreatur zu schießen. Für den Fall, dass er nicht so ganz optimal trifft, war und ist meist Vorsorge getroffen.

Nein, was mich erschreckt ist die uns davongaloppierende Technisierung und Elektronisierung der Jagd und das immer mehr an Krieg erinnernde Outfit, das uns aus den Einlegern der Jagdzeitschriften anspringt. Es macht viele Fertigkeiten des alten Jägerhandwerks entbehrlich oder soll es zumindest. Die in der Wiese abgelegten Rehkitze und den mit tiefem Herzschuss noch dreißig Meter in die Dickung gerasten Rehbock suchen wir mit dem Wärmefinder. Da bedarf es keines Hundes mehr. Wir müssen unsere kostbare Zeit nicht mehr mit stillem Sitzen und Beobachten vergeuden; dafür gibt es Wildkameras. Wir müssen uns keine Gedanken über Entfernungen und die Flugbahn des von uns verwendeten Geschosses machen; das macht die Elektronik des Zielfernrohrs. Gut – die grüne Lodenzeit ist vorbei, weil wir wissen, dass uns Grün nicht tarnt. Aber bedarf es deshalb gleich jeder Persönlichkeit abholder Militärklamotten, von welchen man nicht so richtig weiß, stammen sie von den amerikanischen Friedensengeln oder von jenen des Koran? Das Schlimmste an dieser Entwicklung ist, dass sie ganz sicher nie ein Ende finden wird, und dass von der Jagd unserer Väter kaum etwas übrig bleiben wird, außer den gesammelten Knochen.

Auch die jagdliche Ausbildung hat sich radikal geändert. Viele Zeitgenossen kommen über den zweiwöchigen Crashkurs zur Jagd. Selbst jagdliche Organisationen; die lange dagegen gewettert haben, treten als Veranstalter auf – *pecunia non olet,* Geld stinkt nicht! Doch an dieser Stelle muss und will ich einhalten. Die Angehörigen meiner Generation kamen vielfach ganz ohne Vorbereitungskurs zur Jagd, und jene, die nachfolgten und einen traditionellen Kurs absolvierten, lernten nicht selten eine Menge groben Unfugs. Also – es geht offensichtlich auch so, wenn wir uns das Handwerkliche an der Jagd selbst zusammensuchen und fortentwickeln, statt der Technik nachzurennen, der wir auf der

Jagd eigentlich entfliehen wollen. Und genau dieses Handwerkliche soll im Mittelpunkt dieses Buches stehen. Denn das gute Handwerk des Jägers soll und darf nicht in Vergessenheit geraten. Erst, wenn man sich das Jägerhandwerk zu eigen gemacht hat, wird man be-greifen, wie schön und beglückend Jagd sein kann …

Nötsch, im Frühjahr 2015

II.

Von Hoch- und Tiefsitzen

Was es alles gibt – Hochsitze

Früher ging's auch so

Wenn heute einer sagt: „Ich gehe jetzt auf die Jagd", dann will er meist damit ausdrücken, dass er mit einem Allradfahrzeug zu irgendeinem Hochsitz fährt, um auf diesem einige Zeit zu sitzen. Hochsitze haben allerdings keine besonders alte Tradition, am wenigsten im Gebirge. Wenn wirklich notwendig, dann bauten sich die Jäger einfache Schirme, die oft nur aus ein paar in den Boden oder in Buschwerk gesteckten Zweigen bestanden. Im Gebirge begnügen sich die Jäger mit solch einfachen „Bauwerken" nicht selten auch heute noch, etwa bei der Spielhahnbalz oder bei der Gamspirsch.

Heute hingegen sind Hochsitze in den meisten Revieren notwendig, weil wir so viele geworden sind und mit einer Verlagerung auf die Pirsch den ohnehin hohen Jagddruck noch steigern würden. Sie sind aber auch notwendig, weil sich die ganzen Bedingungen, unter denen wir jagen, geändert haben, weil wir bei jedem Schuss auf Sicherheit und Kugelfang achten müssen, weil die Abschussquoten ungleich höher sind als früher und weil in weiten Teilen noch das Schwarzwild hinzukam. Trotzdem ist längst nicht alles notwendig, was draußen die Landschaft ziert. Überdies haben andere europäische Länder ähnliche Probleme wie wir, und dennoch findet man dort eher selten einen Hochsitz.

Weniger könnten mehr sein

Manchmal zieht sich eine langgestreckte „Waldrandfront“ durchs Revier, und oft steht an dieser Front alle zweihundert Meter ein Hochsitz. Der oder die Jäger sitzen dann einmal hier und einmal dort, immer in der Hoffnung auf Erfolg. Damit wird der ganze „Frontabschnitt“ für das Wild zur Gefahrenzone, und der Jäger sieht dort nicht mehr viel. Da ist es vernünftiger, sich auf einen oder zwei Sitze an Anfang und Ende dieser Linie zu beschränken und von dort aus zu schauen, wo Wild steht. Hier kommt das alte Spektiv wieder zu Ehren. Erst wenn man wirklich weiß, wo „die Musik spielt“, setzt man sich dort an und „schlägt zu“.

Jungjäger und Pensionisten beschäftigen sich häufig ganz gerne mit der Anlage und Pflege von Pirschsteigen. Solche verlaufen oft parallel zum Waldrand, was zumindest am Abend

Auch so geht es. Ob’s aber unserem Ansehen dient?

hilfreich sein kann. Wenn wir aber zweimal in der Woche auf so einem Steig zum Sitz schleichen, werden das die Buschtrommeln auch weitermelden. Ganz abgesehen davon, ruhen Rehe in den Bestandesrändern viel lieber als im Zentrum von Beständen. Ganz klar: Dort haben sie die „Frontlinie“ recht gut im Blick – und eben auch den Jäger auf seinem Pirschsteig!

Das Stockerl oder der „Sitzstock“, wie man in Deutschland sagt, stellt auch eine Möglichkeit zum Ansitzen dar. Nicht unbedingt am bequemsten, so doch am praktischsten ist ein einbeiniges und zweiteiliges Stockerl. Es lässt sich vor und nach Gebrauch zusammenstecken und verschwindet im Rucksack. Dreibeinige Stockerl sind meist bequemer, taugen aber nur auf ebenem, trockenem Boden. Die einbeinigen Stockerl haben – im Gegensatz zu den dreibeinigen – einen kleinen Teller, der das Einsinken ins weiche Erdreich verhindern soll. Doch wenn der Boden im Herbst nass und aufgeweicht ist, hilft auch dieser nicht wirklich. Da schneiden wir mit der Schere eine Astgabel, auf der der Teller des Stockerls ruht.

Ein wirklich praktisches, ja geradezu wichtiges Werkzeug, das zum Stockerl gehört und in keinem Jägerrucksack fehlen sollte, ist die Astschere. Mit ihr kann man immer wieder diskret und schnell irgendwo ausasten oder sich eben etliche grobe Zweige für einen Schirm schneiden. Wir sitzen am Abend irgendwo am Waldrand auf dem Stockerl und warten auf den Hasen. Da braucht es nicht viel und schon gar keinen Hochsitz. Vielleicht den Stamm eines Baumes, der uns leidlich Deckung gibt und als Rückenlehne dient und eben ein paar in den Boden gesteckte Äste – fertig. Beim Anstand auf Enten am Bach hilft uns die Schere, mit dem Weidenbusch eins zu werden. Manchmal brauchen wir auch einfach ein paar Äste, wenn wir uns mit dem Stockerl in eine Feldhecke schieben, weil im gegenüberliegenden Maisacker die Rehe ihren Tageseinstand haben.

Noch etwas ist recht praktisch und lässt sich problemlos im Rucksack verstauen: ein Fetzen Tarnnetz! Mit diesem schaffen wir fast überall ruckzuck Deckung, ob beim Ansitz am Dachsbau oder beim herbstlichen Riegler auf Geiß und Kitz.

Warum so oft am Waldrand?

Es ist immer wieder erstaunlich, wie unbedarft selbst langjährige und ansonsten recht erfahrene Jäger ihre Jagdeinrichtungen platzieren. Für viele scheinen bei der Standortwahl vor allem zwei Kriterien wichtig zu sein: Waldrand und möglichst großes Gesichtsfeld. Nun will ich keineswegs generell vom Waldrand abraten, denn häufig finden sich dort recht gute Standorte. Das hängt aber in erster Linie davon ab, wie attraktiv die dem Waldrand vorgelagerten Flächen sind und ob sie überhaupt eingesehen werden können. Was hilft mir der Maisschlag, wenn ihn nur ein schmaler Weg vom Wald trennt und die tief hängenden Traufäste die Sicht einengen?

Waldränder sind als Ansitzorte in der Regel dann wenig attraktiv, wenn sie durch viel begangene oder befahrene Wege begrenzt werden. Das Wild tritt dann meist sehr spät aus und ist bestrebt, schnell Distanz zwischen sich und den Waldrand zu bringen.

Es ist immer wieder erstaunlich, wie gedankenlos Jäger im Herbst und Winter an Waldrändern ansitzen, obwohl die vorgelagerten Felder schwarz und die Wiesen kurzgeschoren sind. Häufig werden die Wiesen im September noch einmal gemäht und danach gegüllt. Zwar wird die Gülle vom Herbstregen abgespült, aber für die feinen Nasen des Wildes stinkt sie weiterhin, und Äsung steht ohnehin fast keine mehr darauf. Teilweise wird in die Wiesen für kurze Zeit auch das Vieh getrieben, was auch nicht besser ist. Ist das Vieh weg, steht kaum noch etwas, es sei denn im engeren Bereich der Kuhfladen. Was also soll das Wild auf einer solchen Wiese?

Waldränder, egal ob Außen- oder Innenwaldränder, sind aber auch Bereiche, an denen sich das Wild besonders unsicher und vorsichtig verhält. Es ist der Wechsel vom Dunklen ins Helle und umgekehrt, und je schlechter die Sicht aus dem dunklen Bestand auf den hellen Weg, den Acker oder die Wiese ist, umso vorsichtiger ist das Wild. Es verhofft im Bestand, versucht sich Klarheit zu verschaffen. Genau an solchen kritischen Linien stehen die meisten unserer Sitze!

Vom unterhalb vorbeiführenden Weg aus ist der Jäger kaum zu sehen. Für das von hinten anwechselnde Wild sitzt er förmlich auf dem Präsentierteller. Jede seiner Bewegungen wird wahrgenommen, und schon sein Habitus erregt Misstrauen. Zumindest müsste hinter ihm eine zuverlässige Blende sein!

Die an Waldrändern stehenden Sitze haben nicht selten mehrere Vorgänger, die genau auf demselben Platz standen. Generationen von Rehen und anderen Wildarten haben unangenehme Erfahrungen mit ihnen gemacht und weitergegeben. Was dem Jäger bleibt, ist oft die Erinnerung, dass es früher besser war. Die Frage, warum das so ist, lässt er offen.

Es gibt Situationen, da wäre es schon vorteilhaft, wenn – vor allem im Rehwildrevier – ein Sitz direkt innerhalb des Waldrandes stünde, also mit Blick nach innen statt nach außen. Warum? Weil die Rehe innerhalb oft viel früher auf den Läufen sind als außerhalb, und weil sie manchmal ihre Tageseinstände kaum tiefer als zweihundert Meter vom Waldrand entfernt haben. Der nach innen gerichtete Sitz lohnt sich vor allem dort, wo am Waldrand ein stärker frequentierter Weg entlangführt.

Wie komme ich hin – wie komme ich weg?

Darüber machen wir uns viel zu wenige Gedanken. Wenn's hoch kommt, legen wir einen Pirschsteig an, auf dem wir den Sitz erreichen. Betrachtet man die in der Landschaft stehenden Hochsitze kritisch, wird der jagdliche Wert vieler dieser Bauwerke fraglich. Bei der Planung eines Sitzes hat der Jäger vor allem ein Ziel: Er will dort Wild sehen. In der Regel hat er schon gewisse Erfahrung mit dem Platz, weil er dort aus der Entfernung häufig Wild stehen sieht, weil dort vielleicht stark verbissen ist oder weil er dort einfach Losung und Fährten findet. Ob das so bleibt oder ob der erwählte Platz sehr schnell verödet, das hängt ganz wesentlich davon ab, ob der Sitz störungsfrei erreichbar ist und ob man ihn ebenso störungsfrei verlassen kann. Am kritischsten ist unser Abgang. Es gibt Sitze, die so platziert sind, dass wir gar keine Wahlmöglichkeit haben, bei den meisten aber sehr wohl. Der Weg zum Sitz und der zurück müssen nicht identisch sein. Manchmal ist es grundsätzlich sinnvoll, den Rückweg anders zu wählen als den Hinweg. Manchmal ist es aber auch einfach situationsabhängig. Steht, wenn ich den Sitz verlassen will, noch Wild vor mir, wähle ich einen anderen Weg, als wenn kein Wild auf der Fläche stehen würde.

Es gibt Sitze, in deren Umfeld man Fährten und Losung genug findet und trotzdem nur selten Wild sieht. Sitzt man dort, ärgert man sich meist über den Wind, weil der dort zu machen scheint, was er will. Bald kommt er von oben, bald von unten, bald von rechts, bald von links. Erst zu später Stunde legt er sich auf eine Richtung fest. Steht das Wild oberhalb unseres Sitzes und zieht der Wind noch hinauf, verrät er uns.

Der Grund für diese Unbeständigkeit ist meist überraschend simpel. Der Tag war sonnig, vielleicht gar richtig heiß, und der Wind hielt die Richtung. Aber dann kriechen langsam die Schatten den Hang hinauf, und der Wind bekommt Schwierigkeiten, sich umzustellen. Dort, wo Sonne und Schatten um die Vorherrschaft ringen, reißt es ihn hin und her. Kurz – er kommt von allen Seiten und verbreitet die Kunde von der Anwesenheit des

Ganz typische Situation im steilen Hang: Sonne und Schatten kämpfen um den Wind. Erst wenn der ganze Hang im Schatten liegt, beruhigt sich der Wind.

Jägers in alle umliegenden Einstände. Also gibt es an solchen Plätzen nur eines: Warten, bis die Schatten hoch genug oben sind und der Wind endgültig nach unten steht. Oder man geht nur an trüben Tagen hin, dann ist der Wind zuverlässiger.

Diese Situation findet man wohlgemerkt nicht nur im alpinen oder sehr steilen Gelände. Sie tritt auch im Mittelgebirge immer wieder auf. Es ist erstaunlich, wie oft sich der Jäger über einen sich ständig drehenden Wind ärgert, ohne nach den Ursachen zu fragen!

Manche dieser Plätze kann man gar nicht früh genug beziehen, einfach, weil sie auch das Wild früh aufsucht. Bestehen dort aber die eben skizzierten Probleme mit dem Wind, bleibt man diesen Örtlichkeiten am besten fern.

Die Frage des unbemerkten Hin- und Wegkommens zu einem Sitz ist ein übersehener Dauerbrenner. Wenn uns das in den Wiesen oder Feldern stehende Wild zwei- oder dreimal beim Abbaumen und Verdrücken bemerkt, werden wir dort so schnell nichts mehr sehen. Das Wild bleibt einfach bis zum Einbruch der Dunkelheit im Bestand und zieht in der Früh noch vor Büchsenlicht ein. Häufig reagieren wir mit einem gewissen Trotz, in dem wir Anblick und Jagderfolg erzwingen wollen und immer wieder an diesem nun äußerst kritischen Platz sitzen. Motto: Einmal müssen sie ja kommen! Sie kommen aber nicht, weil sie uns und unseren Sitz mit jedem Ansitz besser kennen werden.

Am Abend können wir ja in der Regel überprüfen, ob schon Wild heraußen steht. In der Früh ist das viel schwerer. Einerseits müssen wir früh sitzen, um nicht vom bereits einziehenden Wild bemerkt zu werden, andererseits hält sich das Wild manchmal auch bei noch völliger Finsternis in Waldrandnähe auf und bemerkt uns. Die Reaktionen sind einfach. Entweder das Wild zieht im Bereich unseres Sitzes eben noch früher ein oder es meidet diesen Abschnitt und wechselt außer Schussweite. Im Sommer werden wir gelegentlich sogar am Abend bemerkt, ohne selbst Wild zu sehen. Da sitzt der von uns gesuchte Rehbock vielleicht im Getreide. Er sieht uns anwechseln, schaut zu, wie wir den Sitz besteigen und – bleibt einfach sitzen!

Unsicherheitsfaktor Wind. – Steiler Hang auf der Dobratsch-Südseite, ein Dezembermorgen, plus fünf Grad, geschlossene Wolkendecke. Eigentlich müsste der Wind ins Tal stehen, stattdessen zieht es den Rauch konstant den Steilhang hinauf!

Auch innerhalb des Waldes gibt es vertikale Strukturen, nämlich Waldinnenränder. Fast mehrheitlich wird so ein Waldinnenrand von einer Forststraße begleitet. Trotzdem ist die Situation nicht unbedingt mit der an einem Waldaußenrand vergleichbar. Was draußen an der Feldkante höchst störend ist – Spaziergänger, Radfahrer, Reiter, Traktoren –, kann im Wald drinnen sogar hilfreich sein.

Manchmal ist es sinnvoll, bei der Wahl von An- und Abwechsel flexibel zu sein. Das geht meist nur dann, wenn man sich für die Jagd ausreichend Zeit nimmt, wenn man also nicht „auf den letzten Drücker" kommt. Ich will das an einem kleinen Beispiel aus der eigenen Praxis zeigen. Im Gießwald, einem meiner früheren Reviere, gab es den sogenannten „Fünfer-Hochsitz" (siehe nächste Seite). Seinen Namen hatte er von der Forstabteilung gleicher Nummer. Er stand schon seit Urzeiten dort; jeder Revierverwalter nutzte diesen Platz. Rund vierhundert Meter oberhalb dieses Sitzes stand ein Bauernhof, von dem aus sich guter Einblick in die Wiesen vor dem Sitz bot. Glaubte man dem Bauern, stand vorm Fünfer-Hochsitz immer relativ viel Wild. Trotzdem war der Platz im Laufe der Zeit unterschiedlich attraktiv, was sicher mit der Veränderung oder Verschiebung des Waldbildes zu tun hatte.

Ich hatte Anfang der 1970er-Jahre mit der Endnutzung unterhalb des Sitzes begonnen. Damals „wohnten" die meisten Rehe in den Dickungen rechts und links der Wiese. Dann aber war aus der abgetriebenen Fläche unterm Sitz Dickung geworden und aus den Dickungen rechts und links Stangenhölzer. Damit änderten sich auch die Wohnverhältnisse der Rehe. Nun ging man den Sitz Jahrzehnte hindurch traditionell von unten an, was früher ganz praktikabel war, dann aber zusehends störend, weil der Erdweg nun mitten durch den Einstand führte. Der Fünfer-Sitz verlor an Attraktivität. Von jenem höher gelegenen Bauernhof sah man zwar immer noch Rehe vorm Hochsitz stehen, saß man jedoch unten, blieb die Bühne immer häufiger leer.

Das änderte sich mit der Umstellung meiner Gewohnheiten. Ich ging am Abend fortan über die Wiese zum Sitz, was voraus-

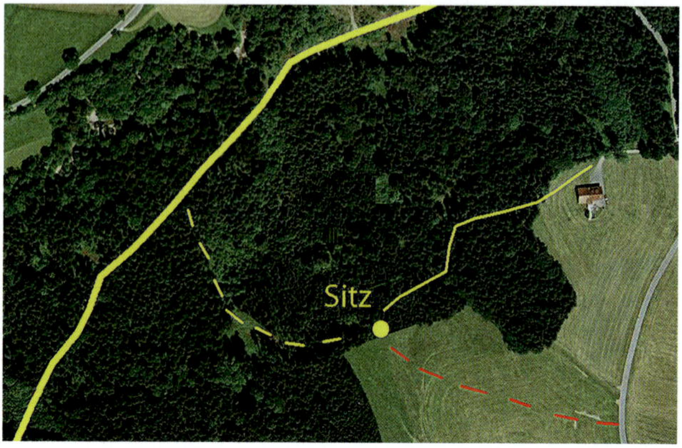

Jahrzehnte hindurch wurde der „Fünfer-Sitz" auf einem Erdweg von unten angegangen *(gestrichelte gelbe Linie)*. Später ging ich ihn am Abend über die Wiese an *(gestrichelte rote Linie)*. Der Abgang erfolgte, wenn die Wiese leer geblieben war, auf demselben Weg. Stand draußen auf der Wiese Wild, erfolgte der Abgang jedoch durch den Wald *(durchgezogene dünne gelbe Linie)*. In der Früh wurde der Sitz nach wie vor von unten angegangen und auch verlassen *(gestrichelte gelbe Linie)*.

setzte, dass noch kein Wild draußen stand. War es dunkel, verließ ich ihn meist durch den Wald. Ausnahme – die Wiese war leer geblieben, dann ging ich über die Wiese auch retour. Dieses etwas umständliche Verhalten wurde relativ schnell honoriert.

Natürlich blieb man auch so nicht immer unbemerkt. Manchmal übersah man Wild, das sich schon in der Wiese gebettet hatte, oder es befand sich beim Abbaumen noch Wild im Wald, oder der Wind wurde zum Verräter. Aber in Summe hatte sich diese Verhaltensänderung des Jägers gelohnt.

„Hohle Gassen"

Jede Landschaft hält jagdlich interessante „hohle Gassen" bereit, und manche sind so simpel, dass wir sie glatt übersehen. Zu ihnen gehören auch Brücken und Durchlässe. Die Läufer unter unseren heimischen Wildarten (nicht im streng zoologischen Sinne), also das Schalenwild, nehmen Wasserläufe im Sprung oder durchrinnen sie. Rehe nutzen aber auch schon ganz gerne Brücken, um von A nach B zu kommen. Füchse, Dachse, Marder, Katzen und Hasen ziehen eine trockene Brücke einem Bad allemal vor. Daher sind Brücken Fixpunkte, in deren Nähe sich eine Ansitzmöglichkeit durchaus lohnt. Je kleiner und abseitiger die Brücke, umso lieber wird sie angenommen.

Große, verkehrsreiche Brücken werden ungern angenommen, und vor allem kann man in ihrem Bereich nicht schießen. Wo große Brücken über ein Gewässer führen, befinden sich neben diesem meist gerne vom Wild genutzte Seitenstreifen. Selbst Rotwild nimmt in der Nacht Durchlässe an, wenn diese mindestens vier Meter hoch und acht Meter breit sind. Ist das Wasser flach, sind nicht einmal trockene Seitenstreifen erforderlich. Es lohnt sich also, in der Nähe solcher Durchlässe zu passen. Beim Rotwild ist es freilich besser, möglichst Distanz zum Durchlass zu wahren, was meist nicht schwerfällt, weil klar ist, von wo aus das Wild den Durchlass ansteuert und wohin es will. Unsere

Solche Unterführungen – in der Mitte rinnt der Bach, rechts und links sind breite Seitenstreifen – werden von allen Wildarten gern angenommen und sind Fixpunkte bei der Planung von Jagdeinrichtungen.

Ansitzreinrichtung kann folglich ein, zwei Büchsenschuss weit entfernt platziert werden. Wenn es um Raubwild oder Rehe geht, bringt es jedoch eher die Nähe.

Ein paar Beispiele

Da trennt ein nur selten von Menschen genutzter Weg ein Altholz und eine Schlagfläche voneinander. Der Jäger, der auf ihm vorsichtig zu seinem Sitz pirscht, wird vom Wild leicht wahrgenommen. Handelt es sich aber um einen jener von uns Jägern eher ungeliebten Wege, auf denen am Abend noch lange das Publikum verkehrt, kann dieses sogar hilfreich sein. Das Rehwild kennt den Betrieb, hält ihn für harmlos und weiß mit ihm umzugehen. Diese Einschätzung nutzen wir beim Beziehen des Sitzes. Zwei laut miteinander redende Radfahrer, mit ihren Stöcken klappernde Walker, Reiter, deren Pferde mit den Hufen klappern, sie alle sorgen für eine uns tarnende Geräuschkulisse. Die Schlüsselstelle ist dann die Leiter des Hochsitzes. Sie hebt uns sichtbar in den Himmel. Auf ihr werden wir am ehesten wahrgenommen. Doch dazu später mehr.

Mancher Leser wird nach diesen Empfehlungen den Kopf schütteln und an der eigenen Praxis festhalten, möglichst weit vom Weg abzurücken. Doch genau dann heben wir uns vom Publikum auf dem Weg ab. Auf dem Pirschsteig, der uns vom Weg zu dem zweihundert Meter weiter im Bestand stehenden Sitz bringt, fallen wir auf; da erregen wir Misstrauen! Den neben dem häufig begangenen Forstweg stehenden Hochsitz erreichen wir viel leichter unbemerkt. Selbstverständlich gilt es hier zu differenzieren. Es macht einen Unterschied, ob ich in einem Revier

Ein wesentlicher Grundsatz bei der Wahl eines Standortes und beim Bau eines Sitzes: Der Jäger sollte beim Hinkommen und beim Weggehen wenn möglich vom Wild nicht bemerkt werden!

Ziemlich ideal: Die Kanzel ist nur zehn Meter von der Straße entfernt, mit Aufstieg von hinten. Wenn der Jäger gelegentliche „Störungen“ durch vorbeifahrende Autos ausnutzt, kommt er gut hin und wieder gut weg. Früher stand der Sitz in der Mitte der Wiese – viel „idyllischer“ als an der Straße – und brachte wenig Anblick.

mit hohem Publikumsdruck im Wienerwald oder im Klagenfurter Becken jage oder in einem noch relativ ruhigen Revier im Hochgebirge.

Manche Jäger finden sich einfach damit ab, dass sie beim Verlassen des Sitzes vom Wild bemerkt werden: keine gute Einstellung!

Ein Sitz kann auch so stehen, dass wir von ihm aus zwar momentan Erfolg haben, nicht aber auf lange Sicht. Auf der nächsten Seite oben sieht man ein solches Beispiel. Jeder Jäger, der am Abend diesen Sitz bezieht, wird sich vorher vergewissern, dass noch kein Wild auf der Wiese steht. Manchmal sitzen die Rehe aber in einer der vielen kaum merklichen Mulden im Gras oder am Waldrand und werden nicht bemerkt. Wohl aber merken die Rehe den Jäger.

Eigentlich ein „super Platz“ – und dennoch nicht gut:
Wiese, durch dichten Waldbestand von einem kaum begangenen Weg getrennt, mit diesem durch einen kurzen Steig verbunden. Doch steht schon Wild auf der Wiese, kommt man kaum unbemerkt auf den Sitz. Auch der ungesehene Abgang ist nicht möglich. Hätte der Sitz den Aufstieg von hinten, dann hätte der Jäger das Wild beim Auf- und Absteigen im Blick!

So ist es deutlich besser: Eine Leiter mit Innenaufstieg; der Jäger schaut beim Auf- und Absteigen auf die Fläche und hat auf dieser befindliches Wild im Blick. In der Kombination mit einem Steig kann er sich vom Wild unbemerkt verdrücken.

Ein weiteres Beispiel: Eine Wiese mitten im Wald, durch einen Steilhang vom darunter liegenden Weg getrennt. Oberhalb Wald, in den sich selten ein Mensch verirrt. Es ist ein ganz ruhiger Platz, zu dem am einen Ende ein steiler Erdweg führt. Mitten drin steht eine Kanzel. Um sie zu erreichen, muss man den Erdweg benutzen und dann den Waldrand entlang bis zur Kanzel gehen, zurück ebenso. Wild war dort selten zu sehen. In der Früh war es unmöglich, unbemerkt hinzukommen, und am Abend kam man nicht mehr unbemerkt weg – siehe unten!

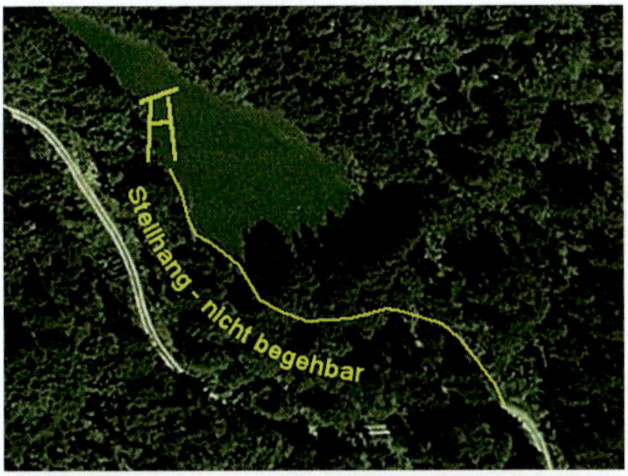

Das Luftbild oben zeigt eine typische Situation: eine Wiese, nur über einen Weg erreichbar; der Hochsitz steht so, dass man nicht unbemerkt hin- oder wegkommt. Darunter ein Foto von derselben Wiese: Wer hier ansitzt, zwingt das Wild, die Kanzel als Gefahrenpunkt zu erkennen!

Ein anderes ganz typisches Beispiel aus unserer Gemeindejagd, das zeigt, wie man es nicht machen soll. Ich habe die Leiter im vergangenen Jahr selbst gebaut und aufgestellt. Ein „super Platz", war die einhellige Meinung. Eine lange, ziemlich vom Wald umschlossene Fläche. Auf der einen Seite bildet ein von Erlen,

Das Luftbild oben zeigt die im Text beschriebene Leiter am Kanal *(gelber Punkt)*. Sie fügt sich zwar schön in die Umgebung ein, nur: Fast jeder Ansitz verursacht dort eine massive Störung, weil man sie nicht unbemerkt verlassen kann. Viel besser stünde sie links, vor dem kleinen Holz *(gestrichelte Linie zum linken gelben Punkt)*.

Weiden, Eschen und einzelnen Fichten gesäumter Kanal Grenze und Kulisse zugleich. Auf der westlichen Stirnseite führt ein Weg am Waldrand entlang. Dort könnte man leicht einen Hochsitz hinstellen, der auch gut erreichbar wäre. Aber wenn das Wild im hinteren Teil der Fläche steht, ist es etwas weit. Also stellten wir die Leiter etwa in der Mitte zwischen zwei der wenigen Fichten am Kanal auf. Oft hatte ich vorher sowohl Reh- als auch Rotwild auf der Fläche gesehen. Als die Leiter aber stand und regelmäßig genutzt wurde, ließ die Fläche merklich aus. Eigentlich logisch; ich hätte es wissen müssen. Wenn man Anblick hat und das Wild in der Dunkelheit noch auf der Fläche verweilt, kommt man nicht unbemerkt weg. Einmal das Rotwild so beunruhigt, tritt es vier Wochen nicht mehr vor Einbruch der Dunkelheit aus! Nur scheinbar logischer Schluss: „Es is eh' nimmer viel do!"

Eine Kanzel, aus der Perspektive des Rotwildes. Der Jäger präsentiert sich beim Auf- und Abstieg. Der offene Ausstieg zum Hauptwechsel hin erleichtert dem Wild die Kontrolle darüber, ob der Sitz besetzt ist! Je länger der Jäger seinen Ansitz – dank hervorragender Optik – in die Dunkelheit hinein ausdehnt, umso schneller macht er aus Rot- und Rehwild Nachtwild!

Die Sache mit dem Wind

Hochsitze sollen vor allem eines, nämlich den Jäger unabhängig machen. Noch immer existiert der Glaube, man müsse nur hoch genug über dem Boden sitzen und der Wind streiche unbemerkt über das Wild hinweg. Genau das ist aber nicht der Fall. Der Wind wird von unzähligen Faktoren beeinflusst. Mitunter haben wir sogar direkt über dem Boden eine andere Windrichtung als in einer Höhe von vier Metern. Er kann sich aus der Höhe nach wenigen Metern auf den Boden fallen lassen und ebenso steil hochsteigen. Natürlich wird der Jäger immer bestrebt sein, den Wind zu beachten, aber beeinflussen kann er ihn nicht.

Im Gebirge haben wir überdies viele Sondersituationen. Im Prinzip steigt er dort bei Sonne in die Höhe, kommt der Schatten, dann fällt er talwärts. Wind, der ins Tal fällt, etwa in einem Graben, muss irgendwo hin. Er kann nicht liegen bleiben. Entweder er zieht mit dem Wasser talauswärts oder er steigt wieder

Auch ein hoher Sitz garantiert nicht, vom Wind unabhängig zu sein. Dieser niedrige Drückjagdbock steht an einem Forstweg, der wie ein Kamin wirkt und die Luft nach oben zieht.

Hier wird der Weg zum Windkanal. Der Rauch aus der Patrone schmiegt sich dicht an den Boden und zieht entgegen der allgemeinen Windrichtung im Bestand ab.

hinauf. Manchmal kann man nach einem Regen oder an einem Herbstabend beobachten, wie die Nebel unmittelbar nebeneinander fallen und wieder steigen.

Grundsätzlich gilt: Direkt am Boden geht am wenigsten Wind. Je höher wir steigen, umso heftiger wird der Wind!

In Löchern in geschlossenen Beständen (Käferlöcher, kleine Hiebe im Bauernwald, kleine Windwürfe) ist der Wind meist unberechenbar, zumindest solange die Sonne scheint. Er dreht sich.

Vor allem an von der Sonne aufgeheizten Innen-Waldrändern steigt die Luft auf und zieht die am noch beschatteten Boden liegende kühle Luft an, unabhängig von der allgemeinen Windrichtung.

> *Grundsätzlich gilt: Je höher wir steigen, desto heftiger wird der Wind!*

Ein weiteres Beispiel: ein Hochsitz am Waldrand, dahinter ein Rotwildeinstand. Beim Angehen des 6 Meter hohen Sitzes über die Wiese stand uns der Wind voll entgegen (Nordwind). Nach Zündung der Patrone zog der Rauch ostwärts und erreichte bereits nach 4 Metern den Boden (Westwind).

Eine Minute später: Der Wind stand voll in den Bestand hinterm Sitz und erreichte dabei nach wenigen Metern ebenfalls den Boden (Südwind).

Nach einer weiteren Minute: Nun zog der Wind westwärts ab (Ostwind).

Noch ein Beispiel für einen Hochsitz auf der Dobratsch-Südseite, bei dem die Windrichtung mithilfe von Rauchpatronen ausgelotet wurde. Hier wurden die Windverhältnisse Anfang Jänner nachmittags bei einer Temperatur von plus sechs Grad, rund 15 Zentimeter Schneehöhe, voller Sonne, in einem sehr steilen Hang ermittelt.

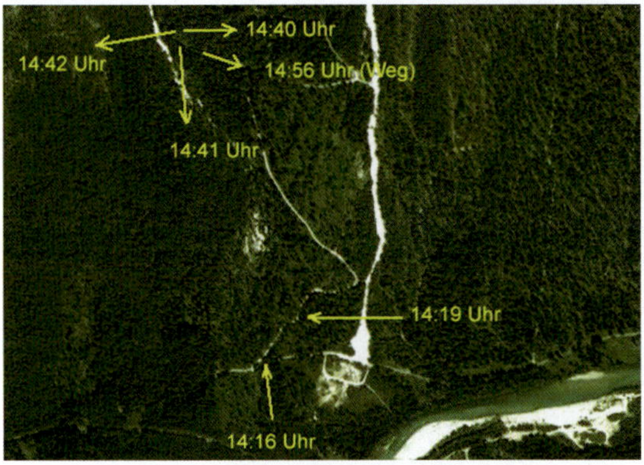

Windverhältnisse bei einem Hochsitz auf der Dobratsch-Südseite am 4. Jänner 2015 nachmittags. Temperatur + 6 °C, 15 cm Schnee, volle Sonne, sehr steiler Hang. Windrichtung mithilfe von Rauchpatronen ermittelt.

Warum so hoch hinaus?

Oft ist es aber auch die Art, wie ein Sitz bestiegen werden muss. Die Leiter kann so angebracht sein, dass der Jäger erst die Deckung verlassen muss, um dann weithin sichtbar hinaufzuklettern. Fast immer wäre leicht auch eine andere Lösung möglich gewesen. Viele Sitze können, wenn bereits Wild in der Nähe ist, überhaupt nicht unbemerkt genutzt werden. Grundsätzlich sollte der Aufstieg so sein, dass wir die Leiter aus der Deckung heraus nutzen können und die offene Fläche beim Aufsteigen im Blick haben. Nicht wenig Wild habe ich beim

Eine des Windes wegen zehn Meter hohe überdachte Ansitzleiter, ohne seitliche Abstützung. Hoch, nicht ungefährlich und ziemlich sinnlos!

Besteigen und Verlassen eines Sitzes von der Leiter aus erlegt. Das geht aber nur, wenn man dabei die Fläche im Blick hat. Damit haben wir schon einen weiteren Punkt erreicht: Je höher ein Sitz, umso länger besteht beim Auf- wie beim Abstieg die Gefahr, vom Wild entdeckt zu werden! Hier wird meist die Behauptung wiederholt, je höher ein Sitz sei, umso weniger müssten wir den Wind beachten. Aber das würde nur dann stimmen, wenn der Wind immer in konstanter Höhe über den Boden streichen würde. Doch genau das tut er nicht. Er hebt und

Um den eigenen Mut zu beweisen, bedarf es keiner zehn Meter hohen Sitze!

senkt sich, er wirbelt und dreht. Ganz abgesehen davon, dass wir selten einmal nur guten oder nur schlechten Wind haben. Zumindest im Wald sind wir in der Regel mit beidem gesegnet. Geradezu klassisch der Sitz am Waldrand: Steht der Wind auf die Wiese hinaus, bekommt ihn das Wild, wenn es draußen steht oder wenn es von der Seite her auszieht. Bläst er uns aber auf dem Sitz ins Gesicht, trägt er unsere Witterung in den Einstand hinter uns. Nicht anders verhält es sich auf dem Weg zum oder vom Sitz. Steht der Wind hinauf, hat uns das Wild oberhalb im Windfang, steht er hinunter, merkt das oben befindliche Wild vielleicht nichts von uns, wohl aber jenes unterhalb.

Besonders hohe Sitze gewähren zuweilen bessere Einblicke in Mulden oder über Kanten hinweg. Doch müssen wir wirklich alles einsehen? Kann es nicht besser sein, auch einmal aus der Distanz zu beobachten? Haben wir nicht Zeit, zu warten?

Abgesehen davon kann die mit der Höhe gewonnene Sicht jagdlich oft gar nicht mehr genutzt werden, weil wir einfach nicht so weit schießen können. „Hoi", wird der Leser sagen, „ein Kalb oder Schmaltier auf 250 Meter, das geht sich allemal aus!" Mag sein, aber sicher nicht bei jedem Jäger. Und wenn – was erreichen wir mit regelmäßigen Weitschüssen? Eine permanente Erweiterung der Fluchtdistanz des Wildes und eine noch größere Scheu vor offenen Flächen!

Im Gebirge haben wir oft die Möglichkeit, durch die Wahl eines entsprechenden Standortes Höhe und Übersicht zu gewinnen, ohne besonders hoch zu bauen. Am Waldrand, egal ob Innen- oder Außenrand, sorgen höhere Sitze meist für Probleme mit dem Trauf rechts und links. Wir müssen ständig ausasten, damit der Winkel, den wir einsehen, nicht laufend enger wird. Jeder weiß, was passiert, wenn wir neben einem Sitz die Fichten aufasten. Sofort senken sich die oberhalb noch vorhandenen Äste ab und versperren die Sicht neuerlich. Wir müssen im kommenden Jahr neuerlich aufasten und dabei immer höher hinauf steigen. Wir stoßen dabei schnell an unsere Grenzen. Hinzu kommt, dass, je mehr wir oben Luft schaffen, neue Sichtblenden von unten nachwachsen. War unser Sitz anfangs noch so richtig

Links: Wäre die Kanzel zwei Meter niedriger, könnten wir den Waldrand einsehen. So aber senken sich die Äste der Fichte seitlich vom Sitz schneller nach unten als wir ausasten können.

Rechts: Die Kanzel im Luftbild *(gelber Punkt)* und der von den Ästen verursachte tote Winkel.

schön in den Waldrand integriert, steht er irgendwann am einzigen größeren Loch in dieser einst grünen Mauer. Und ausgerechnet dort soll das Wild besonders arglos sein?

Schussfeld geht vor Deckung

Wer beim Militär war, hat diesen Spruch schon gehört und weiß, was gemeint ist. Auf der Jagd wird zwar ebenfalls geschossen, aber der Spruch ist meist kontraproduktiv. Das hängt damit zusammen, dass Soldaten Befehlen gehorchen müssen, auch wenn sie ihr Leben dabei einbüßen. Rehe oder Hirsche hingegen wären schon lange ausgestorben, würden sie nicht selbst denken und dem eigenen Überleben höchste Priorität einräumen. Hierzu wieder ein Beispiel aus der eigenen Praxis. Da gibt es eine auf drei Seiten vom Wald umschlossene Wiese, die auf der vierten Seite von einem beidseitig mit Bäumen bestandenen Kanal begrenzt wird. Auch auf ihr steht – immer am selben Platz – nicht der erste Hochsitz. Manche Jäger benutzen einen Erdweg, der durch den hinterm Sitz liegenden Einstand führt. Andere gehen ihn über die Wiese an. Alle prüfen vorher, ob der Wind passt. Geht man durch den Einstand zum Sitz, was grundsätzlich ungut ist, so hat man rechts guten und links schlechten Wind oder umgekehrt. *Nur* guten Wind gibt es einfach nicht!

Geht man den Sitz über die Wiese an, kann man ihn nicht unbemerkt verlassen. Das führt dazu, dass man nur sehr selten an zwei aufeinanderfolgenden Ansitzen Rotwild sieht. Hat man einmal Anblick und kommt nicht zu Schuss, lässt der Platz meist eine Woche und länger aus. Man findet dann zwar frische Fährten und Losung, die jedoch nur in der Nacht hinterlassen wurden.

Der Idee, den Sitz auf die gegenüberliegende Seite an den Kanal zu stellen, können die meisten Jäger nichts abgewinnen. Dann würde er in der Früh ausfallen, weil nie sicher ist, ob das Wild in der Dunkelheit diesseits oder jenseits des Kanals steht. Gut – am Abend bestünde dieses Problem nicht, aber man könnte vom Kanal aus nicht alle Ecken einsehen. Womit wir wieder beim Militär wären. Bei der Entscheidungsfindung könnte hilfreich sein, dass weltweit noch nie ein Krieg gewonnen wurde!

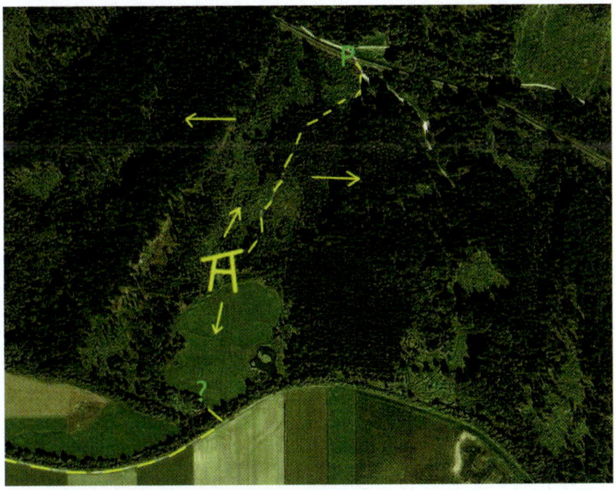

Kanzel auf einer von Wald umschlossenen Wiese. Meist wird sie durch den Einstand angegangen. Dabei ist der Wind zwangsweise auf einer Seite immer schlecht. Geht man sie jedoch über die Wiese an, muss man dort auch wieder zurück, was problematisch ist. Stünde die Kanzel am Kanal *(grünes Fragezeichen),* würde sie für die Früh ausfallen. Dafür würde man am Abend beim Angehen nicht stören und beim Abgehen wenig, zumal am Kanal ein Weg entlangführt, auf dem am Abend noch Betrieb ist (Traktoren, Jogger), der nicht wirklich stört und den Jäger „akustisch tarnt“.

Ein Moment der Unachtsamkeit, und es gibt vielleicht eine attraktive Jägerwitwe mehr!

Wichtig beim Dach ist, jederzeit gefahrlos Erneuerungen oder Reparaturen vornehmen zu können. Wenn man als Aufleger und als Dachunterkonstruktion Kanthölzer verwendet, genügen zur Verbindung vier entsprechend lange Schrauben mit Flügelmuttern. Wer Rundlinge verwendet, verbindet diese mit Draht. Die Kosten liegen im Promillebereich eines Rollstuhls!

Wie man trotz Hochsitz länger lebt

Hochsitzdächer

Bei Bau und Unterhaltung eines überdachten Sitzes ist das Dach der kritische Punkt. Unzählige Jäger sind dabei schon schwer verunglückt, nur erscheinen sie in keiner Statistik. Weniger beim Bau, als bei der Reparatur ist der Jäger alleine und turnt auf äußerst gewagte Weise aufs Dach und von diesem wieder herunter. Das ist schlicht unverantwortlich!

Das Problem wird umgangen, wenn das Dach abnehmbar gebaut wird. Entweder wir verschrauben es an den vier Ständern selbst oder an auf diesen aufliegenden Querhölzern, oder wir binden es einfach mit kräftigem Spanndraht fest. So lässt sich das Dach jederzeit abnehmen und am Boden unten liegend der Belag erneuern. Damit auch der Transport von unten nach oben und umgekehrt gefahrlos erfolgt, verwenden wir eine kräftige Reepschnur. Dann kann beim Hochziehen immer noch ein Helfer von unten unterstützend schieben.

Morsche Sprossen

Es gibt Reviere, in denen fast die Hälfte der Sitze nicht wirklich betriebssicher ist, weil Sprossen angemorscht oder bereits durchgebrochen sind. Nun lassen sich Sprossen relativ leicht wechseln, wenn man das nicht schon beim Bau der Leiter verhindert. Häufig wird nämlich über die Sprossen und parallel zum Holm ein durchgehendes halbiertes Rundholz genagelt. Es soll, so wird immer wieder argumentiert, die Haltbarkeit der Sprossen erhöhen und gleichzeitig als Haltegriff dienen. Nun, die Haltbarkeit der Sprossen wird durch dieses Holz nicht erhöht, im Gegenteil. Sprossen brechen zwar häufig rechts oder links aus, weil sich dort, wo die Sprossen am Holm anliegen, Feuchtigkeit hält, die zur Fäulnis führt. Nageln wir jetzt zusätzlich noch diese überflüssige Halblatte auf, hält sich die Feuchtigkeit noch länger. Bricht aber eine Sprosse in der Mitte, hilft die Halblatte gar nichts.

Das eigentliche Problem ist jedoch, dass wir keine einzige Sprosse erneuern können, ohne vorher die Halblatte zu entfernen. Dies geht eher selten ohne weitere Beschädigung der Leiter. Was nun die Eigenschaft der Halblatte als Handlauf betrifft, so kann man vor ihrem Gebrauch nur warnen. Es ist, wenn uns eine Sprosse unter der Sohle bricht, schon schwer genug, unser Körpergewicht mit den Händen an gesunden Sprossen aufzufangen. Halten wir uns jedoch an der Halblatte, haben wir überhaupt keine Chance und stürzen unweigerlich ab. So ganz nebenbei reißen wir uns auch scheußlich die Hände auf. Also weg mit der Halblatte. Wenn es darum geht, der Sprosse eine Auflage zu bieten, schlagen wir dicht unter ihr einen kräftigen Nagel ein, auf dem sie aufliegt.

Sprossen sind häufig unterdimensioniert, Rundlinge mit kaum fünf Zentimetern Mittendurchmesser. Aus optischen Gründen werden die schwächsten Sprossen meistens ganz oben verwendet, was sie besonders gefährlich macht. Ganz grundsätzlich sind halbierte Rundlinge in ausreichender Stärke sicherer als volle Rundlinge. Erstens liegen sie auf beiden Seiten plan an den

Linkes Bild: Morsches Holz – es ist schlicht kriminell, wenn Hochsitze so in der Landschaft herumstehen, weil wir immer rechnen müssen, dass Wanderer oder Kinder hinaufsteigen und verunglücken. Wir sollten auch daran denken, welchen Eindruck solche Bauwerke hinterlassen.

Rechtes Bild: Die halbierte Sprosse ist stark genug dimensioniert und liegt gut an. Aber die beiden über die Sprossen genagelten Rundlinge sind schlicht Unfug. Wert haben sie überhaupt keinen, erschweren oder verhindern aber das Erneuern der Sprossen.

Holmen an und können nicht nach unten abdrehen. Zweitens findet die Sohle unseres Schuhs an der Schnittkante der Sprosse, auch wenn diese bei feuchtem Wetter schmierig ist, Halt.

Ständer und Holme

Nicht unwichtig ist auch die richtige Dimensionierung der beim Bau eines Sitzes verwendeten Nägel. Bei tragenden Hölzern sollen sie durchgehen und umgeschlagen werden können. Damit wird verhindert, dass sie bei Belastung herausgezogen oder abgedreht werden. Grundsätzlich sollten tragende Hölzer, dort, wo sie anliegen, angeplattet werden. Damit werden ebenfalls das Herausziehen der Nägel und das Abdrehen verhindert. Noch besser ist es, halbierte Rundhölzer oder als tragende Teile gleich Kanthölzer zu verwenden.

In Deutschland schrieb die Unfallverhütungsvorschrift Jahrzehnte hindurch vor, die Leiterholme zur Auflage der Sprossen einzukerben. Auch das war und ist absolut kontraproduktiv, weil sich in den Kerben Fäulnis bildet.

Während ich diese Zeilen schreibe, bringt das Fernsehen eine Meldung, dass in der Steiermark – wieder einmal – ein Jäger in den Tod stürzte, weil die Ständer seines Hochsitzes abgefault waren. Doch Hochsitze mit morschen Ständern und desolaten Sprossen stehen in unseren Wäldern zu Tausenden. Sie sind eine Gefahr nicht nur für den Jäger, sondern insbesondere auch für Kinder. Der Hinweis, dass Hochsitze Privateigentum sind und kein Fremder das Recht hat, sie zu besteigen, ist mehr als billig und hält vor Gericht nicht. In Deutschland gibt es für jagdliche Einrichtungen Bauvorschriften der Berufsgenossenschaft, deren Einhaltung kontrolliert wird. Bei Verstößen gibt es zunächst eine Verwarnung und Fristsetzung zur Beseitigung der Mängel. Danach folgt eine Strafe.

Nun soll es jedem freigestellt sein, ob er Ständer und Holme unten herum imprägniert oder auf Stein stellt oder „in den Dreck“, doch wenn Ständer oder Holme morsch sind, müssen sie komplett erneuert werden und nicht nur „angeschuht“.

Linkes Bild: Hier hilft das Anschuhen auch nicht mehr.

Rechtes Bild: Das Einkerben der Holme bietet den Sprossen zwar eine gute Auflage, schwächt aber die Holme und sammelt Feuchtigkeit, ohne dass die Sprossen stabiler werden. Zumindest sollte man die Kerben mit einem guten Holzschutzmittel streichen.

Linkes Bild: Der Pflock an Holm und Ständer sollte selbstverständlich sein und gelegentlich erneuert werden.

Rechtes Bild: Eine harte, trockene Unterlage erhöht die Lebenserwartung von Stehern und Leiterholmen beträchtlich.

Genau das geschieht mehrheitlich. Man nagelt einfach einen Pflock an. Damit scheint der Schaden behoben. Tatsächlich ist das eine sehr unsichere Sache. Ist ein Ständer unten herum bereits faul, kriecht die Fäulnis unaufhaltsam nach oben. Bald schon sitzen die Nägel, mit denen die „Prothesen“ angenagelt wurden, auch nicht mehr fest. Auch wenn der Sitz nicht umstürzt, so hängt er doch bald schief. Es ist dann ein ungutes Sitzen auf ihm. Zumindest muss man einen bis oben reichenden zweiten Ständer beigeben, der mehrfach auch mit Querhölzern verbunden werden kann.

Hochsitze in der Landschaft

Hochsitze tragen immer die Handschrift ihrer Erbauer. Perfektionisten wie Fatalisten, Ordentliche wie Gschlamperte, Ästheten wie Rationalisten, Erdverbundene wie Himmelsstürmer setzen mit ihnen in der Landschaft Dokumente ihres eigenen Wesens und Fühlens. Wer die ganze Bandbreite österreichischer Hochsitze bestaunen will, dem sei das im Österreichischen Jagd- und Fischerei-Verlag erschienene Buch „Hochsitze“ von Björn Zedrosser empfohlen. Er kam als Förster wie als Wanderer viel herum und hat mit der Kamera festgehalten, was ihm des Festhaltens wert schien.

Bei uns ist noch selbstverständlich, was in anderen europäischen Ländern vom Waldbesitzer längst nicht mehr toleriert wird – das Annageln von Hochsitzen an Bäume! Schön, wenn hier-

Kanzel ohne Ständer, dafür mit einer zweiundvierzigsprossigen Leiter ohne Abstützung. Kein Statiker würde einem solchen Bauwerk seinen Segen geben. Man muss sich aber auch einmal vorstellen, welche Bewegung schon bei mäßigem Wind in ein derartiges Bauwerk kommt und wie „sicher“ und weidgerecht dann geschossen wird …

Voll ausreichend: nur drei Meter hohe Kanzel am Waldrand, fast völlig von wildem Hopfen eingesponnen.

zulande der Jäger noch nicht so bevormundet wird, wie etwa in Deutschland. Doch es gibt auch völlig „baumintegrierte“ Ansitzeinrichtungen, bei denen einem echt schwindelig werden kann. Dies nicht nur wegen ihrer Höhe, sondern mehr noch ob ihrer Konstruktion. Ich meine jene häufig auch noch überdachten Kanzeln mit nicht unerheblichem Gewicht, die, Schwalbennestern gleich, zwar nicht an einer Stallwand, wohl aber an einem Baum kleben. Sie werden oft nur von zwei häufig auch noch äußerst bescheiden dimensionierten Rundhölzern getragen. Diese werden unterhalb des Sitzes am Stamm befestigt, laufen schräg hinauf und sind oben mit Querhölzern verbunden. Wieviele Jäger bereits beim Bau solcher „Witwenmacher“ ins Walhall oder zumindest schon in eine Intensivstation wechselten, ist nicht erfasst. Wenige werden es nicht gewesen sein.

Neben der Sicherheit ist es aber auch oft einfach das Aussehen eines Hochsitzes in der Landschaft, das wehtut. Von der Kuriosität bis zur perfekten Landschaftsverschandelung findet sich draußen alles. Manchmal macht es einfach die Standortwahl

– die exponierte Position – die ein Bauwerk zum öffentlichen Ärgernis macht, etwa die Platzierung mitten auf einem Almbuckel. Nicht selten ist es die Verwendung naturfremder Materialien vom Blech über mit Kunststoff beschichtete Platten bis hin zu Textilien als Verblendung. Dann wieder stößt dem Nichtjäger einfach die Größe eines Bauwerks auf. Hochsitze sollen dem Jäger bei der Beobachtung und Bejagung des Wildes dienen, mehr nicht. Daher reicht ein Grundriss von 1,40 mal 1,40 Meter für eine Kanzel allemal aus, auch wenn man auf ihr zu zweit sitzt.

Erdverbunden – Bodensitze und Schirme

Bodensitze

Bodensitze (offene Schirme und Ansitzhütten) haben durchaus auch Nachteile. Ihr Vorteil ist jedoch, dass der Jäger sie nicht erst erklimmen muss und dabei vielleicht vom Wild wahrgenommen wird. Gerade im Gebirge erfüllen sie oft denselben Zweck wie ein aufwendig gebauter Sitz.

Linkes Bild: Bodensitz am Waldrand, der kaum auffällt. Beim Bau muss man sich vor allem darüber Gedanken machen, von wo das Wild mehrheitlich zu erwarten ist.

Rechtes Bild: Der Blick aus dem Bodensitz auf die Wiese.

Ein in den Trauf integrierter Bodensitz, vom Weg aus ungesehen zu beziehen und kaum auffallend.

Mit einem Dach versehen, bleiben sie bei Regen trocken und im Winter schneefrei. Vorteilhaft ist immer, wenn die Rückwand ganz und die beiden Seiten zumindest teilweise zu sind. Dadurch hat der Jäger etwas weniger Probleme mit dem Wind.

Praktisch sind verstell- und leicht transportierbare Bodensitze.

Wir verwenden bei ihrem Bau EU-Paletten (1 mal 1 Meter) als Grundlage. Auf diese werden mit Winkeleisen fünf Kanthölzer (6 mal 6 Zentimeter) geschraubt. Zum Verschalen dienen ¾-zöllige Bretter, die mit Spax geschraubt werden. Die Rückwand wird komplett zugeschalt, bei Bedarf bohrt man ein oder zwei „Spion-Löcher" (20 Millimeter). Ob die beiden Seiten ebenfalls völlig oder nur teilweise zugeschalt werden und bis zu welcher Höhe wir die Vorderseite zuschalen, hängt vom Gelände ab. Da alles geschraubt wird, sind Änderungen jederzeit mühelos möglich. Das Dach wird aufgelegt und mit vier Schrauben fixiert; als Bedeckung dienen Bitumen-Wellplatten. Nimmt man das

Linkes Bild: Ist das Material vorhanden, lässt sich die transportable Ansitzhütte in einem halben Tag bauen. Noch schneller geht es mit wetterfesten Platten, doch bilden diese einen unangenehmen Resonanzkörper. Natürlich wird man sie nicht so frei platzieren wie hier auf dem Bild zum Zwecke des Fotografierens.

Rechtes Bild: Dieselbe Hütte, in den Waldrand eingebaut, und hauptsächlich im Winter als Luderhütte genutzt.

Dach ab, können zwei Mann die Hütte problemlos tragen. Entsprechend in den Waldsaum oder eine Hecke eingebaut, eignet sich das Hütterl bestens zum Fuchspassen am Luderplatz.

In nicht allzu niederschlags- und vor allem schneereichen Gegenden genügt die Minimalversion, die praktisch nur aus dem Unterteil besteht.

Mir persönlich sind stationäre, weitgehend aus am Standort vorkommendem Material erbaute und gut in die Landschaft eingepasste Bodensitze freilich lieber als die transportablen.

Mobiler Schirm

Ein mobiler Ansitzschirm zahlt sich in jedem Revier aus. Der nachstehend beschriebene ist wirklich in fünf Minuten komplett aufgebaut. Er besteht aus vier 150 Zentimeter langen und 8 Millimeter starken Baustählen. An zwei von ihnen wurde oben je 1 Winkel aus 6 Millimeter Stahl angeschweißt, an die anderen

Linkes Bild: Ein ganz einfacher, schnell aufzustellender Schirm:

- – 2 Rundeisen mit 1 angeschweißten Winkel;
- – 2 Rundeisen mit 2 angeschweißten Winkeln;
- – 3 Rundhölzer oder Bretter mit Kerben, die in die Winkel eingelegt werden;
- – dazu noch ein Tarnnetz und das Stockerl zum Sitzen.

Rechtes Bild: Letztes Jahr wuchs hier noch Mais, heuer ist es ein großer, attraktiver Kleeschlag. Wozu einen Hochsitz bauen? Ein primitiver, in wenigen Minuten aufgebauter Schirm tut's auch.

beiden je 2 im Winkel von 90 Grad. Die Eisenstäbe lassen sich mit einer Hacke oder zur Not sogar mit einem Stein in der passenden Höhe in den Boden schlagen. Jeweils rechts und links sowie vorne wird ein eingekerbtes Rundholz oder schmales Brett eingelegt. Zum Schluss hängen wir noch ein Tarnnetz ein (etwa 3 mal 1,2 Meter). Als Sitz dient das gute alte „Stockerl“, ein Dreibein, ein Stein oder ein Rundholzabschnitt. Fertig!

Oft ist es einfach das Aussehen einer Ansitzeinrichtung, das wehtut. Von der Kuriosität bis zur perfekten Landschaftsverschandelung findet sich draußen in den Revieren alles.

Fahrbare Ansitzeinrichtungen

Gewiss, fahrbare Kanzeln sind etwas gewöhnungsbedürftig und keineswegs in jedem Revier notwendig oder verwendbar. Aber gerade in von Wildschäden geplagten Feldrevieren sind sie ganz kommod. Sie ersparen – weil sie fahrbar sind – meist den Bau einer ganzen Reihe konventioneller Ansitzeinrichtungen. Zur Not kann man sie sogar ohne Auto zu einem anderen Platz bringen. Zwar überblickt der Jäger von einer hohen Feldkanzel oder einer entsprechenden Leiter am Waldrand mehr Gelände, aber so eine rollende Ansitzeinrichtung kann man immer zum Ort des Geschehens bringen und, wenn es sein muss, vorübergehend auch mitten im Acker aufstellen. Und etwas erhöht sitzt der Jäger doch auch, sodass er nicht flach über den Boden schießen muss. Im Winter wird auch schnell eine Luderhütte daraus.

Hier hat sich ein Jäger eine kleine Kanzel auf einen ausrangierten Pkw-Hänger montiert. In Revieren mit Schwarzwildschäden im Feld nicht die schlechteste Lösung.

Vom Pirschsteig zum Touristenpfad

Die Wirkung aufs Wild

Egal ob wir Jäger einen Steig nutzen oder irgendwelche Wanderer oder Biker, wenn dies in einem Einstand geschieht, wird immer gestört. Rehe sind dabei nicht so empfindlich wie Rot- oder Gamswild. Das ist ganz logisch, denn Rehe leben – zumindest im Wald – einzeln oder in kleinen Familiensprüngen, und sie nutzen relativ kleine Wohngebiete. Bei einer Störung bleiben sie oftmals einfach sitzen und warten, bis die Gefahr vorüber ist. Rot- und Gamswild, aber auch die Sauen leben in größeren Gemeinschaften. Sie sind auch nicht eng territorial gebunden und sie können (ausgenommen die Sauen) Gefahren auch nicht kollektiv aussitzen. Wenn aber sechs oder gar mehr Stück Rotwild flüchten, führt die Flucht fast immer deutlich weiter, als wenn eine Rehgeiß und ihr Kitz hoch werden.

Für alle Arten gleichermaßen gilt, dass eine Störung, die nicht visuell erfasst werden kann, nachhaltiger wirkt als eine auch mit den Augen erfasste. Auf den Punkt gebracht heißt das, dass wir auf einem durchs Altholz führenden Steig vom Wild zwar eher wahrgenommen werden als auf einem Steig, der durch die Dickung führt, aber ungleich weniger stören als in der Dickung. Daher sollte man in Rotwildeinständen (das können halbe Berghänge sein), wo möglich, auf Steige verzichten.

Gams kommen ja mit Wanderern relativ gut zurecht. Es macht aber einen Unterschied, wo sich diese befinden. Die Gams bleiben dann relativ gelassen, wenn sich Wanderer (oder Jäger) unterhalb von ihnen befinden. Und sie reagieren empfindlich, wenn sich die Störenfriede zwischen ihnen und felsigem Gelände bewegen – wenn sie ihnen den Fluchtweg abschneiden. Natürlich ist der Einfluss des Jägers auf die Führung von Wander- oder Almwegen bescheiden. Wohl aber kann er sein eigenes Verhalten den Befindlichkeiten des Wildes anpassen. Also einen Pirschsteig möglichst nicht so führen, dass sich das Wild von seinen Fluchteinständen abgeschnitten fühlt.

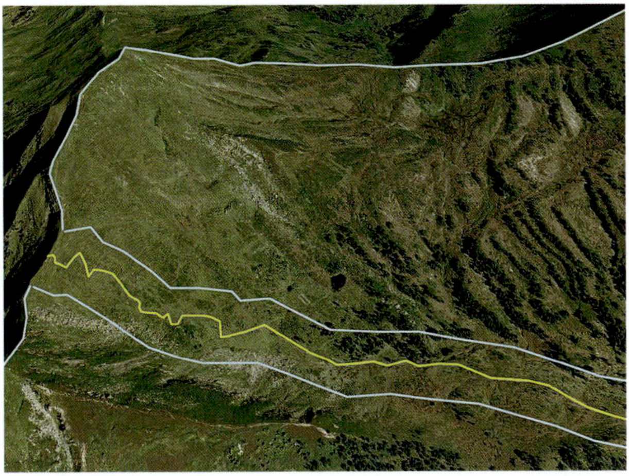

Oberes Bild: Das wäre der Idealfall – nur ein Wanderweg *(gelb)* führt zum Sattel hinauf und auf die andere Seite des Berges. Außer einer schmalen Zone rechts und links des Weges könnte der gesamte Raum vom Gamswild genutzt werden.

Unteres Bild: So sieht es in Wirklichkeit aus – das Netz aus Wegen und Steigen *(gelb)* reduziert den vom Gams tatsächlich bei Tag nutzbaren Raum ganz erheblich.

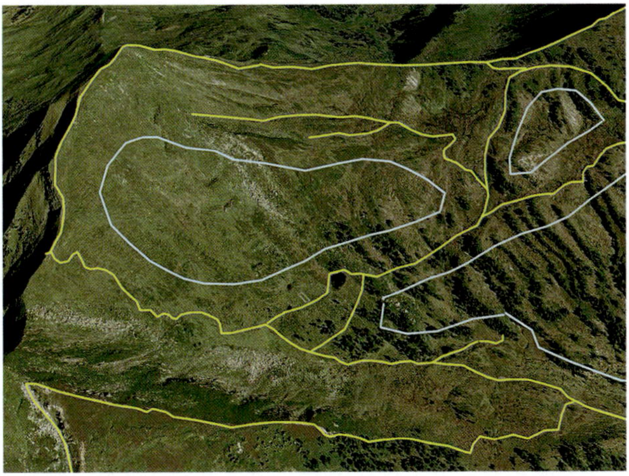

Vielleicht hilft die folgende konstruierte Situation, das eben Gesagte besser zu verstehen: Wir stehen zwei Meter neben unserer Autotür; zehn Meter weiter steht ein Stier, von dem wir nicht recht wissen, wie er reagieren wird. Wir werden versuchen, betont ruhig die Autotür zu öffnen und uns in Sicherheit zu bringen. Ganz anders schaut die Sache jedoch aus, wenn der Stier zwei Meter neben dem Auto steht und wir zehn Meter weiter! Es wurde an früherer Stelle schon gesagt: Der bestplatzierte Hochsitz verliert an Wert, wenn wir ihn nicht unbemerkt vom Wild erreichen und verlassen können. Es gibt „Topplätze", auf denen wir aus der Entfernung immer wieder Wild sehen. Bauen wir uns dort jedoch einen Sitz, um auch in Schussnähe zu sein, sehen wir bald nichts mehr. Oft wollen wir es dann genau wissen und sitzen dort hartnäckig mehrere Tage in Folge – und sehen immer seltener Wild. Der Grund ist meist, dass wir schon beim Angehen, zumindest aber beim Abgehen von diesem bemerkt werden. Je ruhiger es an einem solchen Platz vorher war, umso mehr stören wir jetzt.

Wir müssen einfach einmal überlegen, wo wir selbst besonders vorsichtig wären, wenn auf uns geschossen würde. Immer dort, wo wir eine Deckung verlassen müssen! Diese Situation ist an Waldrändern am ausgeprägtesten. Innerhalb des Waldes bewegt sich das Wild, vor allem wenn es sich nicht um ein weitgehend bodenkahles Altholz handelt, relativ sicher. Draußen auf der Wiese ist das Gegenteil der Fall. Folglich reagiert das Wild im Bereich der Wald- aber auch der Dickungsränder sehr empfindlich. Doch gerade dort führen wir einen Pirschsteig durch… Es gilt, was schon bei der Platzierung von Ansitzeinrichtungen gesagt wurde: Des Jägers Witterung und seine Gestalt erregen dort am meisten Verdacht, wo sich andere Menschen relativ selten bewegen. Umgekehrt fallen wir dort am wenigsten auf, wo sich auch viele „harmlose" Menschen bewegen – zum Beispiel auf stark frequentierten Forststraßen oder Wanderwegen.

Gerne werden innerhalb von Waldrändern Pirschsteige angelegt und vor allem am Abend genutzt. Doch genau dann stören wir am meisten, weil das Wild sich bereits im Anwechsel

Pirschsteig innerhalb des Waldrandes *(gelbe gestrichelte Linie)*, der mehrere Hochsitze *(gelbe Punkte)* miteinander verbindet. Mehrfaches abendliches Begehen wirkte sich fast immer negativ aus, weniger das Begehen in der Früh, solange das Wild noch weit draußen in den Wiesen stand.

befindet und hinaus auf die Felder will. In der Früh ist das anders. Das Wild steht draußen und wir kommen über den Steig gedeckt zum Ansitz.

Grundsätzlich kommen wir nicht umhin, Wege und Ansitzeinrichtungen mit Steigen zu verbinden. Je kürzer diese sind, umso besser. Nehmen wir den Hochsitz am Waldrand. Wenn wir ihn angehen und es befindet sich Wild in der Nähe, werden wir wahrgenommen, egal ob wir außerhalb des Waldes gehen oder innerhalb pirschen. Das ganz normale Gehen außerhalb wird jedoch weniger bedrohlich empfunden als das vorsichtige Schleichen innerhalb!

Die Innenbereiche von Waldrändern sind „Wartehallen" des Wildes!

Vorhandene Wege einbeziehen

Der kurze, halbwegs saubere Steig vom Forstweg zur Ansitzeinrichtung ist selbstverständlich und durchaus notwendig. Darüber hinaus liebäugeln manche Jäger mit längeren Steigen, die entweder weiter entfernte Hochsitze oder attraktive Revierorte miteinander verbinden sollen. Die Pirsch reizt, und der Gedanke an sie weckt Hoffnungen auf reichen Anblick. Häufig sorgt sie jedoch für das Gegenteil.
Es sind aber auch nicht nur wir Jäger, die Gefallen an Steigen finden, die in Bereiche abseits der geschotterten Forststraßen führen. Nicht weniger Interesse haben Wanderer, Spaziergänger und Mountainbiker an ihnen. Was wir schmal und sparsam anlegen, wird vom Publikum schnell ausgetreten und verbreitert. Sobald der Steig aber gut zu sehen ist, entdecken ihn auch die Biker. Spätestens dann ist er für uns wertlos!

In vielen Revieren lässt sich unter Ausnutzung der vorhandenen Wege und Forststraßen ganz gut pirschen, wenn man Ansitzeinrichtungen mit kurzen Steigen verbindet.

Auf vergrasten Forstwegen lässt es sich ganz gut pirschen. Viel befahrene, schottrige Forstwege haben hingegen meist den Nachteil, einigermaßen laut zu sein. Mit etwas Glück steht ein grüner Mittelstreifen oder es ist ein begrüntes, begehbares Bankett vorhanden. Manchmal kann man auch ein Stück in den Bestand neben dem Weg ausweichen. Es muss auch nicht der ganze Weg „bepirschbar" sein; es genügt, wenn es die letzten fünfzig oder auch hundert Meter vor einem attraktiven Platz sind. Der Jäger stört am wenigsten, wenn er sich ganz normal bewegt und erst auf dem letzten Stück pirscht. Dabei wird ihn möglicherweise mehr Wild eräugen, als er sieht. Das ist, solange er sich unauffällig bewegt, auch nicht weiter schlimm.

Stellen wir uns folgende Situation vor: Mitternacht in einer fremden Stadt; wir wollen zurück zum Hotel. Junge Leute kommen uns entgegen, ausgelassen und laut. Wir ärgern uns vielleicht über den Lärm, mehr aber nicht. Nun die völlig andere Situation: Niemand ist mehr auf der Straße, alles ist ruhig. Nur weiter vorne sehen wir eine Gestalt an einem Hauseingang stehen, die zu uns herschaut. Uns ist nicht mehr richtig wohl, obwohl es sich nur um eine Einzelperson handelt...

Was ist für das Publikum attraktiv?

Im Gebirge ist alles attraktiv, was einem „Abkürzer" gleichkommt, also was dem Publikum erspart, Serpentinen auszugehen. Attraktiv ist, was an besonders schöne Ausblicke führt oder durch besonders romantisches Gelände, etwa durch Hänge mit vielen einzelnen Felsbrocken. Attraktiv ist, was an Gewässer führt, was sich am Ufer entlangschlängelt. Wenn wir einen Steig tatsächlich in Ufernähe führen müssen, dann sind Vertiefungen, in denen das Wasser stehenbleibt, und/oder ein, zwei zumindest 30 Zentimeter tiefe und 50 Zentimeter breite, mit Wasser oder Schlamm gefüllte Querrinnen, die sich mit dem Mountainbike nicht einfach umfahren lassen, hilfreich.

Attraktiv ist aber auch, was steil oder mäßig steil durch Bestände führt und dem Mountainbike „drive" verleiht.

Zunächst einmal sollte der Beginn eines Steiges nicht für jedermann kenntlich sein. Gerade im Gebirge haben wir oft die Möglichkeit, einen Steig nicht direkt von einem viel begangenen Weg aus zu führen, sondern die ersten 20 oder 30 Meter „wild" zu belassen. Auch gebrochene Wipfel oder Windwürfe, die einen Steig gleich zu Beginn versperren, machen sich gut – auf die Optik kommt es an! Feuchte Abschnitte, in denen zumindest zeitweise das Wasser steht und den Boden aufweicht, sind hilfreich. Die Mehrzahl neugieriger Wanderer kehrt um, wenn es gatschig wird.

Wertlos ist für den Nicht-Jäger, was irgendwo ohne Anbindung endet. Niemand hat Lust, in eine Sackgasse hinein und auf ihr auch wieder zurück zu wandern. Natürlich ist es auch für uns attraktiver, wenn ein Steig zwei Punkte verbindet, von denen aus es weitergeht.

Wenn der Jäger keinen Anblick hat, stellt er entweder fest, dass die Nachbarn alles totgeschossen haben oder dass die vielen Waldbesucher schuld an seiner Misere sind. Nun erleichtern uns Sportler, Erholungsuchende und Bauern oder Waldarbeiter die Jagd nicht immer. Dies schon deshalb, weil wir bei jeder Schussabgabe doppelt vorsichtig sein müssen. Es gibt aber durchaus Situationen, wo Menschen, die sich im Revier bewegen, nützlich sein können. Auf stark vom Publikum genutzten Forstwegen kann sich auch der Jäger bewegen, ohne vom Wild als Störung empfunden zu werden. Menschen, die sich laut unterhalten oder lachen, die berüchtigten Nordic Walker und andere ähnlich auffällig daherkommende Zeitgenossen bauen eine Geräuschkulisse auf, die wir nutzen können.

Hierzu ein Beispiel: Eines meiner früheren Reviere wurde querdurch von einer Forststraße durchschnitten, die wirklich stark vom Publikum genutzt wurde. Im Osten grenzte das Revier an eine Kleinstadt, im Westen an eine ländliche Gemeinde. Hier wie dort gab es einen Sportverein, dessen Mitglieder allabendlich besagte Forststraße nutzten. Dazu kamen die in ganzen Rudeln daherscheppernden Radlfahrer und auch noch die Reiter.

„Ottos Wiese" – sie lag an einem von vielen Menschen begangenen Forstweg. Die Rehe hielten sich fast immer in einer von den Erholungsuchenden schwer einsehbaren Ecke auf. Über einen kleinen Steig war die niedrige Kanzel *(gelber Punkt)* zu erreichen.

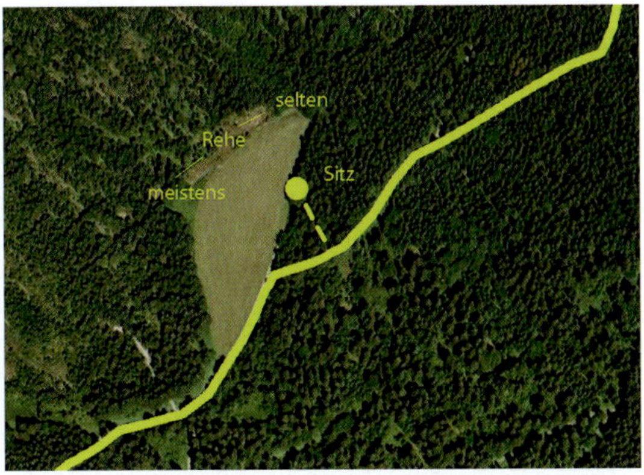

An dieser Forststraße lag „Ottos Wiese". Im Vorbeifahren sah man nur selten ein Reh auf ihr, wohl aber von einer dicht am Weg stehenden, niedrigen Kanzel. Diese war über einen ganz kurzen Pirschsteig zu erreichen. In der Früh saß ich nie dort, obwohl es da ruhig gewesen wäre. Sicher hätten mich die Rehe schon beim Angehen bemerkt. Am Abend aber machte ich mir das Publikum zunutze. Ich drückte mich so lange in der Nähe herum, bis es wieder laut wurde, um dann unbemerkt zu meiner kleinen Kanzel zu kommen. Die Leiter war so angelegt, dass man bei ihrer Benutzung die Wiese im Blick hatte. Außerdem waren nur drei Sprossen zu überwinden. Verbracht habe ich dort nie mehr als fünf Abendansitze im Jahr. Dafür hat es aber auch fast immer geklappt.

Interessant waren die Reaktionen des Wildes auf das Publikum. Zunächst einmal hielten sich die Rehe, solange auf der Forststraße Betrieb war, immer in einer kleinen Ecke am Wiesenrand auf. Dort wurden sie vom Publikum kaum wahrgenommen, hatten aber selbst alles gut im Blick. Menschen, die schon zu hören waren, ehe sie in Erscheinung traten, wurden kaum beachtet. Manchmal kamen aber auch gemächlich und still Spaziergänger. Meist wurden sie von den Rehen schon lange vor mir wahrgenommen. Da sie im Gegensatz zum übrigen Publikum kaum wahrnehmbar daherkamen, sorgten sie bei den Rehen regelmäßig für Unruhe!

III.

Das Verhalten des Wildes

Bei den Rehen

Mehr Jäger, mehr Jagddruck

In prähistorischer Zeit wären die Menschen nicht auf die Idee gekommen, für ihre Beutetiere Jagd- und Schonzeiten zu bestimmen. Sie nahmen mit, was sich gerade erbeuten ließ. Sie machten sich bestimmt keine Gedanken um Geschlechterverhältnisse und Sozialklassen, dennoch brachten sie keine Tierart mit ihrer Nachstellung in Bedrängnis.

Das musste sich in neuerer Zeit ändern, weil es heute ungleich mehr Jäger gibt als in prähistorischer Zeit, weil sich die Position der Gesellschaft zur Jagd geändert hat und vor allem, weil wir uns einer Technik des Tötens bedienen, der die Wildtiere immer weniger entgegenzusetzen haben. Daher jagen wir die Rehe längst nicht mehr rund ums Jahr, sondern, je nach Land, „nur" noch acht oder gebietsweise auch zehn Monate. Und auch in dieser Zeit erfahren die einzelnen Klassen Einschränkungen.

Wo ehemals ein einziger Neandertaler mit primitivsten Waffen jagte, jagen heute Tausende von uns mit Hightech-Waffen und Super-Optik!

Rehgeißen dürfen in Deutschland erst ab September bejagt werden, dafür sind die Böcke in den meisten Bundesländern ab 16. Oktober tabu. In Österreich dürfen Geißen teilweise schon im Juni bejagt werden, dafür herrscht aber ab 1. Jänner Jagdruhe.

Es ist also durchaus sinnvoll und notwendig, jene Zeiten jagdlich zu nutzen, in denen das Wild viel unterwegs ist. Das ist bei den Rehen im Frühjahr der Fall, weil sie winterbedingte Gewichtsverluste aufholen müssen und weil die Böcke ihre Sommerwohnräume beziehen, markieren und gegen Eindringlinge verteidigen. Deshalb wurde die Jagdzeit im Laufe der Jahre sukzessive vorgezogen.

Die hohe Frühjahrsaktivität ist nach meiner Erfahrung überall gegeben. Sie bricht im Juni wieder zusammen. Eigentlich ganz logisch: Die Besitzverhältnisse der Böcke sind geklärt, und diese selbst befinden sich in der Feistzeit. Die Jährlinge haben gelernt, dass es besser ist, unauffällig zu leben. Die Geißen aber sind ebenfalls bestrebt, mit ihren Kitzen möglichst nicht aufzufallen.

In der Blattzeit gibt es naturgemäß wieder einen kleinen Gipfel, der aber mit jenem im Frühjahr nicht vergleichbar ist. Die Geißen haben die Milchproduktion bereits stark zurückgefahren und ihre Winterverluste aufgeholt. Sie haben kaum Anlass, sich besonders viel zu bewegen.

Einen weiteren Gipfel gibt es im Frühherbst. Die Kitze müssen unbedingt noch wachsen und gleichzeitig Feistreserven anlegen. Letzteres gilt für alle Rehe. Hinzu kommt der energieaufwendige Haarwechsel. Ob wir jedoch im September wirklich signifikant mehr Rehe sehen als in der zweiten Augusthälfte, hängt stark von den Revierverhältnissen ab. Dort, wo ein Großteil der Rehe im Sommer in den Mais übersiedelt, steigt die Sichtbarkeit kaum. Ist viel Mast im Wald vorhanden, werden – trotz hoher Aktivität – oft erstaunlich wenig Rehe gesehen, einfach weil die Rehe wenig Anlass haben, ihre Deckung zu verlassen. Sie finden in dieser oft mehr und bessere Äsung als außerhalb. In manchen Revieren geht daher im Oktober mit den Rehen wenig bis nichts.

In den letzten Wochen des Jahres sind die Rehe – vor allem nach kalten Nächten – auch viel am Vormittag unterwegs.

Gut wird es noch einmal im Spätherbst oder Frühwinter, nämlich dann, wenn Frost und/oder Schnee kommen. Es sind drei Faktoren, die jetzt zum Tragen kommen. Die Nächte sind nun besonders lang und kalt; die Rehe nutzen daher verstärkt die Tage zur Äsung. Sie brauchen aber mitunter einfach mehr Zeit, die vorhandene Nahrung zu nutzen, weil der Frost (Eisüberzug) die Nahrungssuche und -aufnahme mühsamer macht oder weil sie unterm Schnee freigeschlagen werden muss. Hinzu kommt an manchen Tagen die Wärme spendende Sonne, die uns Rehe sichtbar macht.

Gefahr erkannt – Gefahr gebannt

Ein paar Worte über Verhalten und Reaktionen des Rehwildes wurden bereits weiter vorne schon verloren. Dazu gehört, dass Rehe viel lieber im Randbereich ihrer Deckung sitzen als inmitten derselben. Sie benötigen zum Ruhen überhaupt keine Deckung. Schließlich lassen sie sich oft mitten im Feld, beispielsweise im kurzen Wintergetreide nieder, und im Wald ruhen sie oft in Althölzern, obwohl sich Dickungen in nächster Nähe

Diese Geiß saß am Rande einer Wiese, kaum zehn Meter von meinem Hochsitz entfernt. Sie blieb einfach sitzen, und es hat lange gedauert, ehe ich sie entdeckte.

Reale Situation im Revier Gießwald im Allgäu während meiner dortigen Dienstzeit: Ein von Wiesen umgebenes Waldstück, in der Mitte eine Erstaufforstung mit Fichten, direkt bis an den Weg, an dem auch ein Haus steht. Die beiden schmalen Blöcke wurden etwas später aufgeforstet. Rehlager *(gelbe Punkte)* fanden sich stets direkt am Rande, und zwar in nächster Nähe zum Haus (3) oder auf einem kaum begangenen Weg, neben dem der Hang steil zum Bach hinunter abfiel (1) oder unter hohen alten Buchen und Eichen (2) in der oberen Ecke der ehemaligen Wiese. Von diesen drei Lokalitäten aus hatten die Rehe jeweils den besten Überblick. Die Dickungen selbst wurden nur durchwechselt.

befinden. Gerne ruhen sie an Hangkanten. An all diesen Plätzen haben sie eines – Überblick! Daher eräugen die Rehe den Jäger fast immer zuerst. Sie beobachten uns beim Pirschen wie beim Besteigen des Hochsitzes, und wir sehen sie meistens nicht. Gewiss, manchmal sitzen Rehe auch in der Mitte einer Wiese oder eines Feldes, nämlich dann, wenn sie dennoch darüber hinweg sehen können. Dieses Verhalten sagt uns aber, dass wir fast zwingend immer zuerst entdeckt werden!

Drücken und Sich-Verdrücken

Wie aber reagieren Rehe, wenn ihnen ein Jäger, ein Treiber oder auch ein Jagdhund nahe kommt? Wollen wir jagdlich erfolgreich sein, müssen wir uns mit dieser Frage beschäftigen. Bei jeder Störung stellt sich für die Rehe die Frage: flüchten oder drücken? Die „billigste" Reaktion ist, sich zu drücken. Dann entfällt der Energieaufwand für die Flucht. Rehe bleiben dann sitzen, wenn sie einen Störer für harmlos halten oder wenn die Distanz zu ihm entsprechend groß ist. Sie drücken sich aber auch dann gerne, wenn mehrere Störungen gleichzeitig erfolgen, etwa bei einem Riegler. Da haben sie einen Treiber im Blick, vernehmen aber aus

Flüchten oder sich klammheimlich verdrücken, das ist hier die Frage.

anderer Richtung gleichzeitig Hundelaut. Ihre Strategie heißt dann: Ruhe bewahren, überlegen und sich körperlich nicht unnötig verausgaben.

Eine andere Variante ist die, sich frühzeitig zu verdrücken. Rehe tun das besonders gerne, wenn sie spüren, dass irgendetwas anders ist als an normalen Tagen, beispielsweise zu Beginn eines Rieglers. Da sind schon am Morgen Menschen unterwegs. Da fahren viel mehr Autos als sonst im Wald herum. Da hört man Jagdhörner und am Sammelplatz kläffende Hunde. Das Sich-Verdrücken ist längst nicht so energieintensiv wie eine Flucht, und es lässt Zeit, um sich zu orientieren. Dieselbe Reaktion erleben wir auch gegen Ende länger dauernder Riegler, dann, wenn es still geworden ist. Da machen sich manche vorher geflüchteten Rehe bereits wieder auf den Heimweg.

Die Flucht

Eine völlig andere Reaktion ist die überstürzte Flucht. Sie erfolgt, wenn eine mögliche Gefahr erst im letzten Moment bemerkt wird. Da kommt dem Reh vielleicht ein stumm jagender Hund zu nahe. Vielleicht auch nähert sich der Jäger einem schlafenden

Mit solchen Bogenfluchten gewinnen Rehe Überblick und Distanz gleichermaßen.

Es werden weit mehr Jäger von Rehen beobachtet als Rehe von Jägern!

oder dösenden Reh und dieses wird plötzlich wach. Manchmal kommt es zur schnellen Flucht, weil eine zunächst vom Reh ausgesessene Störung doch zu nahe kommt. Und natürlich flüchten Rehe schnell, wenn sie direkt von einem Hund verfolgt werden. Solche Fluchten erfolgen in dichtem Bewuchs tief und in lockerem Gelände (Altholz, auch mit Naturverjüngung) in hohen Bogenfluchten. Bei letzteren erlangen die Rehe einen guten Überblick. Haben sie ausreichend Distanz zwischen sich und die Störung gebracht, verhoffen sie bald wieder in der Deckung. Das kann ein Stangenholz sein, aber auch ein Baum- oder Altholz mit Naturverjüngungshorsten. Dieses Verhoffen macht Sinn, weil sich dabei die Situation einschätzen und die weitere Flucht oder auch langsamere Fortbewegung „planen" lässt. Gerade bei Riegel- oder Drückjagden lassen in Deckung verhoffende Rehe einen ihnen folgenden spurlauten Hund manchmal auf Schrotschussweite herankommen, ehe sie ihre Flucht fortsetzen.
Grundsätzlich sind Rehe bestrebt, sich so wenig wie möglich vom Ausgangspunkt zu entfernen. Das sind bei menschlichen Störungen (Jäger, Schwammerlsucher, Wanderer) manchmal keine hundert Meter. So sparen sie Energie und bleiben in einem Bereich, in dem sie intime Ortskenntnis haben. Man stelle sich ein von Schwammerlsuchern oder Beerenbrockern heimgesuchtes Revier vor, in dem regelmäßig Menschen in die Nähe von Rehen kommen. Würde ein Reh wegen jedem Schwammerlsucher weit ausholend flüchten, würde es nicht nur in fremde Wohngebiete eindringen, sondern sich auch sehr verausgaben.

Fast jeder Jäger hat schon erlebt, dass ihn ein Reh aus der Deckung heraus anschaut. Es verhält sich dabei stocksteif. Es fixiert uns in angespannter Haltung, bereit, jederzeit flüchtig zu werden. Wir erleben solche Situationen oft, wenn wir mit dem Auto durchs Revier fahren. Zwanzig Meter neben dem Weg steht ein Reh, dem die Deckung gerade bis zur Schulter reicht. Wir dürfen anhalten und schauen – aussteigen dürfen wir nicht. In Revieren, in denen gelegentlich auch aus dem Auto heraus oder vom Autodach aus geschossen wird, halten Rehe stehenbleibende Autos nicht mehr aus. Oder sie springen spätestens dann ab, wenn die Scheiben herabgedreht werden und der Jäger zum Fernglas oder Fotoapparat greift.

Lockere Bindungen

Bei den Rehen stellen sich in der Praxis häufig folgende Fragen: Geiß oder Schmalgeiß? Führende Geiß oder kitzlose Geiß? Die erste Frage ist im Herbst durchaus schwierig und nur ohne jede Gewähr auf Richtigkeit zu beantworten. Zwar wird in manchen Lehrbüchern erklärt, wie man zu allen Jahreszeiten Geiß und Schmalgeiß unterscheiden kann, halbwegs sicher gelingt dies aber nur im Frühjahr und Frühsommer. Im September haben sich beide in ihrem Aussehen schon stark angenähert, und eine mehrjährige Geiß kann durchaus weniger auf die Waage bringen als ein starkes Schmalreh. Gleichzeitig wird dann die Bindung zwischen Geiß und Kitz mit jeder Woche lockerer. Die Ortskenntnis der Kitze wächst, und damit auch ihr Selbstvertrauen. Sie kleben nicht mehr unbedingt an ihren Müttern. Da steht die Geiß vielleicht schon etliche Minuten heraußen auf dem Waldweg oder in der Wiese, während sich das oder die Kitze noch im Bestand aufhalten. Der Jäger beobachtet, sieht natürlich längst kein Gesäuge mehr und überlegt: Geiß ohne Kitz! Erst beim Aufbrechen bemerkt er, dass die Spinne doch noch etwas Milch enthält.

> *Rehkitze bewegen sich viel unabhängiger von ihren Müttern als Rotwildkälber!*

Im September ist die Bindung der Kitze zu ihrer Mutter noch hoch. Dennoch kleben sie nicht mehr an ihr. Manchmal halten sie sich noch im Bestand auf, während die Geiß schon auf der Wiese oder Schlagfläche äst.

Natürlich ist das Gegenteil genauso häufig der Fall, nämlich dass die Kitze vor der Geiß erscheinen, weil diese noch wiederkäuend im Bestand sitzt, während sie selbst Hunger haben. Schnell kommt dann der Gedanke an leichtfertige Jagdnachbarn oder Mitjäger. Immerhin entsteht kein Schaden, wenn die Kitze erlegt werden. Anders, wenn die Geiß erlegt wird und die Kitze nicht.

Für den Fall, dass der Jäger versehentlich die Geiß erlegt, sollte er im Frühherbst immer ein „Reparaturset" mitführen. Gemeint ist der Rehblatter. Der Jäger wird, wenn er eine Geiß vom Hochsitz aus erlegt hat, nicht sofort zu dieser eilen, um sie aufzubrechen. Er weiß also nicht sofort, was er „angestellt" hat. In vielen Fällen werden aber nach dem Schuss die noch im Bestand befindlichen Kitze unruhig und rufen nach ihrer Mutter oder folgen auf ihrer Fährte. Dabei bietet sich manchmal die

Kommen Rehgeiß und Kitz gemeinsam, ist ein Ansprechen nicht weiter schwierig; kommt eine Geiß allein, ist allerdings immer darauf zu achten, dass sie keine Spinne hat!

Gelegenheit, sie zu erlegen. Das klappt aber nicht immer. Manchmal folgen sie zwar, werden aber durch den Schweißgeruch gleich misstrauisch, springen ein Stück ab, kommen wieder näher und springen neuerlich ab, ohne dass der Jäger fertig wird. Da gibt es zwei Möglichkeiten: Reicht das Licht noch eine halbe Stunde oder länger, bleibt man einfach zehn Minuten still sitzen und fiept dann kurz. Fast immer stehen die Kitze zu. Schwindet das Licht schon, geht man gleich zum erlegten Stück und schafft es von der Fläche. Aufgebrochen wird irgendwo anders. Am nächsten Morgen bezieht man vor Dämmerungsbeginn denselben Sitz, wartet, bis es richtig hell ist (wichtig!) und fiept ein paar Male eher diskret. Aber kein Fiepkonzert veranstalten! Irgendwann im Laufe des Morgenansitzes erscheinen die Kitze. Sie verlassen ja ihr noch relativ kleines Streifgebiet nicht, und sie kleben ein wenig an der Lokalität, an der sie ihre Mutter zuletzt wussten. Ganz wichtig: Nie sofort nach dem Beziehen des Hochsitzes fiepen; die Kitze können in der Nähe sein, unser Kommen bemerken und mit dem Fiepen verbinden!

Beim Rotwild

Rudelleben bestimmt das Verhalten

Rotwild hatte seine Heimat in der weitgehend offenen Landschaft. Dort lebt man am besten und sichersten in der Rudelgemeinschaft. Je mehr Tiere sich vereinigen, umso weniger Zeit muss das einzelne Tier für seine Sicherheit aufwenden. Daher hat es aber auch ein Verdauungssystem entwickelt, das es zum Graser macht. Wenn man gemeinsam in einer relativ artenarmen Graslandschaft Nahrung sucht, kann man nicht wirklich selektieren – man muss rational „grasen". Der geschlossene Wald war bis in die Neuzeit nie der wirkliche Rotwildlebensraum. Rotwild bevorzugte das Offenland, also überwiegend landwirtschaftliche Flächen. Diese intensiv zu nutzen, war ihm möglich, da der Adel den leibeigenen Bauern untersagte, dem zu Schaden gehenden Wild nachzustellen, ja oft war sogar das Vertreiben verboten.

Genau daraus entwickelten sich soziale Konflikte von den Bauernkriegen über die Französische Revolution bis zu jener von 1848.

Die Wälder waren teilweise noch unerschlossen, oder sie waren sehr licht und dienten in erster Linie der Weidehaltung von Haustieren. Diese ließen dem Rotwild nicht viel übrig. Die großen, noch geschlossenen Wälder, in denen mangels Verhüttung, Salzgewinnung oder Glasbläserei auch nur wenig Holz genutzt wurde, ließen dem Rotwild die Bildung großer Rudel nicht zu. So fanden sich im alpinen Raum die eigentlichen Rotwildgebiete oberhalb der Waldgrenze – im Offenland. Inneralpin überwinterte Rotwild wohl auch dort. Randalpin wird es ins Vorland gezogen sein.

Während Rehe den Randzonen, wie sie Waldränder, aber auch Hecken und Feldgehölze darstellen, sogar ihren Körperbau angepasst haben, meidet das Rotwild solche eher. Es hat in Waldrevieren notgedrungen seine sozialen Strukturen verkleinert und wurde somit waldtauglich. Aus den vielköpfigen Rudeln der Offenlandschaft wurden Kleinrudel, deren Kopfzahl stark vom

Bild des Waldes oder von der Landschaft überhaupt abhängt. Während also der Waldweg ebenso wie die kleinflächige Waldnutzung dem Rehwild entgegenkommt, so belastet die Walderschließung das Rotwild. Damit wissen wir eigentlich, was das Rotwild braucht (möglichst große ungestörte Flächen), wo wir ihm so weit wie möglich Ruhe bieten sollten. In der Praxis wird das mehrheitlich genau umgekehrt gehandhabt: Der Jäger bevorzugt beim Ansitz gerade die Kernbereiche des Rotwildes, weil er glaubt, ihm dort eher zu begegnen. Genau damit potenziert er den Jagddruck! Wenn überhaupt, dann sollte er solche Bereiche äußerst sparsam jagdlich nutzen – vielleicht den einen oder anderen Feisthirsch, mehr nicht. Außer Kraft setzen darf man solche Regeln durchaus in der Brunft. Das ist eine relativ kurze Zeit, in der das Wild stark mit sich selbst beschäftigt ist.

Warum reagiert Rotwild sensibler als Rehwild? Das ist ganz einfach und logisch. Rehe sind klein, können förmlich „abtauchen“ und entziehen sich oft mit nur wenigen Fluchten unseren

Rotwild kommt aus der offenen oder halboffenen Landschaft. Daher finden wir heute in geschlossenen Waldrevieren eher kleine Rudel, oberhalb der Waldgrenze aber oft Rudel von bis zu hundert Stück und sogar mehr.

Rotwild und Rehwild teilen sich ihre Lebensräume, haben aber ganz unterschiedliche Präferenzen.

Augen. Rotwild ist groß und auffällig und kann das nicht. Rehe sind weitgehend Einzelgänger und Kleinstfamilien, die sich das Drücken leisten können. Ein Reh ruht nicht selten vor dem Hochsitz, auf dem wir sitzen, ohne dass wir es sehen, und wenn Rehe flüchten, tun sie das häufig getrennt. Rotwild wird nie vor uns sitzen bleiben. Das Rudel ist auffällig, und das Leittier gibt das Kommando zu gemeinsamer, von ihm vorbestimmter Flucht.

Rotwild reagiert auch auf streunende Hunde viel sensibler als Rehe. Logisch: Das fünf- oder gar mehrköpfige Rudel „stinkt unüberriechbar"! Selbst wir können ein in unserer Nähe befindliches Stück Rotwild mit unserer Nase wahrnehmen, ein Reh nie. Rotwild musste also von jeher vor Feinden auf der Hut sein und musste immer auf Distanz achten.

Wer kommt zuerst?

Rehkitze verbringen von Anfang an viel Zeit ohne ihre Mütter. Erst liegen sie ab und werden nur wenige Male am Tag von ihren Müttern besucht und gesäugt. Auch danach, wenn sie von ihren Müttern schon mitgenommen werden, kleben sie keineswegs an diesen. Immer wieder bleiben sie zurück, legen sich ab oder warten unauffällig auf die Rückkehr der Mütter. Ganz ausgeprägt ist dieses Verhalten in der Brunft. Nach der Brunft lockert sich die Bindung noch mehr. Manchmal halten sich die Kitze im August schon über viele Stunden alleine auf. Dabei gibt es ganz große Unterschiede; es gibt „Mamakinder" und regelrechte „Pfadfinder".

Rotwildkälber reagieren völlig anders. Sie kleben regelrecht an ihren Müttern, weichen kaum von deren Seite. Selbst in der Brunft halten sie sich immer in ihrer Nähe auf – im Rudel eben. Rotwildkälber würden auch nie ohne ihre Mütter wegen einer

Störung flüchten. Die Mutter oder im größeren Rudel das Leittier entscheidet über die Flucht und deren Ziel. Rehkitze flüchten schon im Alter von drei Monaten – wenn es gerade sinnvoll erscheint – ohne ihre Mütter oder in eine andere Richtung als diese. Natürlich tun sie dies nicht immer. Wenn sich Geiß und Kitz „verdrücken", tun sie das in der Regel gemeinsam. Wir erleben aber auch, dass bei gemeinsamer Flucht das Kitz vor der Geiß kommt.

Aus diesem Verhalten resultiert, dass uns beim Ansitz im Spätsommer oder Herbst eine – vermeintlich – nicht führende Rehgeiß kommt und ausgiebig äst, während die Kitze sich noch irgendwo anders verlustieren. Das Gesäuge der Geiß ist auf Distanz längst nicht mehr zu erkennen – erst wenn sie am Boden liegt! Es kann durchaus auch umgekehrt sein, nämlich dass wir „mutterlosen" Kitzen begegnen, die aber in Wahrheit nur auf Erkundungstour sind. Auch beim Austreten halten Rehe keine feste Regel. Die Kitze können – wie weiter oben schon gesagt – zuerst oder auch mit Zeitverzögerung erscheinen. Jagdlich muss der Jäger daher im Frühherbst verdammt aufpassen.

Beim Rotwild herrscht Ordnung. Fast ausnahmslos erscheint zuerst das Leittier und dieses führt immer, ob beim ruhigen Ziehen oder auf der Flucht. Trotzdem schießen auch viele „altgediente" Jäger bedenkenlos auf das erste erscheinende Stück. Während aber im September mutterlos gewordene Rehkitze eine reale Chance haben, gut über den Winter zu kommen, werden verwaiste Kälber aus den Rudeln ausgeschlossen, kümmern und verenden.

Wer regelmäßig auf die Jagd geht, sammelt fast zwangsweise Erlebnisse. Manche Jäger nehmen solche einfach zur Kenntnis, andere hinterfragen sie, denken nach. Was das Fluchtverhalten des Rotwildes betrifft, so hatte ich vor zwei Jahren ein ganz einprägsames Erlebnis. Abendansitz an einer auf drei Seiten vom Wald umschlossenen Wiese. Es war noch hell, als ein Alttier mit Kalb erschien. Ich wunderte mich zwar, dass die beiden alleine waren, dachte aber – zunächst – nicht weiter darüber nach. Erst als sich die beiden in spielerischem Troll wieder in Bewegung

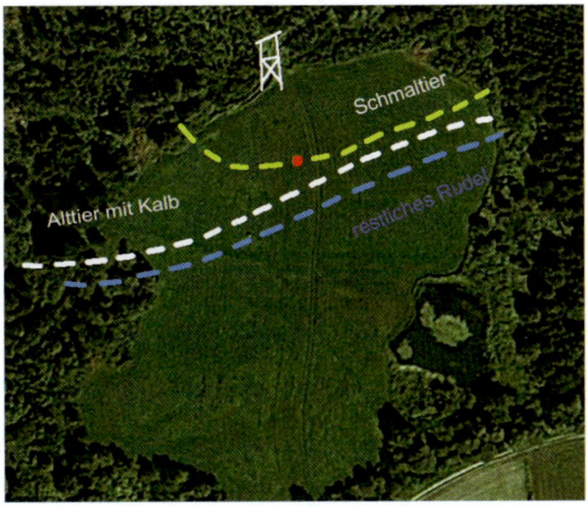

Fall 1, Rotwild: Alttier und Kalb zogen von links auf die Wiese (vom Sitz aus), ästen und nahmen dann den Bestand auf der anderen Seite an. Ein Schmaltier folgte, wurde beschossen und flüchtete neben dem Hochsitz in den Bestand. Daraufhin erschienen vier weitere Stücke und folgten Alttier und Kalb (Leittier!) über die freie Wiese.

setzten, kam ihnen ein Schmaltier nach, das ich beschoss. Im Schuss verschwanden Alttier und Kalb rechts von mir im Bestand, während links (Breite der Wiese gut 150 Meter) vier weitere Stück Rotwild aus Goldrute und Indischem Springkraut kamen und flüchtig Alttier und Kalb folgten. Kein Reh wäre nach einem Schuss (Drückjagdsituationen ausgenommen) einem anderen Reh über die breite Wiese gefolgt. Es hätte ausgeharrt und gesichert oder sich verdrückt, oder wäre dem anderen durch den Wald gefolgt.

Zum Vergleich noch ein kleines Erlebnis mit Rehgeiß und Kitz, ganz in der Nähe. Der „Straußschlag" liegt direkt neben einer asphaltierten Forststraße. Neben der steht in einer kleinen

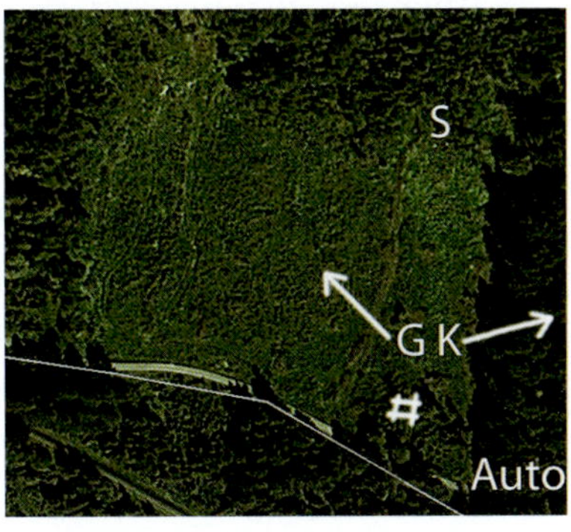

Fall 2, Rehwild: Mein Auto blieb am Rande der Forststraße stehen, und ich trug einen Salzstein an der Ansitzleiter vorbei Richtung Salzstock (S). Dabei wurden Geiß (G) und Kitz (K) hoch und flüchtig – in getrennte Richtungen.

Gehölzgruppe eine Ansitzleiter, und am gegenüberliegenden Bestandesrand gibt es einen Salzstock. An den dachte ich, als ich eines Nachmittags dort vorbeifuhr. Einen Salzstein hatte ich zufällig noch im Auto. Also anhalten, Stein nehmen und rübertragen. Ich ging kaum zwanzig Meter, da wurden am Rande des Schlages Geiß und Kitz hoch und flüchteten getrennt. Natürlich hatten sie mein Auto gehört und gesehen, natürlich hatten sie mitbekommen, wie ich den Salzstein aus dem Kofferraum holte. Aber sie haben wohl nicht damit gerechnet, dass ich sie stören werde und sich deshalb einfach gedrückt. Erst als ich ihnen zu nahe kam, wurden sie hoch und flüchtig.

Lieber in der Früh als am Abend

Es mag auf den ersten Blick nicht einsichtig sein, aber – in der Regel – stören wir Rotwild am Abend mehr als in der Früh. Während die Frage „Abendansitz oder Frühansitz?“ beim Rehwild höchstens lokal eine Rolle spielt, macht sie beim Rotwild einen grundsätzlichen Unterschied, und zwar sowohl, was die Reaktion des Wildes betrifft, wie auch bezüglich des Schadens, den es forstlich anrichtet. Wild, das am Abend durch die Anwesenheit des Jägers länger „eingesperrt“ ist, ernährt sich zwangsweise im Bestand. Wild, das in der Früh gestört wird, hat einen vollen Pansen! Wild, das hingegen am Abend erst bei Dunkelheit zu ziehen beginnt, kann der Jäger nicht dadurch erreichen, dass er ihm in die Einstände entgegeneilt. Wild, das in der Früh schon vor Büchsenlicht aus den Feldern in den Wald zieht, kann der Jäger häufig noch dadurch abfangen, dass er sich nicht am Einwechsel, sondern gleich in der Nähe des Tageseinstandes positioniert. Allerdings, es gibt auch lokal Situationen, in denen der Frühansitz mehr stört als der Abendansitz.

Ich will das an zwei Beispielen aus der eigenen Praxis darstellen. Im ersten Fall geht es um einen Schälschaden, der dadurch entstand, dass Rotwild lange warten musste, ehe es austreten konnte. Der zweite Fall zeigt die unterschiedliche Reaktion des Rotwildes auf die Jagdausübung.

Das erste Beispiel: Einer der hiesigen Bauern hat seinen Hof direkt am Waldrand und dabei auch ein Fahrsilo mit Grünsilage. Unmittelbar dahinter befindet sich ein Eschen-Stangenholz. Der Ruch des Silos zog im Winter 2013/14 das Rotwild an, das jedoch bis gegen 19 Uhr in den Eschen warten musste, ehe es den Silo aufsuchen konnte. Diese Zeit nutzte es, die Eschen zu schälen. Eine vergleichbare Situation entsteht, wenn wir den am Hof arbeitenden Bauer durch einen Jäger ersetzen. Der Jäger, der Abend für Abend am Rande der Einstände sitzt, um das zur Fütterung oder in die Wiesen ziehende Rotwild zu bejagen, hat dieselbe Wirkung. Spätestens nach dem ersten Schuss, viel häufiger aber schon beim ersten Hauch Jägerwitterung weiß das Wild, was gespielt wird. Es wartet die Dunkelheit und den Abzug des Jägers ab – und schält derweil!

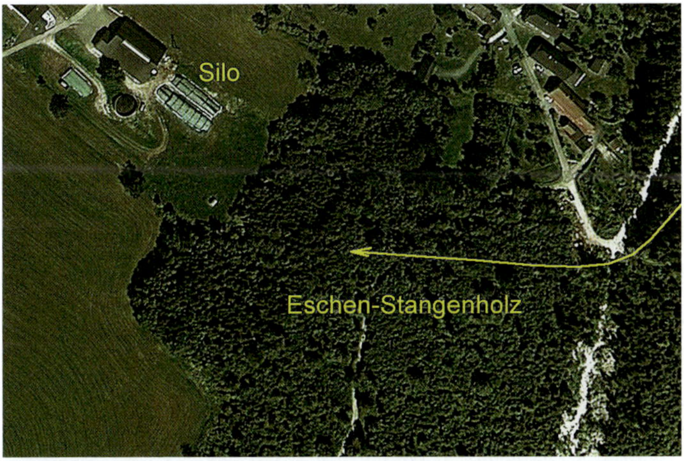

Beispiel 1: Der Silo-Geruch zog das Rotwild magisch an. Es gab nur eine Schlüsselstelle, die das Wild auf dem Weg dorthin passieren musste. Bekam es dort Wind vom Jäger, war es ab sofort Nachtwild. Hatte es diese Schlüsselstelle überwunden, musste es in dem Eschenbestand beim Silo warten, bis es auf dem Hof still wurde – und schälte!

Das zweite Beispiel: In der Adelegg, einem Allgäuer Vorgebirgsrevier, stand das Rotwild tagsüber meist oben in steilen Gräben. Am Abend zog es im Sommer und Herbst gerne in die talnahen Wiesen zur Äsung oder im Winter zu einer Fütterung, unten bei den Häusern. Traditionell saßen wir am Abend oberhalb der Wiesen und der Fütterung am Wechsel an. Geklappt hat es eher selten, vor allem dann nicht, wenn sich einer dazu hinreißen ließ, im letzten Licht mangels Rotwild noch ein Reh zu erlegen. Das Rotwild wurde nach dem ersten Ansitz dort oben zum Nachtwild, denn der Jäger konnte seine Anwesenheit nie verbergen. Zumindest sein Weg zurück ins Tal wurde wahrgenommen.
Irgendwann stellte ich um und setzte mich nur noch in der Früh dort oben an, und auch das nur wenige Male im Herbst und Frühwinter, und nur in ein- oder zweiwöchigen Abständen.

Beispiel 2: Am Abend zog das Wild im Sommer und Herbst von oben in die talnahen Wiesen und im Winter zur Fütterung, in der Früh retour *(gelbe Punkte)*. Der Jäger ging seinen Sitz vom Tal her an und auf gleichem Steig auch wieder zurück *(weiß gestrichelte Linie)*. Auf Störungen am Abend reagierte das Wild immer empfindlich, nicht jedoch, wenn der Jäger in der Früh seinen Sitz von oben her anging *(weiß gepunktete Linie)*.

Eine gefährliche Situation im Sommer. Die Vegetation auf dem Schlag ist an manchen Stellen mehr als mannshoch. Und dann steht plötzlich ein Tier auf der Lücke. Die Versuchung ist groß – und die Gefahr noch größer, dass ein verwaistes Kalb zurückbleibt!

Natürlich konnte man in der Früh, wollte man das Wild nicht schon im Tal lostreten, nur von oben aus angehen, was damals einen „Umweg" von rund zwanzig Kilometern bedeutete, weil die Hänge noch nicht mit Forststraßen erschlossen waren. Aber es funktionierte, ohne dass das Rotwild die Wiesen oder die Fütterung deshalb gemieden hätte. Am Abend gab es keine Störungen mehr. Dafür kam es vor, dass das Wild nach einem Schuss am Morgen wieder zurück zur Fütterung wechselte und dort den Tag verbrachte.

Es ist immer wieder dasselbe: Da sitzt ein Jäger und wartet auf Rotwild. Ein Stück zieht aus, die Lücke oder Schneise ist schmal, und schon kracht es. Was liegt ist das Leittier. Leittiere führen immer. Verlieren sie ihr Kalb, verlieren sie auch ihre Position als Leittier! Also ganz grundsätzlich nie auf das erste Stück schießen, es ist fast immer das führende Leittier!

Es gibt auch eine andere Situation, nämlich die, dass ein kopfstarkes Rudel Kahlwild auf der Fläche heraußen steht und in Breitfront äst. Bald wissen wir nicht mehr, welches Stück ursprünglich vorwegzog. Die Kälber aber äsen nicht neben ihren Müttern, sondern miteinander. Sie bilden einen Kindergarten. In dem Fall ist es schwer zu sagen, wer zu wem gehört. Wir wollen ja auch nicht nur das Leittier schonen, sondern generell alle führenden Tiere, weil verwaiste Kälber grundsätzlich kümmern und nicht mehr im Rudel geduldet werden.

Nicht mitten hineinschießen!

Wenn wir ein Stück mitten im Rudel erlegen, wirkt das auf die überlebenden Stücke meist dramatischer als die Erlegung eines am Rand stehenden Stückes. Um das zu verstehen, müssen wir uns nur selbst einmal in eine solche Situation versetzen. Wenn unmittelbar neben uns jemand tot zusammenbricht, versetzt uns das in große Erregung – wir erleben es ja absolut direkt mit. Bricht jemand bloß in der Nähe von uns zusammen, lässt uns das zwar auch nicht kalt, aber der Schock ist nicht ganz so groß. Je

Der Spießer ganz links würde in jeder Hinsicht passen. Wenn er jetzt noch einen Moment länger stehen bliebe als die drei vorderen Stück, wäre es ideal.

größer die Distanz, umso leichter verkraften wir Unangenehmes. Zwanzig Tote in den Abendnachrichten schocken weniger als der relativ harmlose Schwächeanfall eines Begleiters in unserem Beisein.

Es ist also sinnvoll, möglichst Stücke zu erlegen, die sich etwas abseits der anderen aufhalten. Natürlich ist das nicht immer machbar, einfach weil das Stück, das wir erlegen wollen, auch passen muss. Wir können ja nicht ein führendes Alttier erlegen, nur weil es abseits steht. Aber wenn Rotwild zieht, kommen nichtführende Tiere, Schmaltiere oder Spießer eher am Schluss.

Schwierig wird es beispielsweise, wenn wir ein Kalb erlegen wollen, das seiner Mutter folgt, hinter ihm aber weitere Stücke folgen, die aus irgendeinem Grund tabu sind. Eigentlich wäre es in so einem Fall das Beste, auf den Schuss zu verzichten, was aber infolge der hohen Abschussforderungen wieder nicht geht.

An dieser Stelle müssen wir noch ein anderes Problem ansprechen – die Splitterwirkung auf unbeteiligtes Wild. Viele Jäger leben in der Vorstellung, die von einem Geschoß im Wildkörper abgegebenen Splitter würde im Wildkörper bleiben, und nur der Geschoßkern würde austreten. Dies trifft nicht zu; es dringen in ganz erheblichem Maße Splitter nach außen und treffen auch in der Nähe stehendes unbeteiligtes Wild. Dass ein Stück im Schuss verendet zusammenbricht, heißt also nicht zwingend, dass wir kein weiteres Stück krankgeschossen haben! Reaktionen eines zufällig in der Nähe des beschossenen Stückes stehenden Wildes werden – so überhaupt bemerkt – fast immer als reine Schreckreaktion gedeutet. Der Gedanke, dass die Reaktion von einem Geschoßsplitter ausgelöst worden sein könnte, kommt selten.

Wenn ein nicht beschossenes Stück beim Schuss auf ein neben oder vor ihm stehendes Stück blitzartig abgeht, hat es meist Splitter abbekommen!

Beschießen wir das vordere Stück Rehwild, besteht die Gefahr, dass eines oder beide dahinter befindlichen Stücke Splitter abbekommen. Beschießen wir das linke Stück, ist das rechte Stück gefährdet. Wenn nicht beschossene Stücke im Schuss ohne Verzögerung flüchtig werden, ist das meist ein Zeichen, dass sie von Splittern getroffen wurden.

Wenn zwei Stücke in der Querachse dicht beieinander stehen, dann sollte das zu beschießende Stück zumindest in der Längsachse etwas weiter hinten stehen, nie weiter vorne. Ein deutscher Waffenhersteller hat vor einigen Jahren in umfangreichen Tests die Splitterwirkung von Büchsengeschoßen untersucht. Dabei durchschlugen zahlreiche den Wildkörper eines Stückes Schwarzwild verlassende Splitter 10 Meter hinter dem Stück aufgestellte weiße Tafeln. Zwar gab es quantitativ durchaus Unterschiede, grundsätzlich gaben aber alle Geschoße Splitter nach außen ab, unabhängig vom Kaliber und Geschoßtyp, Bleimunition wie bleifreie Munition.

Beispiele in der Brunft

Eben haben wir uns über das ungewollte Beschießen von Wild unterhalten. Manchmal erlegen wir ein Stück und bedauern dies nachträglich, weil das Wild nicht unseren Erwartungen entsprach. In der Brunft gibt es immer wieder solche Situationen. Dem schnellen Schuss folgt der Ärger.

Beispiel: Da hat der Jäger am Abend, ehe er sich zur Ruhe legte, vor der Hütte verhört. Das Konzert war in vollem Gange, und einer der Hirsche ließ immer wieder den Sprengruf hören. Folglich muss er Kahlwild bei sich gehabt haben und somit Platzhirsch sein. Zwar schickt dieser auch einem unterlegenen Rivalen den Sprengruf nach, was seinen Status aber nur bestätigt. Auch in der Früh, noch bei völliger Dunkelheit, schrie der Hirsch in den Wiesen herunten. Dann aber wurde es etwas ruhiger, und der Hirsch schien mit dem Rudel in den Wald gewechselt zu sein.

Die Sache war klar: Das Rudel zog seinem Tageseinstand zu, und auf dem Weg dorthin wollte ihm der Jäger begegnen. Diese Situation spielt sich alljährlich tausendfach ab. Sowie es langsam hell wurde, meldeten die Hirsche immer weniger. Steine werden irgendwo losgetreten, vielleicht noch ein schon müder Kampfruf, vielleicht sogar ein Sprengruf. Klar – das Rudel hielt Kurs.

Dann auf einmal eine Bewegung, die sich zum Hirsch auswächst: Starke Stangen, scheinbar tiefer, massiger Träger – das muss er sein. Ein Schuss, ein strauchelnder Hirsch, und dann ein Zusammenbrechen. Doch es liegt nicht der Platzhirsch, sondern ein deutlich jüngerer Hirsch, wenn auch mit starkem Geweih. Klar, das kann passieren, werden jetzt viele Leser sagen. Doch durfte es wirklich passieren? Eigentlich nein, denn dass der Hirsch als Erster und alleine erschien, war doch Hinweis genug, dass es nicht der Platzhirsch sein konnte. Der führt das Rudel nie an, vielmehr folgt er diesem! Er will ja das Rudel zusammenhalten, will vermeiden, dass sich Kahlwild nach hinten absetzt.

Wir sehen an diesem Beispiel, dass die Beschäftigung mit dem Verhalten des Wildes manchmal weit wichtiger sein kann als das Herumdeuteln an Altersmerkmalen!

Der Platzhirsch führt das Rudel nicht an, er folgt diesem!

Noch ein anderes Beispiel, direkt aus der eigenen Praxis: Da zieht in der ausklingenden Brunft ein sehr stark wirkender Hirsch heraus auf die Wiese. Vor allem sein Geweih scheint den lokalen Rahmen zu sprengen. Zurückgesetzt hat der Hirsch auf keinen Fall, aber er hat kein Kahlwild dabei. Ein paar Male meldet er, aber nicht besonders temperamentvoll. Der Jäger erkennt, welch außergewöhnlich starken Hirsch er vor sich hat und mutmaßt, das Rudel würde nachfolgen. Aber das Rudel folgt seinem Platzhirsch niemals nach; es ist immer umgekehrt.

Dass der Hirsch so unglaublich starke Stangen trägt, zeigt, dass er sicher noch nicht überaltert ist, also zurückgesetzt hat. Es ist eher unwahrscheinlich, dass es sich um einen alten, abgebrunfteten Hirsch handelt, der sich bereits zurückgezogen hat. Mit großer Wahrscheinlichkeit ist es umgekehrt, nämlich dass es sich um einen noch keineswegs so alten Hirsch handelt. So war denn nach seiner Erlegung die erste Meldung auch „uralt", gefolgt von „alt" bis zum Orakel „no jo, zehne kunt er sein".

Muss der Platzhirsch alt sein? Es ist ganz einfach: Da steht in der Brunft ein Hirsch beim Rudel. Er ist offensichtlich der „Platzhirsch" und somit – nach Jägers Meinung – „reif". Kann sein, muss aber nicht. Zwar wird heute immer wieder behauptet, nur ein wirklich alter Hirsch beherrsche das Geschäft der Fortpflanzung ordentlich, aber jene, die das behaupten, sollten ihr eigenes Leben Revue passieren lassen! Jedenfalls kommt es in der Nachbrunft gar nicht so selten vor, dass selbst ein Schmalspießer ein Tier beschlägt. Das Aufreiten beherrschen selbst die Kälber. Richtig ist, dass das Alter dem Hirsch nicht nur einen gewissen Status verleiht, sondern dass er auch Zeit hatte, Erfahrungen zu sammeln. Wo wirklich reife Hirsche vorhanden sind, wird ein

Dass ein Hirsch in der Brunft ein Rudel besitzt, ist keine Garantie dafür, dass er nach den Abschussrichtlinien (an deren Erstellung die Hirsche nirgends beteiligt wurden!) in die Klasse I fällt!

Alter Berghirsch. – Wirklich alte Hirsche ziehen sich gegen Ende der Brunft gerne zurück und melden vielleicht noch gelegentlich. Beim Rudel steht dann oft ein jüngerer Platzhirsch. Ein erfahrener Jäger weiß damit umzugehen.

mittelalter Hirsch – zumindest in der Hauptbrunft – nicht Platzhirsch. Wenn aber keine reifen Hirsche vorhanden sind, üben eben jüngere Hirsche diese Funktion aus, denn auch unter den Jungen ist immer einer der älteste!

Platzhirsche haben auch keinen Beamtenstatus; wenn ihre Leistung nachlässt, geben sie ihr Amt ab. Vor allem gegen Ende der Brunft ziehen sich die wirklich alten Hirsche (sozusagen „die Hirsche der ersten Stunde“) ganz gerne zurück. Sie sind müde und abgebrunftet, und ihre Stimmen sind vom vielen Schreien ziemlich ramponiert. Daher ist es durchaus möglich, dass ein wirklich alter Hirsch abseits steht und dennoch gelegentlich meldet.

So – und jetzt der Trugschluss: Da hat ein Platzhirsch ordentlich etwas auf dem Schädel und wird ganz selbstverständlich für „reif“ erklärt. Liegt er am Boden, beginnt die Mühe des ihn Altredens. Waren genug wirklich alte Hirsche vorhanden, ist nicht einmal viel passiert. Es wird halt ein wirklich alter Hirsch, weil nicht geschossen, nochmals ein Jahr älter! Mangelt es aber an alten Hirschen und war der erlegte, eigentlich viel zu junge Hirsch tatsächlich der älteste, dann ist das wirklich schlecht.

Ausgehen dürfen wir davon, dass zu Beginn der Brunft und in der Hochbrunft ein tatsächlich alter Hirsch eher beim Rudel steht als abseits, es sei denn, er ist noch auf der Suche.

Beihirsche sind in der Regel jüngere Hirsche – jünger, gemessen am vorhandenen Bestand. Doch nicht selten lässt sich der unerfahrene Jäger gerade mit einem abseits stehenden Hirsch auf ein Rufduell ein, worauf dieser zusteht. Kein Wunder, er hält die Stimme des Jägers für die eines jüngeren Rivalen, und den geht er leichter an als den Platzhirsch selbst. Es ist ja ohnehin Prinzip, dass man als Amateur mit dem Hirschruf die Profis nicht einschüchtern, sondern ihnen Mut machen soll.

Im Grunde gibt es folglich in der Brunft selten einen Grund, einen anderen Hirsch anzugehen oder zu schießen als einen Platzhirsch – jedenfalls nicht in einem guten Rotwildrevier.

Tiefe Stimme – alter Hirsch?

Musikfreunde wissen es ohnehin: Es gibt alte Tenöre und junge Bässe! Nicht anders verhält es sich beim Rotwild oder besser gesagt bei den Hirschen. Noch aber gilt den meisten Jägern ein Hirsch mit tiefer Stimme als alt. Doch wie ergeht es dem Jäger, der sich zu Beginn der Hirschbrunft oder schon davor „einschreit“? Je nachdem, über was für eine Stimmlage er verfügt und wie er in Übung ist, hat er bei den ersten Versuchen seine Probleme. Da kitzelt es im Hals, und nicht selten muss sich der

> *„Das muss ein alter Hirsch sein, er hat eine wirklich tiefe Stimme!“ – Solche und ähnliche Überlegungen werden manchem gar nicht so alten Hirsch zum Verhängnis.*

zweibeinige Hirsch in den Sprengruf flüchten, um den Hustenreiz zu kanalisieren. Je öfter der Jäger übt, umso schneller gewöhnt sich sein Hals an die in der übrigen Zeit des Jahres unüblichen Lautäußerungen und – seine Stimme wird rauer und tiefer.

So – und nicht anders – ergeht es den Hirschen. Grundsätzlich sind ihre Stimmlagen nicht genormt. Es ist zwar richtig, dass ein zehnjähriger Hirsch in der Regel eine markant tiefere Stimme hat als ein fünfjähriger, aber zwischen einem sieben- und einem zehnjährigen Hirsch gibt es – was die Stimme betrifft – kaum einen altersbedingten Unterschied. Richtig ist aber auch, dass ein zehnjähriger Hirsch, der beim Rudel steht und dies verteidigt, seine Stimme intensiver einsetzt als irgendein jüngerer Beihirsch, der nicht ständig herausgefordert wird.

„Das muss ein alter Hirsch sein, er hat eine wirklich tiefe Stimme!" – Solche und ähnliche Sätze hört man von Jägern immer wieder. Und genau dieser Spruch wird manchem gar nicht so alten Hirsch zum Verhängnis. Grundsätzlich sind Hirsche Persönlichkeiten und ihre Stimmen keineswegs genormt. Manche „singen" – unabhängig vom Alter – etwas höher, andere etwas tiefer. Es geht den Hirschen jedoch nicht anders als uns Menschen. Wenn wir eine Nacht hindurch getrunken und vor allem heftig diskutiert haben, sind unsere Stimmen am nächsten Tag deutlich rauer und tiefer. Das wird sie auch beim Hirsch im vollen Brunftstress, der schon einige Nächte hindurch aktiv war. Wer aber schreit in Summe mehr – Platzhirsch oder Beihirsch?

Letztlich steckt in dem Satz, wonach der alte Hirsch eine tiefere Stimme hat als ein jüngerer Hirsch, wieder ein Körnchen Wahrheit – er muss halt mehr schreien.

Bei den Gams

Offene Gesellschaften

Rotwild – jedenfalls das Kahlwild – bildet relativ geschlossene Gesellschaften, mit einer festen Hierarchie. Gams hingegen leben in absolut offenen Gesellschaften, die aus einzelnen ziemlich selbstständig handelnden Familien bestehen. Diese setzen sich aus Gais, Kitz und eventuell noch aus einem Jahrling zusammen. Solche Familien können sich jederzeit aus dem Rudel lösen und eigene Wege gehen, ebenso wieder zurückkehren. In größeren Rudeln bilden sich mitunter Kindergärten, in denen sich die Kitze versammeln und die meist von einer Gais beaufsichtigt werden. Nun kommt es immer wieder vor, dass sich einzelne Gaisen für Stunden und gelegentlich sogar für ein, zwei Tage aus dem Rudel verabschieden, ihr Kitz jedoch in der Obhut des Kindergartens zurücklassen. Diese Verhaltensweise zu kennen, ist wichtig!

Eines ist sicher: Die beiden gehören zusammen!

Welches Kitz gehört zu welcher Gais?

Wenn die Kitze vereinigt sind, lässt sich kaum sagen, welche Gais führt. Dass ein Kitz nahe einer Gais steht, heißt nicht, dass beide zusammengehören; da können wir ganz schnell danebengreifen. Aber auf etwas ist bei den Gams Verlass, nämlich dass – außer im Brunftbetrieb – nur Gais und Kitz Körperkontakt haben. Wenn beide dicht beieinander ruhen, gehören sie auch zusammen! Angenommen, in einem Rudel stehen fünf Gaisen und drei Kitze, dann müssen wir erst eindeutig die Kitze ihren Müttern zuordnen, ehe wir uns für eine Gais entscheiden können.

Was beim Jahrling zählt

Jahrlingsböcke halten sich überwiegend noch bei ihren Müttern auf, bilden aber auch kleine Trupps. Vereinzelt gesellen sie sich auch zu den Böcken der nächsten Altersgruppe. Jahrlinge beiderlei Geschlechts haben den Vorteil, dass sie leicht erkannt werden können. Und da wir meist gleich zwei oder mehr in Anblick haben, bietet sich auch Vergleichsmöglichkeit. Allerdings nicht bei der bescheidenen Krucke, eher, was die körperliche Verfassung betrifft. Doch die Gewichtsunterschiede sind bei den Jahrlingen auch nicht unbedingt augenfällig. Die Gesamtkondition, also Körpergewicht, Parasitenspiegel, sonstige Krankheiten und Defekte nehmen Einfluss auf den Haarwechsel. Das legt wiederum nahe, Jahrlinge nicht erst dann zu erlegen, wenn sie die makellose Winterdecke tragen.

Wenn mehrere Böcke zusammenstehen

Die zwei- und dreijährigen Böcke stehen meist noch zusammen und sind relativ einfach zu erbeuten. Es ist auch nicht grundsätzlich auszuschließen, dass sich Vierjährige unter sie mischen. Böcke, die das vierte Lebensjahr hinter sich haben, stehen aber mehrheitlich schon alleine. Das heißt jedoch nicht, dass zwischen dem Scharwild grundsätzlich keine Böcke zu finden sind, schließ-

Typischer Jugendklub, vorne ein Jahrling, dahinter ein mittelalter und hinten ein junger Bock.

lich handelt es sich um offene Gesellschaften. Man trifft sich eben auf den Äsungsflächen.

Nun haben die meisten Berufsjäger kein Problem, die Böcke in solch kleinen, gemischten Trupps anzusprechen. Aber heute, wo für die Pachtung kleiner Almjagden utopische Preise bezahlt werden oder Besitzer solcher Eigenjagden auch den letzten Gams noch zu verscherbeln gedenken, leben selbst die Mitglieder solch kleiner Jugendbanden gefährlich.

Die im Wald

Mit zunehmendem Alter steigt das Bedürfnis der Böcke, alleine zu sein. Daher stehen – auch – alte Böcke im Sommer gerne im tiefer liegenden Wald ein. Der Wald ist für Gams jedoch kein Notlebensraum, wie es häufig dargestellt wird. Den zu den Nahrungs-Selektierern tendierenden Gams bietet er grundsätzlich geeignete Nahrung. Gams meiden Waldbestände auch dann nicht, wenn ihre Dichte in den baumfreien Hochlagen eher gering ist. Was sie verlangen, sind schlicht Felsen, in denen sie Schutz vor Feinden finden. Ob sich diese Felsen in bewaldetem oder offenem Gelände befinden, spielt keine Rolle.

Daher kann der Jäger im Wald neben tatsächlich alten auch jüngeren Böcken und Gaisen mit Kitzen begegnen. Es kommt durchaus auch vor, dass mit einem der alten Böcke ein junger, maximal dreijähriger zieht. Auf diese Dinge sei nur hingewiesen, weil vielfach die Meinung herrscht, bei den „Laubböcken" – den Böcken im Wald – handle es sich überwiegend um alte, „reife" Böcke. Solche stellen sich zwar gern im Wald ein, aber nicht nur sie.

Zweifellos fallen Gams im Wald durch Verbiss von Jungbäumen auf, daher die Forderung vieler Forstleute und Waldbesitzer, die Gams im Wald rücksichtslos zu bejagen. Das klingt logisch, ist es aber nicht. Gams sind nämlich nicht die einzigen Waldbewohner, die verbeißen. Sie stehen mit dem Rotwild in einer gewissen und mit den Rehen in einer starken Konkurrenz. Wird eine der drei Arten reduziert, reagieren die beiden anderen mit Vermehrung. Am stärksten wirkt sich das zwischen Gams und Reh aus. Wer die Waldgams reduziert, macht Platz für mehr Rehe! Nun ist die Vermehrungspotenz der Rehe unbestritten höher als jene der Gams, das heißt, Rehe füllen Lücken schneller auf. Es ist also durchaus denkbar, dass ein stärkerer Eingriff bei den Gams – wenn bei den Rehen nicht noch stärker eingegriffen wird – sogar zu einem Anstieg der Verbissbelastung führt!

Das Alter macht den Platzbock

Das Alter macht den Platzbock, nicht die Krucke: In der Brunft ist alles ein wenig anders. Die alten Böcke stellen sich zum Scharwild und warten, bis eine Gais brunftig wird. Diese Platzböcke ruhen anfangs gerne und viel, wozu sie kleine Felsvorsprünge und Köpfe wählen, die ihnen Übersicht bieten. Die jüngeren Böcke lungern eher umher, testen, wie weit sie gehen dürfen. Ob ein Bock zum Platzbeherrscher aufsteigt oder eher noch einige Jahre warten muss, lässt sich also am Verhalten viel leichter erkennen als an der Kruckenhöhe.

Ein Elfjähriger im Oktober. – Nach der Brunft wird er vor allem eines brauchen: Ruhe!

Gerade, wenn gegen Ende oder nach der Brunft viel Schnee fällt, beobachtet der Jäger zuweilen einen Bock, der zwei, drei Tage irgendwo in einer Wand oder auf einem Absatz sitzt und sich förmlich einschneien lässt. Dann steht ziemlich schnell das Urteil: „Der kommt nicht mehr über den Winter, der hat was!" Aber was der Bock hat, ist meist nicht mehr und nicht weniger als ein überlebenswichtiges Maß an Vernunft. Er bleibt einfach sitzen, weil er so am meisten Energie spart. Wird er nicht erlegt, zieht er nach einigen Tagen, wenn sich der Schnee gesetzt hat oder die ärgste Lawinengefahr vorüber ist, wieder weiter. Auch bei den Gams ist eben die Welt lange nicht so kompliziert, wie wir sie oft sehen und manchmal wohl auch einfach sehen wollen.

Solange wir hin und wieder 18- und 20-jährige Gamsgaisen erlegen, kann ein achtjähriger Bock nicht wirklich alt sein!

„Ausbildung" geht vor Krucke

Bei keiner anderen heimischen Wildart sind Alter und damit Lebenserfahrung so sehr für das Überleben der Gemeinschaft wichtig wie bei den Gams. So ziemlich ohne Bedeutung für das Überleben ist die Krucke. Gut, die Krucke hat für die Gams eine ähnliche Funktion wie der Steinschlaghelm für die Bergsteiger. Aber wenn ein wirklich großer Brocken herunterkommt, hilft der Helm auch nicht, ebenso wenig gegen eine Lawine. Dass immer wieder Gams mit deformierten Schläuchen vorkommen, bestätigt diese Funktion. Ob aber nun die Krucke eng oder weit gestellt ist, ob sie hoch oder eher niedrig ist, ob sie einen starken Pechbelag hat oder nicht, das spielt nun wirklich keine Rolle. Für den Jäger als stark degenerierten Hilfs-Prädator spielt sie jedoch durchaus eine Rolle. Wild und Jagd schon weitgehend entfremdet, macht er den Gams Vorschriften, wie ihre Krucken beschaffen sein müssen. Entsprechen sie seinen Vorstellungen nicht, ist das ein Grund für frühzeitigen Abschuss. Kommen sie jedoch seinen Vorstellungen nahe, so bestimmen sie der Persönlichkeit Gams einen Tod in der Mitte des Lebens. Oder wird einer ernsthaft einen sechs- oder achtjährigen Gams als alt bezeichnen?!

Was nun die viel beschworene Altersstruktur betrifft, so ist es völlig egal, ob in einem bestimmten Alter ein Gams mit intakter oder mit beschädigter Krucke erlegt wird. Aber ist ein Gams mit einer infolge Beschädigung markanten Krucke nicht ein tolles Beobachtungsobjekt, das wir jederzeit leicht erkennen? Können wir von und an einem derart „markierten" Gams nicht ungleich mehr lernen als bei Vorträgen und aus Büchern?

Ältere Gams haben mehr Lebenserfahrung und mehr Führungsqualitäten als jüngere. Wenn es um den Arbeitsmarkt geht, hören wir das – auf den Menschen bezogen – unablässig. Natürlich sterben immer wieder auch wirklich alte Gams unter Lawinen, aber in Summe steigt mit dem Lebensalter die Chance, gefährliche Situationen zu vermeiden. Das heißt eigentlich, dass wir Gams wirklich alt werden lassen sollten. Ein Gams unter zehn Jahren ist aber noch keineswegs alt.

Beim Schwarzwild

„Zerstörte Strukturen"?

Es ist schon so unglaublich viel Unfug über Schwarzwild verbreitet worden; der meiste wurde den Jägern von Wissenschaftlern eingetrichtert! Wenn wir heute in vielen europäischen Ländern ein wirklich ernstes Schwarzwildproblem haben, dann auch deshalb:

- Die durch Jahrzehnte geforderte Schonung der Bachen generell;
- das absolute Tabu der Leitbache;
- die begrenzte Abschussfreigabe nach Gewicht und Alter bei Gesellschaftsjagden;
- die Behauptung, Schwarzwild mache im Wald keinen Schaden;
- die Empfehlung der Ablenkfütterung;
- das Geschwätz von der Rausche-Unterdrückung wie der Rausche-Synchronisation, und manches mehr.

Das alles führte zu Schwarzwildbeständen, die kaum noch beherrschbar sind.

Bisher konnte mir noch niemand sagen, wie die Struktur einer Schwarzwildrotte sein muss. Ständig wird (und nicht nur beim Schwarzwild) von Rotten-, Rudel- und Bestandesstrukturen geschwätzt, aber vermutlich hat noch nie einer die betreffende Wildart selbst um ihre Meinung gefragt. Das wäre ja nun auch

> *Wer legt eigentlich die Struktur eine Rotte fest, und wissen die Sauen, welche Rottenstruktur wir für sie festgelegt haben? In der Natur sind die Strukturen jedenfalls ganz unterschiedlich – auch unabhängig von der Jagd!*

Bachen mit Frischlingen. – Würde die Leitbache die Rausche der übrigen Bachen unterdrücken oder würden die Bachen tatsächlich synchron rauschig, wäre es nicht möglich, dass in Großrotten alle Bachen Frischlinge führen und diese noch dazu unterschiedlich alt sind!

wirklich nicht weiter tragisch, würden nicht auch unzählige Abschuss- und Hegerichtlinien auf die „richtige Struktur" abzielen. Beim Schwarzwild lief das früher auf die Forderung nach Schonung der Bachen hinaus – die nie wirklich stattfand. In den letzten Jahren nennen die jagdlichen Weisen strukturangepasste Prozentzahlen für den Abschuss von Bachen. Jetzt würde mich interessieren, wer uns sagt, wieviele Sauen in welchem Gebiet herumspringen und wie die vorhandenen Bestände strukturiert sind. Also wieviele Tiere sind welchen Geschlechts und wie alt? Nichts – rein gar nichts wissen wir, aber wir quasseln unablässig davon, dass soundsoviel Prozent der Frischlinge, Überläufer, Bachen und Keiler erlegt werden sollen.

Unser Problem bei der Schwarzwildbejagung ist doch schlicht, dass wir nicht genug schießen! Wissenschaftler trommeln unaufhörlich für den Frischlingsabschuss, weil diese angeblich wiederum die meisten Frischlinge brächten. Es bedarf aber keines

Taschenrechners, um festzustellen, dass fünf aus einer Altbache kommende Frischlinge mehr sind als zwei aus einer Frischlingsbache!

Die meisten Jäger sehen Schwarzwild – dank völliger Konzentration auf die Kirrjagd – fast nur noch in der Nacht. Ihre Beobachtungsmöglichkeiten sind, was die Veränderung in den einzelnen Rotten betrifft, sehr begrenzt. Wer jedoch noch tagaktives Schwarzwild hat (tagaktiv zumindest im Sinne von Rehwild), der weiß, dass Größe und Zusammensetzung der Rotten ständigem Wandel unterliegen – mit und ohne Eingriff des Jägers.

Unterdrückte Rausche?

Bis heute wird behauptet, das Schwarzwild habe sich vor allem deshalb so vermehren können, weil durch unsachgemäße Bejagung die Strukturen der Rotten zerstört worden wären, mit der Konsequenz, dass die Leitbachen nicht mehr die Rausche rangniedrigerer Bachen hätten unterdrücken können. Man musste nicht Wildbiologe sein, um diese Theorie anzuzweifeln. Es genügt, die in allerlei Zeitschriften publizierten Fotos anzuschauen. Ich habe bis heute noch kein einziges Foto gesehen, das eine Schwarzwildrotte mit mehreren Altbachen zeigt, von denen nur eine (die Leitbache) Frischlinge führt. Wenn zu einer Rotte fünf Bachen gehören, dann führen auch fünf Bachen, selbst Frischlingsbachen führen Frischlinge! Das ist übrigens in Schwarzwildgehegen, in denen nicht konventionell gejagt wird, genauso.

Noch etwas spricht ganz klar gegen die Rausche-Unterdrückung: Schwarzwild gehört nämlich zu den „r-Strategen“. So werden Tierarten bezeichnet, zu deren Merkmale große,

> *Der Glaube ist in jeder Religion unverrückbares Grundprinzip. Jagd sollte das Gegenteil tun, nämlich aufgestellte Behauptungen ständig hinterfragen!*

nahrungsabhängige Vermehrungsschwankungen gehören. Auch Fuchs und Feldmaus gehören dazu. Auf den Punkt gebracht heißt das: Die Art versucht, ständig maximal zu reproduzieren. In welchem Maße ihr das gelingt, hängt aber wesentlich vom jeweiligen Nahrungsangebot ab. Sprich: Viel Waldmast führt zu vielen Frischlingen. Wenig Waldmast führt zu wenigen Frischlingen. Würde nun, wie so lange und immer noch behauptet, die Leitbache die Rausche der übrigen Bachen unterdrücken, käme es niemals zu den beim Schwarzwild üblichen Vermehrungsschwankungen und schon gar nicht zur „Schwarzwildexplosion"!

„Mutterlose" Frischlinge machen die Wildschäden …

Auch das ist so eine Behauptung, die im ersten Moment einleuchtet, jedoch schnell widerlegt werden kann, wenn man bereit ist, nachzudenken. Wir müssen uns nicht einmal die Nächte um die Ohren hauen, um den Gehalt dieser Behauptung zu erkennen. Machen die Sauen einen Mais- oder Kartoffelacker nieder, finden wir in diesem eben nicht nur Frischlingsfährten, sondern auch die erwachsener Sauen. Und das Problem jener Jäger, die sich schon die Nächte um die Ohren schlagen, ist ja, dass noch kleine Frischlinge oft gar nicht gesehen werden, wohl aber die zahlreichen erwachsenen Sauen.

Tatsächlich mutterlose Frischlinge werden aber auch nicht aus den Rotten ausgeschlossen. Sie werden ganz im Gegenteil aufgenommen. Bachen lassen sogar fremde Frischlinge an ihre Zitzen! Warum also mutterlos gewordene Frischlinge ziellos herumvagabundieren und sich auf die Produktion von Feldschäden konzentrieren lassen?

Auch der Begriff „Frischling" muss in diesem Zusammenhang einmal überdacht werden. Er besagt ja überhaupt nichts über den sozialen Status einer Sau. Er wollte ursprünglich zum Ausdruck bringen, dass es sich um eine Sau im ersten Lebensjahr handelt. Bei anderen Schalenwildarten erfolgt der Übertritt in den nächsten formalen Lebensabschnitt am 1. April. Da werden das Geißkitz zum Schmalreh und das Hirschkalb zum Spießer.

Beim Schwarzwild macht nicht einmal das Sinn, weil heute zu fast allen Jahreszeiten Frischlinge geboren werden. Vor allem aber werden weibliche Sauen nicht grundsätzlich erst im zweiten Lebensjahr beschlagen, so wie dies bei allen anderen Paarhufern, aber auch bei den meisten Raubwildarten der Fall ist, sondern abhängig vom Körpergewicht. Und das erforderliche „Fortpflanzungsgewicht" von 25 bis 30 Kilogramm erreichen viele Frischlinge schon deutlich vor Abschluss ihres ersten Lebensjahres. Mehr noch: Sie bringen in ihrem ersten Lebensjahr selbst schon Frischlinge zur Welt!

Dieselbe Eigenschaft, nämlich herumzuvagabundieren und dabei Feldschäden zu verursachen, wird auch Überläufern nachgesagt. Sie tun dies in der Tat, doch hat dies wenig mit den Rot-

Schwarzwildstrecken bestehen überwiegend aus Frischlingen, gefolgt von Überläufern. Alte Bachen und Keiler sind die Minderheit. Das Problem beim Ansprechen ist, dass heute halbjährige Frischlinge oft so schwer sind wie früher Überläufer. Die Landwirtschaft sorgt mit Maisanbau dafür, Eiche und Buche fruktifizieren deutlich häufiger und stärker als in Zeiten geringerer Umweltbelastung. Den Rest besorgen die Jäger durch intensive Kirrung und Fütterung.

tenstrukturen zu tun. Es ist nämlich schlicht normal, dass sich vor allem männliche Überläufer aus den Rotten lösen und sozusagen „auf eigene Rechnung" Fraß suchen. Das ist für sie schon deshalb kein Problem, weil Sauen nicht im eigentlichen Sinne territorial sind und durchaus ein Austausch zwischen den Rotten stattfindet. Zwei Rotten können sich problemlos denselben Lebensraum teilen, ohne in ernste Konflikte zu geraten. Sie weichen einander einfach aus. Männliche Überläufer bilden zunächst so etwas wie „Jugendklubs" und werden früher oder später zu Einzelgängern. Selbstverständlich schätzen Sauen in jeder Altersstufe Kartoffeln, Mais & Co.

Was in diesem Kapitel über Schwarzwild gesagt wurde, mag „wildbiologisch" klingen und damit manchem Jäger verdächtig erscheinen. Es ist aber rein jagdpraktisch, also „jagdhandwerklich" gedacht und zeigt, dass der Jäger weiter kommt, wenn er das, was er selbst draußen sieht, kritisch hinterfragt. Nur wer das Verhalten des Wildes bewusst wahrnimmt, wird als Jäger erfolgreich sein. Erfolgreich nicht in dem Sinne, dass er beim Schwarzwild viele „reife Keiler" schießt, sondern indem er das Problem in Griff bekommt!

Wieder alte Keiler heranhegen …

Ein Merkmal der r-Strategen ist ihre geringe Lebenserwartung. Bei Feldmäusen spielt sich das im Wochenbereich ab; die meisten Füchse werden kaum älter als ein Jahr. Auch Wildschweine werden nicht alt. Zwischen 60 und 80 Prozent sterben im ersten Lebensjahr. Nur ein kleiner Teil der Tiere erreicht ein Alter von vier, fünf oder gar noch mehr Jahren. Der Jäger aber hängt dem Gedanken nach, möglichst viele und möglichst alte Keiler heranzuhegen. Jahrzehnte hindurch wurden Bestandespyramiden gebastelt und die Schonung der Überläuferkeiler empfohlen. Funktioniert hat es nirgends, weil es einfach nicht funktionieren kann.

Das Grundproblem ist bereits, dass die Altersansprache unter jagdlichen Bedingungen äußerst selten funktioniert. Der Abschuss erfolgt heute überwiegend bei schlechten Lichtverhältnissen an der Kirrung oder unter Zeitdruck bei Bewegungsjagden. Da beginnen für die Mehrheit der Jäger schon die Probleme, starke Frischlinge und Überläufer auseinanderzuhalten, ebenso Überläufer und ältere Sauen. Körpergröße und Gewicht sind nur schwer zu bestimmen und haben überdies keine große Aussagekraft. Es gibt durchaus mehrjährige Keiler, die kaum mehr als 60 oder 70 Kilogramm wiegen, und es gibt starke Frischlingskeiler, die 50 und 55 Kilogramm auf die Waage bringen.

So werden alte Keiler immer seltene Erscheinungen bleiben, über die sich der Erleger freuen darf. So ohne weiteres erkennbar sind sie nicht. Die Waffen, um die es ja manchen Jägern in erster Linie geht, können mit drei Jahren schon die beachtliche Länge von 20 Zentimetern erreichen. Sie wachsen als wurzellose Zähne zwar lebenslang weiter, werden deshalb aber nicht unbedingt länger. Denn sie wachsen ja nur, weil sie sich ständig abnutzen. Je älter Keiler werden, umso größer ist auch die Gefahr, dass sie ihre Gewehre (die Eckzähne im Unterkiefer) abbrechen. Da stellt sich schlicht die Frage, was den Jäger an der Schwarzwildjagd fasziniert: Sind es tatsächlich die Zähne? Ist es das Wildbret, das mit zunehmendem Alter des Stückes eindeutig an Wert verliert? Oder ist es schlicht das Jagderlebnis? Wenn Letzteres der Fall ist, dann müssen wir uns um alte Keiler keine allzu großen Gedanken machen.

Warum muss ein Keiler möglichst lange Eckzähne haben, um „richtig“ zu sein? Viele Erleger solcher Keiler begnügen sich selbst mit Prothesen.

Hören, schauen und fragen

Von Spuren und Fährten

Unsere Vorfahren haben sich, was Spuren und Fährten betrifft, wohl einiges vorgemacht. Man denke nur an die ominösen 72 „hirschgerechten Zeichen". Jeder gelernte Jäger musste sie kennen, inzwischen dürfen wir die meisten getrost vergessen, weil sie einfach Unfug waren. Zwar sind immer noch Bücher zur Spurenkunde auf dem Markt, die uns sagen, wie breit und wie lang das Trittsiegel eines fünfjährigen Hirsches oder eines Alttieres ist, aber jeder weiß doch längst, dass es eben – unabhängig vom Alter – „große" und „kleine", „schwere" und „leichte" gibt. Es reicht doch allemal, wenn wir jung und alt sowie männlich und weiblich unterscheiden können. Wenn wir dann noch in der Lage sind zu sagen, diese Fährte scheint von einem wirklich starken Hirsch zu stammen, und die Fährte des Kalbes ist auffällig schwach, dann ist das schon ganz gut. Es ist auch Unfug, aus der Schrittlänge oder aus dem Schrank auf Gewicht oder Alter eines Hirsches zu schließen. Auch unsere eigene Schrittlänge variiert ständig.

Hier wechselt regelmäßig Rotwild die Böschung hinauf und hinunter. Anhand der Fährten können wir zwar einen Hirsch von einem Kalb unterscheiden, nicht aber den zehnjährigen vom fünfjährigen Hirsch.

Auch die Sache mit dem „Wimpelschlagen" hinkt gehörig. Es mag jeder einmal die Abwurfstange eines Kronenhirsches nehmen und versuchen, damit über Kopf Zweige abzuknicken … Angeblich kann man an der Höhe der geknickten Zweige die Stärke eines Hirsches ablesen. Also am besten sparen wir uns die brauchtumsgebundene Märchenstunde und halten uns an nachvollziehbare Zeichen.

Was uns interessiert, sind beispielsweise Wechsel, und zwar auch dann, wenn wir dort keine Gelegenheit finden, anzusitzen. Gerade beim Rotwild gibt uns der frisch ausgetretene Wechsel einen guten Hinweis, wohin das Wild am Abend oder Morgen zieht.

In der tauigen Wiese

Dass man im Winter, wenn es in der Nacht geschneit und gegen Morgen aufgehört hat, gut abfährten kann, gehört auch in Crashkurs-Zeiten noch zum jagdlichen Allgemeinwissen. Dass Wild, das durch eine tauige oder auch überreifte Wiese zieht, ebenfalls seinen Weg zeichnet, ist auch nicht unbekannt. Und doch wird kaum darauf geachtet. Eigentlich müsste es das Erste sein, was ich als Jäger mache, wenn ich in irgendeiner früher „guten" Ecke oder eben bei einem Hochsitz nichts mehr sehe. Überhaupt ist das „Abfährten" eine ganz gute, vergessene Entscheidungshilfe für den Frühansitz.

In nassen Wegen

Wir mögen über anhaltende Regenfälle nicht immer erfreut sein, aber wenn wir anschließend ins Revier gehen, erfahren wir mehr als bei Trockenheit. Wildtiere weichen feuchten Stellen kaum aus, daher finden wir selbst in den inzwischen wieder ausgetrockneten Lacken auf den Forststraßen die Fährten fast aller im Revier vorkommenden Wildarten. Der Boden konserviert die Spuren der Krähen wie die von Fuchs und Katze, die Fährten des Auerwildes wie die des Schwarzwildes. Wir müssen uns nur die Mühe

In der inzwischen trockenen Schlammlacke ist die Reifenspur eines Geländewagens abgebildet, und in dieser steht die Spur vom Rotwild.

machen, in den Lacken zu lesen. In Zeiten der fast überallhin vordringenden Allradfahrzeuge werden jedoch mehr Spuren, Geläufe und Fährten von Reifen „ausgedrückt“ als vom Jäger gelesen.

Oft übersehen

Da geht ein beidseitig verwachsener Graben durchs Revier, hüben und drüben Wiesen und dahinter jeweils der Wald. Über den Graben führen viele Wechsel, aber es ist Sommer, warm und feucht, und die Vegetation explodiert. Wechsel, die nicht ständig begangen werden, schließen sich sehr schnell wieder. Aber wir gehen den Graben entlang und finden eine Stelle, an der sich auf den Blättern des wilden Girsch Schlammspritzer finden und etwas höher, auf den Blättern der Erlen ebenfalls. Obwohl man kaum einen Wechsel erkennt, ist klar, dass hier Rotwild den Graben quert. Der Bewuchs ist so dicht, dass es ihn im Sprung

Der Wechsel über den verwachsenen Graben wäre kaum aufgefallen, hätte das Rotwild in diesem nicht gesuhlt und sich am Wiesenrand den Schlamm aus der Decke geschüttelt.

nicht nehmen kann. Es muss ihn sozusagen zu Fuß durchqueren, nimmt so nebenbei noch ein Schlammbad, und draußen schüttelt es sich. Wer nur mit dem Auto durchs Revier fährt, sieht es nicht.

Suhlen und Malbäume

Dass Schwarz- und Rotwild an Suhlen Spuren hinterlässt, gehört zum Allgemeinwissen. Welche der beiden Arten eine Suhle angenommen hat, lässt sich an den Fährten erkennen. Wenn aber ein Jäger aus der Höhe des am Malbaum abgestreiften Schlamms auf Gewicht oder Alter des mutmaßlichen Verursachers schließt, rührt er im Kaffeesatz. Was wir in der Rauschzeit gelegentlich an solchen Bäumen finden, ist abgestreifter Schaum. Der stammt dann zweifellos von einem Keiler; über dessen Alter sagt die Höhe, in der er abgestreift wurde, nichts aus und über seine Stärke nur Ungenaues.

Plätz- und Fegestellen

Wo gefegt und oder geplätzt ist, muss ein Rehbock wohnen, das weiß jeder. Der Umstand, dass wir kaum solche Stellen finden, besagt jedoch nicht, dass kein Bock vorhanden ist. Böcke markieren ganz unterschiedlich intensiv. Vor allem in waldarmen Revieren oder in Revieren mit nur recht kleinen und sehr stark vom Publikum frequentierten Waldparzellen, können Plätz- und Fegestellen selten sein. Dafür finden wir diese oft weit draußen im Feld – wo keiner schaut! Gerne wird der Mais befegt, gelegentlich auch die Sonnenblume, und fast immer finden wir bei den Fege- auch Plätzstellen. Im Frühsommer, also zur Jagdzeit, fegen die meisten Böcke noch regelmäßig. Das heißt, sie markieren die Grenzen ihres Einstandes, und wenn wir solche Marken finden, sehen wir irgendwann auch den Bock.

Im Mais fegen Böcke fast ausschließlich am Rande, nur selten im Inneren des Ackers. Davor finden wir auch Plätzstellen.

Joggerinnen verbeißen nicht

Immer wieder jammern Jäger, dass das Rehwild fast ausgestorben sei, während die Waldbesitzer gleichzeitig über einen unerträglich hohen Verbiss klagen. Fakt ist, dass dort, wo Verbiss ist, auch Wild sein muss. Ob es nun viel oder wenig Wild ist, wollen wir unbeantwortet lassen. Leider ist der Mehrzahl der Jäger das Zu-Fuß-Gehen abhanden gekommen – sie fahren fast nur noch! Wer im Revier überwiegend fährt, mag weniger stören als jener, der überwiegend zu Fuß geht. Sicher ist aber, dass uns aus dem Auto heraus viele Dinge verborgen bleiben, die wir zu Fuß sehen würden. Dazu gehört eben auch der Verbiss von bestimmten Pflanzen, womit vor allem forstlich eher unbedeutende Pflanzen gemeint sind.

In den 1970er- und 1980er-Jahren wurde vor allem in der forstlichen Presse viel über Weiserpflanzen wie Weidenröschen oder Hasenlattich geschrieben. Vereinfacht ausgedrückt: Wo sie fehlen, ist zu viel Wild vorhanden, und wo sie wachsen, ist die Welt in Ordnung. So einfach ist das freilich nicht. Die Aussagekraft von Weiserpflanzen ist nicht immer gegeben, weil das Wild nur einer von vielen Standortfaktoren ist. Boden, Licht, Exposition, Niederschläge, sie alle bestimmen mit. So war ich in meiner Jugend einige Zeit in einem Revier mit sicher weit überhöhten Rehwildbeständen, die kaum etwas anderes als Fichte wachsen ließen, und diese auch nur chemisch geschützt. Trotzdem wuchs auf jeder Kulturfläche, ebenso an Wegrändern, massenhaft das Schmalblättrige Weidenröschen. Es soll also hier nicht so sehr um Verbiss im forstlichen Sinne gehen als um solchen, der uns etwas übers Wild und sein Verhalten verrät.

Verbiss findet sich selten alleine; häufig finden wir mit ihm auch Fährten und/oder Losung. Selbst wenn wir nur Verbiss finden, lässt er sich oft einer bestimmten Wildart zuordnen. Da gibt es vielleicht am Wegrand einen Verbisshorizont, den wir nach seiner Höhe einer Wildart zuweisen können.

Auf den nächsten beiden Seiten finden Sie ein paar Beispiele zum Thema „Verbiss“.

Das Rotwild hat am Wegrand einen Verbisshorizont modelliert. Holler und andere Sträucher sind erst oberhalb Äserhöhe grün.

Am Rand des Forstweges breite Beete mit gut meterhoher Brennnessel, die mitten drinnen verbissen sind. Das wird eher das Rotwild gewesen sein als die Rehe.

Hasenlattich tritt selten in Massen auf, wird aber vom Rehwild ebenso gerne verbissen wie vom Hasen. Hier ist er in 40 Zentimeter Höhe verbissen, also werden es die Rehe gewesen sein.

Das Indische Springkraut wird eher selten verbissen; aber wenn in „Gesichtshöhe“ die Knospen verbissen sind, dann war das sicher nicht das Rehwild.

Den giftigen Weißen Germer äsen Rot- wie Gamswild. Dass er so tief beäst wurde, spricht eher für Gamswild. Da werden wir noch nach Fährten und Losung suchen.

Hier wachsen dicht an dicht Tausende junger Buchen. Keine ist verbissen, wohl aber die wenigen zwischen ihnen wachsenden Himbeeren.

Eines ist jedenfalls sicher: Aus dem Auto heraus macht man solche Beobachtungen nicht!

Spuren an und unter Bäumen

Es gibt hierzulande nur drei Arten, die gelegentlich an Bäumen Kratzspuren hinterlassen. Es sind dies der Braunbär, der mit seinen Krallen gerne an Obstbäumen Zeichen setzt und damit auch Hinweise auf seine körperliche Entwicklung hinterlässt. Bei der zweiten Art handelt es sich um den Luchs, der zwar von vielen Jägern immer noch als Konkurrent und Rehwildausrotter gesehen wird, aber in einigen Gebieten sporadisch vorkommt. Er schärft seine Krallen und markiert damit gleichzeitig. Die dritte Art ist die Wildkatze, die sicher häufiger vorkommt als der Luchs und ebenfalls mit den Krallen markiert.

Früher wurden zahlreiche Straßen außerhalb der Ortschaften von Obstbäumen gesäumt. Vielfach waren es Nussbäume, oder es waren Apfel- und Birnbäume. Aber auch in den Feldern und

Kratzspuren des Bären an einem Apfelbaum. Die Marken der Krallen sind so breit und sitzen so hoch am Stamm, dass sie nicht verwechselt werden können.

besonders im ortsnahen Bereich waren überall Obstbäume zu finden. Inzwischen ist ihre Zahl stark zurückgegangen, was die verbliebenen für Wildtiere umso attraktiver gemacht hat. Unter diesen Bäumen findet sich nicht nur Fallobst, sondern auch Fährten und Losung. Der einzelne Apfelbaum, weit draußen, wird zu einem Anziehungspunkt für Hase, Reh und Sau. Auch wenn das Wild erst in der Dunkelheit dort erscheint, so helfen uns derartige Bäume mitunter zu erkennen, welchen Weg das Wild nimmt und wo es sich anzusitzen lohnt. Der Jäger muss wieder lernen, sich weniger auf seine Technik zu verlassen und sich dafür mehr in die Situation des Wildes hineinzuversetzen. Manchmal ist das gar nicht so schwer.

Losungs-Gschichten

„In Summa, jederzeit ist des Hirsches Losung geformter und egaler als des Thieres seine, und wer sich hierin exercieret, kann allemal sicher drauf ansprechen.“ – Diesen Satz schrieb Heinrich Wilhelm Döbel 1746 in seiner „Jägerpraktica“. Döbel beschreibt die Unterscheidung von männlichem und weiblichem Rotwild mittels der Losung. Der des männlichen Rotwildes wurden Zäpfchen und Näpfchen zugeschrieben, die bei der Losung des weiblichen Wildes fehlen sollten. Döbel hat diese Weisheit wahrscheinlich nicht selbst erfunden, vielmehr gehörte sie zu den 72 hirschgerechten Zeichen, die lange vor ihm schon gelehrt wurden. Es sollte noch mehr als zweihundert Jahre dauern, in denen im deutschsprachigen Raum alle Jagdwissenschaftler und Praktiker diesen Unfug völlig unkritisch abschrieben. Erst in den 1970er-Jahren machte ein Wildbiologe auf diesen Unfug aufmerksam – Dr. Helmuth Wölfel. Dabei war eigentlich klar, dass es sich um Unfug handeln musste, denn eine geschlechtsspezifische Losung würde eine unterschiedliche Anatomie des Verdauungstraktes und/oder eine geschlechtsspezifisch völlig andere Äsung erfordern! Beides ist nicht der Fall, und so kommt aus dem Weidloch des Tieres keine andere Losung als aus dem des Hirsches. Manchmal finden sich in einem Losungshaufen sogar beide Varianten. Dennoch müssen

Die *Losung eines Hirsches* im April. Die frische Grünäsung hat zu einer Verklumpung geführt.

Typische *Winterlosung des Rotwildes.* Manchmal finden sich in einem Losungsabgang Losungsbeeren mit Zäpfchen und Näpfchen und solche ohne.

Die *Saulosung* ist breiig und enthält in diesem Fall zahlreiche Kirschsteine; es können aber auch Zwetschgensteine oder Traubenkerne sein.

Die *Sau*, von der diese Losung stammt, war im Getreide.

Die meisten *Dachsgruben* werden mehrfach benutzt.

Otterlosung. – Auch wenn sie an die Losung des Fuchses erinnert, wenn sie auf einem Stein im Wasser abgesetzt wurde, stammt sie vom Otter. Oft finden wir Gräten oder Schuppen in ihr.

die Jungjäger diesen Unfug vielerorts heute noch bei der Prüfung herunterbeten. Eine diesbezügliche Nachschulung der Prüfer wäre nicht schlecht.
Beim Reh kann uns die Losung nicht soviel erzählen, einfach weil es – jahreszeitlich unterschiedlich – einen kleinen Aktionsradius hat. Bei anderen Wildarten kann die Losung durchaus interessant sein, nämlich dann, wenn wir in ihr noch Nahrungsreste erkennen. Diese verraten unter Umständen, wohin das Wild zur Nahrungsaufnahme zieht. Wir erhalten aber auch generell interessante Einblicke ins Nahrungsspektrum von Wildarten. Wer kommt schon auf die Idee, dass Sauen mitunter beachtlich weite Wege zurücklegen, um Kirschen aufzusammeln? Gibt es im Revier überall Kirschbäume, hilft uns die Nachricht aber nicht viel. Sind sie hingegen rar oder kommen nur im Nachbarrevier oder in den Gärten am Ortsrand vor, erlangt die mit Kirschsteinen durchsetzte Losung jagdpraktische Bedeutung.

Wo finden wir sie? – Manche Wildarten lassen ihre Losung fallen, wo sie sich zufällig gerade befinden. So finden wir die Losung von Hirsch, Gams und Reh beinahe überall – in den Wechseln wie auf den Äsungsflächen wie neben ihren Lagern. Andere Arten unterhalten regelrechte Kotplätze oder setzen ihre Losung besonders exponiert ab. Zu ihnen gehören die Sauen.

Dachse haben in unmittelbarer Nähe ihrer Baue manchmal umfangreiche Abortanlagen. Sie scharren ungefähr 10 Zentimeter tiefe Gruben, in die sie ihre Losung absetzen. Dass sie damit Artgenossen ihre Anwesenheit bekanntgeben ist möglich, ebenso wahrscheinlich ist aber, dass sie nach vielen Stunden im Bau einfach ein dringendes Bedürfnis verspüren.

Losungsplätze der Dachse finden wir aber auch an deren Reviergrenzen. Als Grenze dienen bevorzugt markante Linien wie Wege, Bachläufe aber auch Koppelzäune. In der Regel finden sich die Losungsgruben beidseitig solcher Grenzen, weil eben beide angrenzenden Dachsfamilien auf diese Art ihr Revier markieren. Wer – warum auch immer – einen Dachs schießen will, muss sich folglich nicht an den Bau setzen. Bei den übrigen Losungsplätzen funktioniert es in Mondnächten ebenso. In der

Ebenfalls auf einem Stein abgelegt – aber an Land – hat der *Fuchs* seine Losung. Fast immer hat sie ihre charakteristische Form und enthält einen hohen Anteil Mäusehaare.

Eine überhaupt nicht typische Losung vom *Steinmarder*; meist läuft sie nämlich spitz zu, wie die des Fuchses. Sie enthält Teile roter Steinmispel-Beeren.

Die *Gewölle des Waldkauzes* sind recht oft auf einem Hochsitz zu finden. Die zahlreichen Knochenfragmente, hauptsächlich Mäuseknochen, sind typisch für Eulen und Käuze.

Dachslosung finden wir meist auch identifizierbare Nahrungsreste, etwa Kirschsteine oder Reste von Maiskörnern, die uns sagen, wo im Moment gerade etwas los ist.

Feste Losungsplätze haben – im Gegensatz zum Hasen – auch die Kaninchen. Auch ihnen dienen sie zur Reviermarkierung.

Die anderen Marderarten setzen ihre Losung nicht wie der Dachs in Gruben ab, sondern, im Gegenteil, erhöht. Der Fischotter beispielsweise bevorzugt große Steine am Ufer oder in Ufernähe. Von ihnen aus verbreitet der Wind die Witterung der Losung besser, als wenn sie in einer Grube oder im Gras abgesetzt würde. Fischotter sind – verglichen mit dem Dachs – „flüchtige Wesen", die kurz auftauchen und schon wieder weg sind. Da müssen Duftmarken besonders leicht wahrnehmbar sein. Wenn wir also nach Otter suchen, müssen wir nur die Ufer abgehen und nach exponiert abgesetzter Losung oder Fraßresten Ausschau halten.

Gewölle

Die meisten Gewölle findet der Jäger wohl auf Hochsitzen, und schon der Fundort weckt sein Interesse. Nun muss der Jäger kein Ornithologe sein, aber zumindest grob zuordnen sollte er die Gewölle schon können, und das ist auch gar nicht so schwierig. Die walzenförmigen Speiballen haben immer zwei Merkmale, die ihre Zuordnung erleichtern: erstens die Inhaltsstoffe und zweitens ihre Größe:

- Gewölle von Eulen enthalten Fragmente unverdauter Knochen, aber auch Chitinteile von Käferflügeln (Steinkauz);
- Gewölle von Greifvögeln enthalten nur sehr selten kleine Knochenfragmente;
- Gewölle von Rabenvögeln enthalten meist feinste Steinchen, die helfen, im Kropf Nahrung zu zerkleinern. Ihre Gewölle können auch Knochenteilchen enthalten;

Der Jäger muss kein Ornithologe sein, aber zumindest grob zuordnen sollte er die Gewölle schon können, und das ist auch gar nicht so schwierig.

– Gewölle von Möwen enthalten feine Teile von Muschelschalen oder Fischschuppen, aber auch Chitinteile und im Sommer Getreidespelzen. Gelegentlich finden sich sogar Kunststoffteile, die aus Zivilisationsmüll stammen.

Auf dem Hochsitz finden sich – je nach Standort – vor allem die Gewölle von Bussard (6 bis 7 Zentimeter lang und leicht zerfallend) und Waldkauz (meist deutlich kürzer); Turmfalke (3 bis 3,5 Zentimeter, an einem Ende spitz, Mäusehaare, Insekten- und kleine Federreste) und Waldohreule (Bussardgröße, aber mit Knochenresten, meist glatte Oberfläche); Rabenkrähe (4 bis 4,5 Zentimeter lang, meist gelbliche Farbe, sehr leicht zerfallend. Bei Verzehr von Fleisch meist dunkler und fester) und Elster (3 bis 3,5 Zentimeter lang, Chitinteile, Haare, pflanzliche Stoffe).

Gewölle des Turmfalken, das gelegentlich auch auf dem Hochsitz gefunden wird. An der glatten Oberfläche fallen Mäusehaare auf.

Schauen, wer daheim ist

Der Fuchs bezieht viel lieber einen fertigen, vom Dachs gegrabenen und instandgehaltenen Bau, als selbst zu graben. So handelt es sich bei der Mehrzahl aller Baue auch um solche des Dachses. Ob sie von diesem auch bewohnt werden, ist eine andere Frage. Das erkennen wir an den frischen rinnenförmigen Auswürfen, die entstehen, weil der Dachs das Material mit seinem Hinterteil aus der Röhre schiebt. Freilich wird nicht jeder vom Dachs gegrabene Bau momentan auch von diesem bewohnt. Die alten, vielröhrigen Burgen werden es fast stets, weil Dachse in Familien wohnen. Nur Jungdachse, die sich von der Familie trennen, hausen mitunter einige Zeit alleine.

Rinnenförmige Auswürfe. – Hier war der Dachs ganz frisch an der Arbeit!

Ob eine Röhre angenommen wird, lässt sich mit ein paar dünnen Ruten leicht feststellen.

So schaut es aus, wenn sich der Fuchs einen Notbau scharrt. Es gibt keine Rinne wie beim Dachs, weil der Fuchs den Sand mit den Vorderpfoten nach hinten und zur Seite schleudert. Dafür stehen im weichen Sand seine Pfotenabdrücke.

Ob ein Dachsbau gleichzeitig vom Fuchs bewohnt wird, erkennt man am leichtesten bei Schnee, aber mitunter auch, wenn der Boden in der Früh überreift ist. Fast immer benutzen Fuchs und Dachs, wenn sie einen Bau gemeinsam bewohnen, verschiedene Röhren. Der Dachs bevorzugt die frisch ausgeworfenen, während der Fuchs „alte" Röhren nutzt. Beide haben die Angewohnheit, sich beim Verlassen des Baues erst einmal den Sand aus dem Balg beziehungsweise der Schwarte zu schütteln. Daran sind die vom Fuchs benutzten Röhren oft zu erkennen.

Die Baue der Wildkaninchen finden wir häufig an Böschungen, auf offenen Ödflächen, aber ebenso im Unterholz.

Am oder im Wasser beheimatete Säuger leben meist auch in Bauen und verbringen oft den Tag in diesen. Überall zu finden ist die Wanderratte, deren Baue wenig auffallen, obwohl sie meist oberhalb des Wasserspiegels münden. Sie sind einfach klein und fallen im Uferbewuchs nicht auf.

Kaninchen leben in Kolonien, daher finden wir immer gleich ganze Wohnanlagen. Vor ihren Röhren finden wir häufig ihre Losung, mit der sie ihren „Besitz" markieren. Andere Baubewohner tun das grundsätzlich nicht!

Biber bauen Burgen aus Astwerk, die mehrere Meter hoch sein können. Die Eingänge finden sich unterhalb des Wasserspiegels, die Wohnhöhlen darüber. Gelegentlich graben Biber – ähnlich den Bisam – aber auch Baue in Uferböschungen.

Bisambaue münden meist unterhalb der mittleren Wasserlinie und liegen nur bei Niedrigwasser frei. Vor den Röhren ist oft der Boden zertreten, und in die Wasservegetation sind „Kanäle“ geschnitten. Wo in Ufernähe junge Rohrkolbenpflanzen, Gelbe Iris oder Teichrosen stark verbissen sind, befinden sich meist auch Bisambaue.

Nutriabau an einer Grabenböschung, deutlich oberhalb der Hochwassermarke. Die Nutrias benötigen das Wasser nicht als Schutz. Kein Fuchs würde es wagen, sie im Bau anzugreifen.

Oberhalb des Wasserspiegels münden auch die Baue der Nutrias, einer Art, die von der Klimaerwärmung profitiert. Sie erinnern durchaus an besonders „bequeme" Kaninchenbaue, sind aber im Gegensatz zu diesen immer nur am Ufer zu finden. Zwei heimische Arten legen ihre Baue so an, dass die Röhren unter Wasser münden – Biber und Bisam. Biber, die in Seen und kleineren Fließgewässern Äste und Zweige zu Burgen aufschichten, in denen sie ihre Wohnhöhlen haben, graben sich vor allem an breiteren Fließgewässern ersatzweise gerne Baue in die Uferböschung. Umgekehrt stammen nicht alle „Biberburgen", die wir auf unseren Gewässern sehen, von Bibern. Solche Burgen, wenn auch meist in ihren Ausmaßen bescheidener, werden auch von den Bisam angelegt. Sie tun dies allerdings nur dort, wo die Ufer des Gewässers ringsum flach auslaufen.

IV.

Von Technik, die uns auseinanderbringt

Immer länger schießen – immer länger vergrämen

Technik schafft Distanz

Von denen, die schon drei, vier oder gar fünf Jahrzehnte auf die Jagd gehen, jammern fast alle, dass das Wild früher viel vertrauter gewesen sei. Sie stellen fest, dass die Rehe heute in vielen Revieren später austreten als früher und das Rotwild völlig zum Nachtwild geworden ist. Sie haben sogar recht mit ihren Behauptungen. Nur die Ursachen, die sie für diesen Wandel anführen, die treffen keineswegs immer zu. Die Wanderer, Jogger, Reiter und Radfahrer sollen es sein. Natürlich nehmen auch sie Einfluss auf das Verhalten des Wildes, aber den weit größeren üben wir Jäger aus!

Dafür gibt es zahllose Beispiele, die genau das beweisen. Wir müssen nur einmal überlegen, wo die Murmel vertraut und wo sie scheu sind? Vertraut sind sie neben den Touristensteigen, wo im Sommer Hunderte Menschen gehen. Dort beträgt ihre Fluchtdistanz manchmal nur ein paar Meter. Scheu sind sie eher abseits der Touristensteige, dort, wo außer den Almleuten und Jägern nur selten jemand hinkommt. Doch selbst dort zeigen sie sich gegenüber den Almleuten oft erstaunlich vertraut, nicht jedoch gegenüber dem Jäger.

Betrachten wir das Steinwild. Wo es nicht bejagt wird, hält es Wanderer und Wildfotografen auf Steinwurfweite, ja manchmal sogar auf ganz wenige Meter aus. Wird es jedoch bejagt, unterscheidet es den Jäger genauso treffsicher von anderen Menschen wie Rot- oder Schwarzwild, Stockente oder Kaninchen.

Ich erlebe es im Revier meiner Heimatgemeinde in Kärnten mit den Gams genauso. Bei einsamer Pirsch oben im Bergwald pfeifen sie mich an oder springen gleich ab. Doch droben auf dem Gipfel des Dobratsch lassen sie sich am Abend von den Gästen des Gipfelhauses auf kurze Distanz bewundern. Ja sogar weit unterhalb, auf der Rosstratte, wo ein Großparkplatz Hunderte Autos aufnimmt, stehen zuweilen Rudel mit fünfzig und mehr Tieren in den Almwiesen oberhalb der Felsabstürze – in Sichtweite der Wanderer.

Technik macht Jagddruck

Wir müssen gedanklich einmal hundert Jahre zurückgehen. Damals wurden noch viel mehr Rehe auf Treibjagden als auf dem Ansitz erlegt. Hochsitze – heute Fixpunkte beim Jagen – waren noch eher Ausnahme als Regel. Mehrheitlich pirschten die Jäger oder übten den „Anstand" am Boden aus, doch keineswegs immer am gleichen Platz, eher dort, wo sie zuvor schon einmal ein Wild gesehen hatten. Geschossen wurde im Vergleich zu heute ohnehin sehr wenig Schalenwild. Reviere, die Anfang des 20. Jahrhunderts drei oder vielleicht fünf Rehe pro Jahr erlegten, schießen heute fünfzig oder hundert! Der Jagddruck war also grundsätzlich ungleich niedriger als heute, und eine Fixierung auf bestimmte Plätze (Hochsitzstandorte) gab es kaum.

Wie aber sah die Waffe des Jägers bei der Einzeljagd im Sommer aus? In der Mehrheit waren es Waffen ohne Zieloptik, allenfalls mit einem Diopter ausgestattet. Daher war vor allem für ältere Jäger am Abend die Jagd ungleich früher zu Ende als heute. Manch einer von uns fährt zu einer Zeit „noch schnell raus", in der sich der Urahn längst auf dem Heimweg befand oder zu der er schon seinen Dämmerschoppen genoss. Das Wild

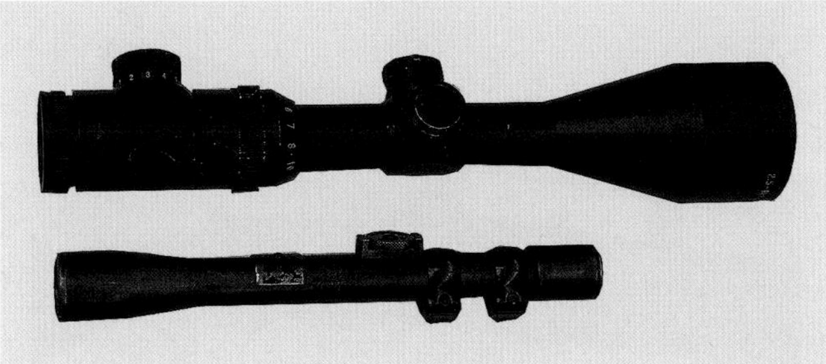

Zwei Zielfernrohre: ein Glas aus der Zeit von Hermann Löns und ein Zeiss Victory 3–12×56 T. Zwischen den beiden liegen nicht nur hundert Jahre, sondern auch morgens und abends sechzig Minuten mehr Lebensgefahr für das Wild. Das Problem ist aber nicht die heute weit bessere Optik, sondern die Art, wie wir damit umgehen.

durfte sich in den Wiesen und Ackerbreiten gut und gerne eine Stunde früher sicher fühlen als gegenwärtig. Dass Jäger irgendwann einmal halbe und volle Nächte zur Lebensbedrohung des Wildes werden könnten, hat damals sicher niemand geglaubt.

Abgeschlossen ist die Entwicklung längst noch nicht. War in den 1960er-Jahren ein Glas mit vierfacher Vergrößerung schon „top", gelten heute zwölffache Vergrößerungen bereits als „notwendig". Damit wird das Wild immer länger „eingesperrt".

Immer weiter schießen – immer höhere Fluchtdistanz

Genau denselben Effekt erreichen wir bei der Kombination von Zieloptik und Ballistik. Die Heroen meiner Jägerjugend führten Drillinge oder Hahnbüchsflinten in den altertümlichen Kalibern 9,3×72 R oder 8×57 IRS. Letztere wurde seinerzeit schon (noch) den „auslaufenden" Kalibern zugerechnet. In Verbindung mit der offenen Visierung wurde eher selten auf Entfernungen über sechzig Meter geschossen, im Wald ohnehin nicht. Und heute?

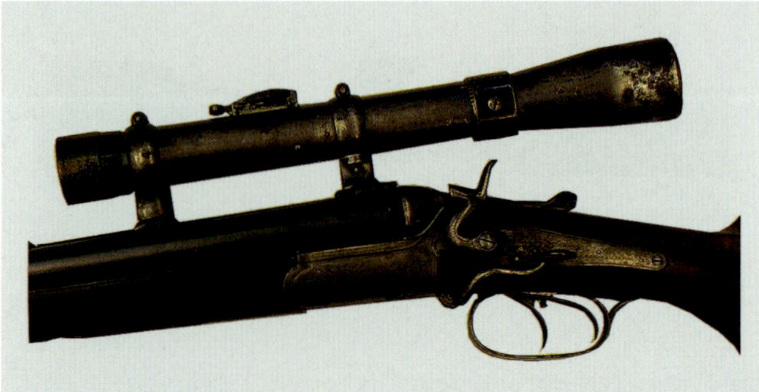

Es gab vor langer Zeit einmal Jäger, die erlegten mit solchen Geräten Hirsch und Gams …

Heute werden Weitschuss-Seminare veranstaltet, und in den Jagdzeitschriften wird seitenweise mit weiten Schüssen geprahlt. Verbessert hat sich allerdings nur die technische Komponente, nicht der Faktor Mensch. Egal, wie raffiniert unsere Zieloptik konstruiert ist – noch immer drückt der Mensch ab!

Wir verteidigen alle Neuerungen im Bereich Zieloptik und Munition mit Hinweisen auf Erfordernisse der Landeskultur und den Tierschutz. Die Wildschäden sind aber durch den technischen Fortschritt nicht geringer geworden – im Gegenteil. Und dem Tierschutz kam die Jagd damit auch nicht näher. Weder gibt es weniger schlechte Schüsse, noch fühlt sich das Wild sicherer. Auch hier haben wir das Gegenteil erreicht. Ganz sicher aber haben wir uns mit diesem technischen Aufwärtstrend immer weiter vom eigentlichen jagdlichen Handwerk entfernt. Wo die Vorfahren ihre Sinne einsetzen und mit denen des Wildes messen mussten, setzen wir Technik ein. Auch wenn die jagdrechtlichen Rahmenbedingungen lokal unterschiedlich sind, so reduziert sich die Jagd auf Rot-, Reh- und Schwarzwild mancherorts schon auf das Hocken und Warten in einer geschlossenen Kanzel in der Nähe eines Kirrhaufens und den Schuss, ziemlich unabhängig von den Lichtverhältnissen.

Links ein Glas, wie es Hermann Löns und Friedrich von Gagern noch benutzten – damals eh schon hochmodern. Daneben ein Zeiss 20×60 mit integriertem Entfernungsmesser und Haltepunktkorrektur.

Das Ergebnis ist nicht nur, dass Schalenwild, wie schon im vorhergegangenen Kapitel dargelegt, immer später austritt, weil wir es immer länger in Dickungen einsperren. Auch die Bereiche, in denen es sich halbwegs sicher fühlt, reduzieren sich, weil die Fluchtdistanz immer größer wird und damit viele Flächen als Einstände ausfallen. Hinzu kommt in manchen Revieren, gerade an Waldrändern, eine Hochsitzdichte, die selbst den Schuss „am Nachbarn vorbei" noch zulässt.

Konnte der Rehbock vor hundert Jahren einem auf hundertzwanzig Meter an ihm vorbeipirschenden Jäger gelassen nachschauen, lebt er heute im Radius von zweihundert Metern um einen im Feld stehenden Hochsitz schon gefährlich!

Jäger sein heißt nicht, Präzisionstechnik gegen weit entferntes Wild einzusetzen, sondern die handwerkliche Fähigkeit zu pflegen, dem Wild in Entfernung und Verstehen näher zu kommen! – Früher war der Jäger für den Rehbock auf hundert Meter gefährlich, heute auf zweihundert.

Mit der Vermehrung des Schwarzwildes wurde diese Entwicklung noch beschleunigt. Gerade bei dieser Wildart ist der Jäger – trotz Aufrüstung und gebietsweiser Vollmöblierung der Feldlandschaft – längst nicht mehr Herr des Geschehens.

Instinkte statt Technik einsetzen

Vor einem halben Jahrhundert noch war es spätestens neunzig Minuten nach Sonnenuntergang wirklich dunkel. Dann begann eine Zeit, in der das Wild wieder durchatmen konnte. Dann war beispielsweise das Schwarzwild – wenn nicht gerade der volle oder fast volle Mond am wolkenlosen Himmel stand – auch an den meisten Kirrungen ziemlich sicher. Doch diese Zeiten sind, dank Technik, längst vorbei. Heute hängt an den meisten Kirrungen eine Wildkamera oder ein Wildmelder, also ein Gerät, das aufzeichnet, wann Wild an die Kirrung kommt. Der Jäger muss nicht einmal mehr ins Revier, um die Wildmelder zu kontrollieren. Er kann ihre Aufzeichnungen am Handy ablesen. Der Jäger sitzt daher auch nicht mehr unbedingt auf Verdacht. Vielfach ist es aber auch schon so, dass an Kirrungen „Wechselschichten“ gesessen werden. Der erste Jäger sitzt bis Mitternacht, dann ist Schichtwechsel und ein anderer übernimmt.

Wenn wir jetzt noch die Wahrscheinlichkeit berücksichtigen, dass sich Wild beim Abbruch der Jagd bereits in der Nähe befindet und unseren Abgang bemerkt, wird die Dramatik des bis in die absolute Nacht hinein Sitzenbleibens deutlich. Rehe dürften in der Regel ein bis zwei Stunden warten, ehe sie austreten. Bei Rotwild ist es generell fraglich, ob es in der folgenden Nacht dort überhaupt noch austritt. Oft bleibt Rotwild, wenn es nach Einbruch der Dunkelheit am Austreten gehindert wird, tagelang fern. Der Jäger kann das bei Schnee leicht selbst überprüfen.

> *Mit immer leistungsfähigerer Optik haben wir das „Schusslicht“ stets weiter in die Nacht hineingeschoben.*

Selbstversuch: Wie lange kann man schießen?					
Beispiel: 16. Dezember, Raum Villach, Sonnenuntergang 16.17 Uhr, kein Schnee, Hochnebel/Wolken					
Uhrzeit	*Ansprechen mit Swarovski 8,5×42*	*Zieltechnik*	*Ende*	*Entfernung*	*Bemerkung*
16.20	problemlos	Kimme und Korn	16.30	60 m	Zeichnen gut erkennbar
16.50	Rehwild schwierig, Rotwild bedingt	Zielfernrohr Kahles 4×30	17.00 Rehwild	80 m	Zeichnen kaum noch erkennbar
17.10	nur noch Schatten erkennbar	Zielfernrohr Swarovski 9×42	17.10 Rotwild	80 m	kein Zeichnen erkennbar
17.20	kaum noch Schatten erkennbar	noch stärkeres Zielfernrohr	17.20 Rotwild	50 m	alles Zufall
Nicht berücksichtigt wurden Unter- und Hintergrund, auf/vor dem das Wild stand. Nicht berücksichtigt blieb auch die Sehkraft des Schützen. Nach geltendem Recht durfte bis 17.17 Uhr geschossen werden, also auch zu einer Zeit, in der kaum noch Schatten wahrgenommen werden konnten.					

Die Tabelle zeigt an einem vom Autor im Selbstversuch durchgeführten Beispiel, was sich an einem bestimmten Tag mit welcher Technik noch ausgegangen wäre. Man kann daran erkennen, wie weit wir mit unserer heutigen Technik die Grenze des Machbaren in die Nacht hineingeschoben haben.

Was auf uns zukommt

Die Verwendung von Restlichtverstärkern zur Beobachtung ist legal und vielfach Praxis. Als Zielhilfen dürfen Restlichtverstärker vereinzelt auch schon eingesetzt werden, doch auch ohne sie steht heute eine Zieloptik zur Verfügung, welche die Leistung früherer Zielfernrohre bei Weitem übertrifft. Schon der Leuchtpunkt war ein großer Schritt in die Nacht hinein!

Beim Schwarzwild kamen früher die Frischlinge hinter der Bache an die Kirrung. Heute ist es vielfach so, dass die Bache in

Deckung bleibt und die hungrigen Frischlinge die letzten Meter alleine zurücklegen. Kracht es nicht, wagt sich auch die Bache heraus. Der regelmäßige Beschuss an Kirrungen hat auch Einfluss auf die Verweildauer des Wildes am Kirrplatz.

Dass Kirrungen für Schwarzwild dennoch attraktiv sind, liegt wohl daran, dass sie sehr verschwenderisch angelegt werden. Statt einer oder zwei Kirrungen gibt es eben vier oder fünf. Die Sauen haben längst gelernt zu kontrollieren, ob eine Kanzel besetzt ist oder nicht. Trauen sie dem Frieden nicht, ziehen sie weiter zur nächsten Kirrung. Ältere Bachen haben zwangsläufig mehr Erfahrung als junge Bachen und damit auch mehr Führungsqualitäten. Dennoch glauben immer noch viele Jäger, den notwendigen Schwarzwildabschuss mit Frischlingen und Überläufern erfüllen zu können. Das Ergebnis eines solchen Unfugs sind Bachen mit wachsender Erfahrung im Umgang mit dem Jäger.

Die Konzentration der Schwarzwildbejagung an der Kirrung hat eine ganze Reihe von Nachteilen. Die Mehrzahl der Jäger hält aber nach wie vor daran fest. Mit Statistiken wird zu beweisen versucht, dass ohne Kirrung deutlich weniger Schwarzwild geschossen würde. Der Wert dieser Statistiken ist fragwürdig, weil jeweils Abschussdaten aus Revieren herangezogen werden, in denen Kirrungen betrieben und der Ansitz an diesen bevorzugt wird. Welche Ergebnisse erzielt werden, wenn bei wirklich vergleichbaren Revierverhältnissen (Größe, Schwarzwilddichte, Nahrungsangebot), „Kirrreviere" und solche mit Kirrverzicht verglichen werden, bleibt offen.

Die immer schneller voranschreitende Technisierung der Jagd zwingt uns darüber nachzudenken, wie weit wir jagdhandwerklich mit früheren Jägergenerationen noch mithalten können – ob wir im Sinne früherer Generationen überhaupt noch Jäger sind?

Von der Zeit, die wir uns nehmen sollten

Zeitknappheit des Jägers

Oft sehen wir in irgendeinem früher „guten" Revierteil oder bei einem bestimmten Hochsitz immer weniger Wild und wundern uns. Beliebteste Parole, die wenig Nachdenken erfordert, ist die: „Es ist ja nichts mehr da!"

Tatsächlich hängt die sinkende Sichtbarkeit des Wildes auch damit zusammen, dass wir uns einerseits zu wenig Zeit für die Jagd nehmen und andererseits den Jagderfolg erzwingen wollen. Gerade im Sommer, wenn es relativ lange hell ist und viele berufstätige Jäger auch unter der Woche noch zum Ansitz gehen, wird es oft knapp. Der Jäger geht oder fährt dann noch zum Sitz, wenn das Wild längst in Bewegung ist. Er wird wahrgenommen. Das kann ihm zwei Stunden früher auch schon passieren, aber dann verstreicht noch geraume Zeit, ehe es „spannend" wird und Wild, das ihn beim Anwechseln bemerkte, hat sich inzwischen wieder beruhigt. Deshalb ist es bei knapper Zeit besser, auch einmal auf den Ansitz zu verzichten oder sich zumindest sehr gut zu überlegen, wo man hingeht. Fast in jedem Revier gibt es Plätze, die man auch noch relativ spät aufsuchen kann, ohne unbedingt zu stören. An dieser Stelle muss allerdings auch darauf hingewiesen werden, dass wir manche Sitze bewusst erst spät beziehen sollten, nämlich erst dann, wenn der Wind dort konstant ist.

Zum Zeitmangel kommt die Bequemlichkeit, und so fahren viele Jäger direkt bis zum Hochsitz oder doch zumindest in allernächste Nähe. Sie sind sich nicht bewusst, dass ihr Fahrzeug – wenn der Sitz, neben dem es steht, oft bezogen und von ihm auch regelmäßig geschossen wird – vom Wild als gefährlich erkannt wird. Es verknüpft den Hochsitz mit dem Jäger und seinem Fahrzeug.

Stichwort „Gummipirsch": Manche Jäger verlegen sich bei Zeitknappheit gleich auf die Gummipirsch – sie fahren das Revier ab. Mag sein, dass sie dabei sogar mehr Wild in Anblick bekommen als beim Ansitz, einfach weil sie bei der Fahrt auch mehr Gelände einsehen als vom Hochsitz aus. Sie sehen aber – der folgende Satz ist kompliziert – nur das Wild, das sie sehen. Jenes Wild, dem die Fahrerei längst verdächtig vorkommt und das erst in später Dämmerung austritt, sich vielleicht noch lange am Waldrand herumdrückt, ehe es endgültig auszieht oder das die vom Auto aus einsehbaren Flächen ganz meidet, sehen sie nicht! Über die Wirkung ständiger Gummipirsch, die mancherorts am Abend zur „Autoschau" ausartet, mag sich jeder Gedanken machen.

Hier wird von Gummipirschlern oft auf all die anderen Fahrzeuge verwiesen, die heute draußen unterwegs sind. Für das Wild macht es aber einen Unterschied, ob das Auto eines Nichtjägers gleichmäßig durchs Revier rollt oder ob das Auto eines Jägers durchs Revier „schleicht" und immer wieder stehenbleibt. Auf Fahrzeuge, die in seiner Nähe halten, muss das Wild achten, auf solche, die in akzeptablem Abstand einfach vorbeifahren, zumindest viel weniger.

Das Jagen aus dem Auto ist zwar verboten, nicht jedoch das Anfahren des Wildes und der Schuss vom Autodach aus. Die Wirkung ist durchaus dieselbe. Wenn überhaupt, dann muss man zu zweit fahren; der Schütze steigt auf der dem Wild abgewandten Seite aus und bezieht Deckung (die erst einmal vorhanden sein muss), während das Fahrzeug sich entfernt. Ob das Wild zwischen Fahrzeug und Schuss dennoch einen Zusammenhang herstellt, hängt ganz wesentlich von der Zeit ab, die zwischen dem Verschwinden des Fahrzeuges und dem Schuss liegt.

Heute wird der möglichst groß dimensionierte Geländewagen selbst von den im Flachland Jagenden als unverzichtbar an-

Vor hundert Jahren galt als Exot, wer mit dem Auto durchs Revier fuhr. Heute gilt jener Jäger als Exot, der noch zu Fuß geht oder mit dem Radl auf die Jagd fährt.

gesehen. Wir geben vor, er diene vor allem der „Hege“ und dem Wildtransport. Mag sein, aber unsere Vorfahren haben auch gehegt und auch Wild transportiert. Zugegeben, im Gebirge sind die Wege oft verdammt rau, und ein normaler Pkw kommt rasch an seine Grenzen. Aber müssen wir tatsächlich in jeden Graben und auf jede Alm fahren?

Intervalljagd

Viele Jahre hatte ich noch ein kleines Revier im Voralpenland in Pacht – rund fünfhundert Kilometer von unserem Kärntner Haus entfernt. Da fährt man nicht einfach einmal raus … Man muss jeden Revieraufenthalt planen, muss sich gewaltig einschränken. Dennoch hatte ich meinen Rehwildabschuss fast alljährlich Anfang Dezember erfüllt und konnte mich hernach, wenn Zeit blieb, den Füchsen oder Enten widmen. Alle meine Reviernachbarn wohnten vor Ort, waren zumindest im Sommer fast täglich im Revier und auch im Herbst und Frühwinter weit öfter draußen als ich. Doch sie taten sich bei der Abschusserfüllung ungleich schwerer und waren bis Ende Jänner damit beschäftigt. Eigentlich ganz logisch: Bedingt durch meine geringe Anwesenheit (absolute Intervalljagd) wurde das Wild jagdlich nur selten belästigt und war entsprechend sichtbar.
Intervalljagd funktioniert nur dann, wenn die Ruheintervalle ausreichend lang sind und konsequent eingehalten werden. Das ist jedoch nur machbar, wenn in den Jagdintervallen wirklich zielbewusst und mit Nachdruck gejagt wird. Das heißt, wir müssen uns freimachen von antiquierten jagdlichen Anschauungen. Ein Herumdeuteln, ob das Schmalreh nun zwölf oder gar dreizehn Kilogramm schwer ist oder ob die Spieße des Jahrlings nur halb- oder doch lauscherhoch sind, ist nicht möglich – Sinn macht es ohnehin keinen. Wir müssen die guten Zeiten einfach konsequent nutzen!

Im reinen Rehwildrevier ist das nicht besonders schwer. Wer den Mai wirklich nutzt, kann auf den Sommer verzichten. Vielleicht – wenn es denn sein „muss“ – ein paar Blatttage Anfang

August. Im September geht es dann wieder so richtig los. Ob und wann es im September losgeht und wann es wieder aufhört, das ist von Revier zu Revier ganz verschieden. Wer nur wenig Wald, dafür aber große Maisparzellen hat, wird im September wenig erlegen. Wer viele Mast tragende Eichen im Revier hat, wird sich ebenfalls schwertun. Da kann es durchaus sinnvoll sein, so von der dritten Septemberwoche bis zu den ersten gröberen Frösten zu pausieren.

Schwieriger wird die Intervalljagd, wenn mehrere Schalenwildarten im Revier zu bejagen sind, weil es wenig Sinn macht, zwei Wildarten zeitversetzt zu bejagen. In den meisten Revieren könnte man beim Rotwild auf die Schusszeit im Frühsommer verzichten. Geschossen wird meist nicht viel, dafür aber schon vor der eigentlichen Jagdzeit ordentlich Jagddruck aufgebaut, der die Abschusserfüllung erschwert. Man kann natürlich auch im Mai jagen und dann bis September aussetzen. Dass die Intervalljagd so wenig praktiziert wird, liegt auch am Jagdsystem unseres Landes. Wie will man zehn und oft deutlich mehr Jäger einer Gemeindejagd- oder Genossenschaftsjagd dazu bringen, während bestimmter Zeiten auf die Jagd zu verzichten? Wenn jeder überall jagen darf, ist das kaum möglich. Wenn die Fläche der gemeinsamen Jagd aber unter den Mitgliedern der Jagdgesellschaft aufgeteilt wird und jedes Mitglied seinen eigenen kleinen Revierteil bejagt, dann geht sich schon gar nichts mehr aus!

Früher war der Begriff „Intervalljagd" völlig unbekannt. Dafür war die tatsächlich bejagbare Fläche größer und die Zahl der Jäger geringer als heute. Viele Jäger konnten die Jagd nur am Wochenende oder im Urlaub ausüben, weil sie noch nicht so mobil waren wie heute. Da hatte das Wild noch ungleich mehr Ruhe als heute, und eine Intervalljagd war gar nicht notwendig.

Blockweise jagen

Wo es diese zwischenmenschlichen Probleme nicht gibt, kann man Intervalljagd auch örtlich organisieren. Das bedeutet, dass blockweise gejagt wird.

Die Jagd konzentriert sich dann für einen gewissen Zeitraum konsequent auf einen Revierteil, um danach in einen anderen Teil zu wechseln. Bei dieser Methode können ständig zwei Drittel des Reviers völlig unbejagt bleiben. Meist scheitert diese Strategie daran, dass in Jagden mit Pächtergemeinschaft jeder seinen eigenen Revierteil beansprucht.

In großen Eigenjagden, egal ob privat oder Bundesforste, werden überdies noch Pirschbezirke vergeben. In Revieren mit geringem Waldanteil funktionieren örtliche Intervalle auch nicht, einfach weil der Wert dieser Methode von der Größe der Flächen abhängt.

Rot = Reviergrenze

Grün = Grenzen der Jagdblöcke

1, 2, 3, 4 = Reihenfolge, in der die Blöcke bejagt werden

Blockweises Jagen: Der Jäger möchte meist so oft wie möglich ins Revier. Ruheintervalle während der gesetzlichen Jagdzeit werden da ungern akzeptiert. Eine sehr jägerfreundliche Möglichkeit ist blockweises Jagen. Auch damit erhält das Wild größere Ruhezeiten.

Jagdlich „entzerren"

Es wurde vorhin schon gesagt, dass die Durchführung der Intervalljagd schwierig ist, wenn mehrere Schalenwildarten im selben Revier zu bejagen sind. Hier wäre zu überlegen, ob man die Bejagung entzerren kann. Die Hauptrotwildeinstände sind ja eher selten auch die besten Rehwildeinstände. Warum also nicht im Frühjahr in den mit Rehen gesegneten Randbereichen beginnen, wo man durchaus auch das eine oder andere Schmaltier oder Spießer mitnehmen könnte, und die Hauptrotwildgebiete in Ruhe lassen? Oft ist es im Gebirge ja so, dass die Rehe im Frühjahr auf die talnahen Wiesen und Schläge drängen, das Rotwild hingegen hinauf strebt.

Wird dann im August in den oberen Lagen mit dem Rotwild begonnen, sollte man sich ganz auf diese Art konzentrieren und das Rehwild dort eher ignorieren. Es ist selbstverständlich kein Verbrechen, den einen oder anderen besonderen Bock mitzunehmen.

1 = völlige Ruhezone, die nur einmal im Jahr im Zuge einer Bewegungsjagd bejagt wird

2 = Hauptrotwildeinstand, in dem intervallmäßig nur Rotwild bejagt wird

3 = Randbereiche, in denen intensiv Reh- und Schwarzwild bejagt wird und sich auch Kirrungen befinden können

Jagdliches Entzerren: Beispiel, wie die Revierfläche jagdlich entzerrt werden kann, wobei die Effekte ähnlich sind, wie bei einer blockweisen Bejagung oder einer Intervallbejagung.

Dort, wo neben Rot- auch noch Schwarzwild vorkommt, ist es ähnlich, vielleicht sogar noch ein wenig komplizierter, weil das Schwarzwild dem Rotwild weniger ausweicht als das Rehwild. Dennoch muss man im Frühjahr und Sommer nicht gerade in den Haupteinständen des Rotwildes Schwarzwild jagen. Ein Unfug ist es jedenfalls, wenn in den Rotwildeinständen auch noch Schwarzwild gekirrt und dort auf dieses gejagt wird.

Lange sitzen oder früher gehen?

Es ist aber nicht nur die Frage, wie häufig man am Abend draußen ist und wie spät man seinen Ansitzort aufsucht, sondern auch die, wie lange man dort sitzen bleibt. Das will wohlüberlegt sein! Es gibt Situationen, wo es besser ist, nicht völlig in die Nacht hinein sitzen zu bleiben, weil man dann unweigerlich stören würde. Da ist es besser, schon zu einem Zeitpunkt abzubrechen, an dem auch unsere Großväter mit Kimme und Korn abgebrochen hätten. Der Punkt ist spätestens dann erreicht, wenn es für uns absehbar ist, bei weiterem Ausharren ohnehin nicht mehr schießen zu können.

Kleines Beispiel: Da gibt es eine stille Wiese im Wald, abseits der Wege. Sie ist im doppelten Sinne für das Wild attraktiv – einmal wegen ihres Artenreichtums, zweitens wegen der seltenen Störungen. Solche Plätze sollten wir möglichst selten aufsuchen, und wenn, dann sollte es krachen, weil wir ohne zu stören kaum wieder wegkommen. Hier kann es durchaus sinnvoll sein, schon zu einem Zeitpunkt abzubaumen, zu dem wir noch problemlos schießen könnten. Unser Abgang wird vermutlich auch dann bemerkt, wirkt aber lange nicht so störend wie bei völliger Dunkelheit. Motto des Wildes: Gefahr erkannt, Gefahr gebannt!

Häufig ist es aber auch genau umgekehrt. Der Jäger hat ein Stück erlegt, das auch sofort am Platz bleibt. Jetzt hat er mehrere Möglichkeiten:

– Er bleibt noch die sprichwörtliche Zigarettenlänge sitzen und baumt dann ab. Das noch auf der Fläche oder zumindest in der Nähe befindliche Wild stellt den Zusammenhang zwischen dem Schuss, dem zusammengebrochenen Artgenossen und dem Jäger her. Die Folgen sind Verhaltensänderungen und künftig erhöhte Vorsicht.

– Der Jäger baumt nach dem Schuss sofort ab. Dann wird das überlebende Wild nicht nur den Zusammenhang erkennen, sondern in Zukunft nach einem Schuss auch nicht mehr stehenbleiben und weiteräsen.

– Der Jäger bleibt so lange sitzen, bis sich das Wild so weit entfernt hat, dass es sein Abbaumen nicht bemerkt.

Im Rotwildrevier mehr als im Rehwildrevier hat es sich eingebürgert, besonders lange sitzen zu bleiben. Motto: Rotwild kommt spät. Das stimmt sogar, aber zuerst müssten wir doch fragen, warum es so spät kommt! *Wir* sind es, die mit unserer Hockerei und dem folgenden unvermeidlichen Abgehen bis in die Nacht hinein das Rotwild zum absoluten Nachtwild machen. Wenn es in der Brunft um 19.15 Uhr wirklich so dunkel ist, dass wir Rotwild selbst bei Mond auch auf der Wiese nur noch schemenhaft erkennen, trotzdem aber bis 20 Uhr sitzen bleiben, dürfen wir uns nicht wundern. Inzwischen erfreut sich bei vielen Jägern – verboten oder nicht – der Schuss mit der Lampe und die Verwendung des Nachtzielgerätes zunehmender Beliebtheit. Um ehrlich zu sein: Ich habe sogar ein gewisses Verständnis dafür, denn steigende Abschussforderungen bei gleichzeitig bremsenden Abschussrichtlinien lassen dem Jäger oft gar keine andere Wahl.

Trotzdem: Wenn wir das Rotwild weiterhin so behandeln, werden die Schäden ebenso wachsen wie im doppelten Sinne die

> *Überlegen sollten wir auch einmal, ob und wie wir, wenn nur noch Schemen erkennbar sind, das Zeichnen und den Abgang eines beschossenen Wildes erkennen.*

Dunkelziffer des Wildes! Wenn ich Rotwild bei normalem Büchsenlicht nicht mehr sehe, dann ist die Ausdehnung der Jagd in die Nacht hinein absolut kontraproduktiv. Dann muss man sich schon etwas mehr einfallen lassen. Dann muss man sich entweder zur Intervalljagd, zu blockweiser Bejagung oder zur Schaffung von Ruhezonen entschließen. Dann ist es jagdlich immer noch zielführender, eine zeitlich begrenzte Nachtjagd bei Mond und Schnee einzuführen und dafür während der restlichen Jagdzeit mit schwindendem Büchsenlicht Feierabend zu machen und das eingesperrte Rotwild endlich zur Äsung zu lassen. Alles andere ist mit Tierquälerei näher verwandt als mit Jagd!

Sammelansitze

Den meisten Jägern ist wohl, wenn ihnen die Pachtung eines Reviers nicht möglich ist, ein fester Pirschbezirk, in dem sie alleine schalten und walten können, am liebsten. Das mag eine sehr schöne und für den Jagdleiter sogar bequeme Möglichkeit sein. Doch je kleiner ein Pirschbezirk ist, umso höher ist meist auch der Jagddruck, womit die Sichtbarkeit des Wildes sinkt.

Die Alternative heißt Sammelansitz. Dabei geht dem Jäger zwar das Jagdherrengefühl verloren, er darf aber – geordnet – eine um vieles größere Fläche bejagen. Der Sammelansitz lässt dem Jagdleiter alle Möglichkeiten offen. Er kann sich ebenso der klassischen Intervalljagd bedienen wie der blockweisen Bejagung oder der jagdlichen Entzerrung. Sammelansitze bedingen geradezu eine dieser Varianten, wobei die blockweise Bejagung wohl die meisten Vorteile bietet.

Nachteil der Sammelansitze ist, dass sie nicht „im Verborgenen" stattfinden können. Wenn nur zehn Jäger eine Fläche von vielleicht 150 Hektar absetzen, wird das Wild hellhörig. Es sind schon die Autos, die zur „Unzeit" durch den bejagten Bereich fahren. Es ist auch das Aufbrechen und Bergen, wenn bei einem Ansitz mehrere Stücke erlegt werden. Heute bieten, vor allem in Deutschland, immer mehr Forstverwaltungen solche Sammelansitze an. Die Ergebnisse sind oft bescheiden.

Meist wird am Wochenende gejagt, mit dem ersten gemeinsamen Ansitz am Freitagabend. Sind die Jäger nicht revierkundig, müssen sie zum Ansitz gebracht werden. Am nächsten Morgen und oft sogar übers ganze Wochenende bezieht jeder den Sitz, auf den er eingewiesen wurde. Das erspart der Jagdleitung Arbeit, weil der Jäger selbst zum Sitz findet. Das Wild – Rehwild einmal ausgenommen – durchschaut diese von anderen Tagen abweichende Situation vergleichsweise schnell und bleibt fortan unsichtbar.

Daher sollten nicht mehr als zwei Ansitze nacheinander im selben Bereich stattfinden. Das ist zwar etwas arbeitsaufwendiger, aber für die teilnehmenden Jäger – auch wenn sie nicht zu Schuss kommen – interessanter und hoffnungsvoller.

Für die Jagdleitung ist der Sammelansitz ein Instrument der Steuerung: Im Mai kann in entsprechenden Revierteilen konzentriert auf Rehwild angesessen werden, im Sommer vielleicht in Feldnähe auf Schwarzwild und im Herbst auf Rotwild – oder eben auf alle vorkommenden Wildarten gleichermaßen.

Vom Vergrämen auf Sparflamme

Unterschied zwischen Wanderer und Jäger

Die Pirsch sei die Krone der Jagd, wurde uns noch beigebracht. Der Spruch mag eine gewisse Berechtigung gehabt haben, als sich in weit unberührter und ungleich wenig verbauter Landschaft ungleich weniger Jäger bewegten wie heute. Das ständige Hocken auf irgendwelchen Hochsitzen war damals noch weitgehend verpönt und galt seinerzeit sogar vielen konservativen Jägern als unweidmännisch.

Heute spielt die Pirsch, ausgenommen im Hochgebirge, und auch dort fast nur noch bei der Gamsjagd, keine wesentliche Rolle mehr. Dennoch pirschen wir immer noch, nämlich dann, wenn wir darunter nicht so sehr die Überwindung einer mehr oder weniger langen Strecke sehen, sondern die Art, wie wir uns dabei bewegen. Nicht die Länge der Strecke, die wir zurücklegen, macht uns beim Wild verdächtig, sondern unser Bewegungsablauf.

Beispiel: Da kommt ein Trupp Bergwanderer, flott und sich laut unterhaltend, vom Gipfel herunter. Irgendwo im Hang stehen ein paar Gams. Sie vernehmen die Wanderer bereits, wenn diese noch weit entfernt sind und können sich auf sie einstellen. Obwohl sie nicht besonders gut äugen, erkennen die Gams sehr schnell, dass es sich um einen harmlosen Haufen handelt. Sie behalten die Wanderer zwar im Auge, sehen aber keinen Anlass zur Flucht. Ganz anders, wenn – abseits der Touristenpfade – ein Jäger pirscht. Er bereitet die Gams nicht durch lautes Lachen auf seine Ankunft vor. Er bewegt sich auch nicht unbefangen. Er pirscht – ganz vorsichtig. Er will ja möglichst an das Wild herankommen, und er will es nicht stören. Doch irgendwann wird er dennoch entdeckt, das Wild wird unruhig und entfernt sich.

Es geht ja uns Menschen in ähnlichen Situationen nicht anders. Nehmen wir wieder das schon einmal an früherer Stelle beschriebene Beispiel: Wir müssen in einer fremden Stadt übernachten und schlendern noch etwas durch die mitternächtlichen Straßen. Da verlassen fünf oder sechs junge Menschen froh gestimmt ein Lokal und kommen scherzend oder sich einfach unterhaltend auf uns zu. Keiner von uns würde sich dabei ängstigen oder auch nur an eine Gefahr denken. Ganz anders aber, wenn da vorne zwei zwielichtige Gestalten an einem Hauseingang stehen und immer wieder zu uns herschauen oder wenn uns gar eine Gestalt auffällig unauffällig folgt …

Was uns kenntlich macht

Irgendwo im Kapitel über die Ansitzeinrichtungen habe ich sinngemäß gesagt, dass starker Publikumsverkehr auf einer Forststraße unter bestimmten Umständen für den Jäger sogar hilfreich sein kann. Er weiß, dass das Wild das Publikum als harmlos einordnet und mischt sich deshalb gewissermaßen unters Publikum, um seinen Sitz zu erreichen. Was der Jäger dann aber auf keinen

Fall tun darf ist, zu schießen, wenn sich Erholungsuchende für das Wild sicht- oder hörbar in der Nähe befinden. Dann nämlich besteht die Gefahr, dass das Wild Schuss und Publikum miteinander verknüpft!

Doch jetzt vergleichen wir einmal die Ankunft eines Joggers auf einem Waldparkplatz mit der eines Jägers. Beide lassen ihre Autos dort stehen und gehen zu Fuß weiter. Aber wie?

Der Jogger zieht vielleicht seine Laufschuhe an, schlägt unbefangen die Klappe vom Kofferraum samt der Wagentüre zu und beginnt zu laufen. Mag sein, er hat sein Handy vergessen, also kehrt er nochmals um, holt es sich, schlägt nochmals die Tür zu und beginnt erneut zu laufen. Ihn interessiert überhaupt nicht, ob er dabei von Wildtieren bemerkt wird. Aber er wird!

Genau das will der Jäger vermeiden. Er vermeidet schon beim Einparken jedes Aufsehen. Er öffnet und schließt die Türen seines Autos behutsam. Er ermahnt sogar seinen Hund, wenn dieser etwas laut die Behänge schüttelt. Dann pirscht er ganz vorsichtig, immer wieder stehenbleibend und die Umgebung mit dem Glas absuchend, seinem Hochsitz zu. Er geht sogar davon aus, dass sich das Wild irgendwo im Zentrum eines Einstandes aufhält und ihn keinesfalls bemerkt. Aber zumindest die Rehe und häufig auch die Sauen sitzen eben nicht im Zentrum einer Dickung oder eines Stangenholzes. Nein, sie sitzen in der Regel im Randbereich, weil sie dort die „Frontlinie" unter Kontrolle haben. Sie sehen uns, aber wir sehen sie meistens nicht.

Natürlich müssen wir auffallen! Natürlich verwechseln sie uns nicht mit einem Jogger oder Wanderer. Wir imitieren ja förmlich einen ihrer Urfeinde, mit dem zusammen sie nur deshalb Jahrmillionen überlebt haben, weil sie ihn richtig einordnen konnten

Viele Jäger fühlen sich erst und nur dann vom Wild entdeckt, wenn dieses schreckt oder vor ihnen abspringt. Sie werden aber sicher zehnmal so häufig vom Wild registriert, ohne es selbst zu bemerken!

Ganz typisch: Das Reh sitzt nicht in der Dickung, sondern am Rande, wo es das Umfeld gut im Blick hat. Wenn wir jetzt noch berücksichtigen, dass gerade leichter Wind unsere Witterung bis zu zweihundert Meter weit trägt, ehe er sie soweit vermischt, dass sie für Reh- oder Rotwild nicht mehr wahrnehmbar ist, wird klar, wer wen zuerst wahrnimmt.

– den Luchs! Wem schon einmal das Geschenk zuteil wurde, einen Luchs beobachten zu dürfen, der wird das bestätigen.

Natürlich ist es nicht nur unser Bewegungsablauf, der uns verrät. Da gibt es das alte Beispiel, dass Krähen den Jäger am Gewehr erkennen. Wir haben aber nicht nur ein Gewehr, sondern auch einen Stock, einen Rucksack, einen Hut und schließlich auch noch einen Hund. Wir tragen Kleider, denen nicht nur unsere persönliche Ausdünstung, sondern auch die unseres Hundes und des erlegten Wildes anhaften. Auch unser Auto, mit dem wir regelmäßig ins Revier fahren, ist beim Wild sicher amtsbekannt – „stinkende" Jägerklamotten, Hundegeruch, Wildwanne, feine Schweißtropfen im Belag des Kofferraums usw. Der Passat oder Suzuki eines Jägers riecht anders als der eines nicht jagenden Handlungsreisenden.

Auch die Zeit, in der wir mehrheitlich zur Jagd gehen, ist eine andere als jene der meisten übrigen Naturnutzer. Wir sind am liebsten dann draußen, wenn die anderen nicht draußen sind.

Zwar sind, wenn wir am Abend rausgehen, auch noch die Jogger, Wanderer und Reiter draußen, aber wenn wir endlich abbaumen, sind die anderen längst daheim. Nicht anders ist es in der Früh. Im Spätsommer und Herbst, wenn es am Morgen spät hell wird, können durchaus auch schon andere Menschen im Revier sein. Da sind die Radler, die zur Arbeit fahren, die ersten frühen Jogger und andere mehr. Die nutzen aber um diese Zeit andere Örtlichkeiten als der Jäger. Der Radler will auf dem kürzesten und schnellsten Weg zur Arbeit. Die frühen Jogger nutzen den trockenen Weg und scheuen nasses Gras. Es ist also einmal unsere Anwesenheit zur Unzeit, aber auch die an unüblichen Örtlichkeiten und die besondere Art unseres gesamten Verhaltens. Daraus gilt es, die richtigen Lehren zu ziehen.

Merkmale summieren sich: Wildtiere verbinden Ereignisse, wie etwa den Tod eines Artgenossen, mit bestimmten Reizen/Erscheinungen (Jäger, Hochsitz usw.). Der Schuss alleine ist ein geringer Reiz, gibt aber den Ausschlag, Reize/Erscheinungen gedanklich zu verbinden. In der Folge können auch einzelne Reize/Erscheinungen alleine zu Reaktionen beim Wild führen. Beispiel Auto des Jägers: Es erscheint meist zusammen mit anderen Reizen und beunruhigt letztlich dann auch alleine, etwa am

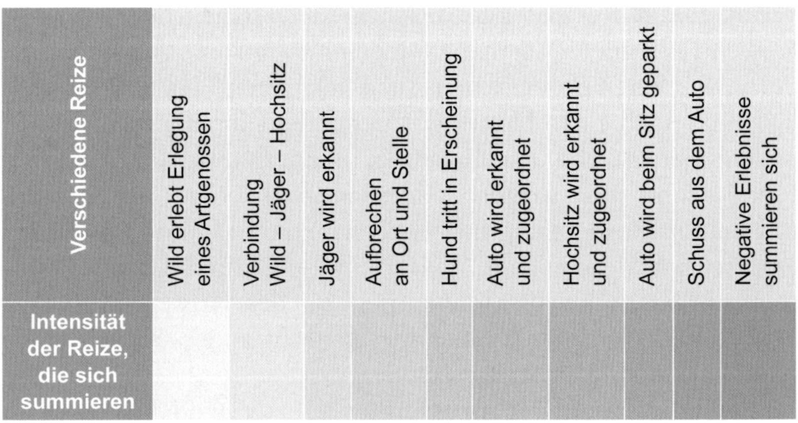

Wildtiere verbinden den Tod eines Artgenossen jeweils mit bestimmten Reizen, die sich summieren können.

Tag einer Riegeljagd oder eines Sammelansitzes, wenn vor Jagdbeginn mehr Autos unterwegs sind als üblich.

Die Wildhüter im Kanton Genf waren bei der Bejagung des Schwarzwildes lange Zeit sehr erfolgreich. Sie erlegten die Sauen weitgehend in der Nacht, und zwar mit Hilfe von Restlichtverstärkern als Zielhilfe. Die Wildhüter fuhren mit ihren Allradfahrzeugen die Felder ab. Bekamen sie Schwarzwild in Anblick, fuhren sie zunächst weiter und pirschten dann zurück, um zu schießen. Dabei benötigten sie im Mittel fünf Stunden für die Erlegung einer Sau.

Wesentlich für diese hervorragende Leistung war, dass das Wild den Schüssen kaum irgendwelche anderen Merkmale zuordnen konnte:

- Es gab keine Hochsitze, die mit den Schüssen in Verbindung gebracht werden konnten.
- Die Schüsse fielen unabhängig von besonderen Lichtverhältnissen.
- Die Schüsse standen in keinem Zusammenhang mit Kirrungen.
- Die Schüsse waren keiner Uhrzeit zuordenbar.
- Die Schüsse waren nur schwer mit bestimmten Autos in Verbindung zu bringen.

Auf diese Weise konnten über Jahre hinweg bis zu 500 Stück Schwarzwild pro Jahr in kurzer Zeit erlegt werden. Inzwischen, so wurde mir versichert, stieg der für die Erlegung erforderliche Zeitaufwand signifikant. Offenbar gelang es den Sauen im Laufe der Jahre doch, Zusammenhänge zwischen bestimmten Fahrzeugen und nach einiger Zeit fallenden Schüssen herzustellen. Gleichwohl hält sich der Zeitaufwand immer noch in einem sehr günstigen Rahmen.

Wie aber jagen wir? Viele fahren mit dem Auto direkt zum oder zumindest in nächste Nähe des Hochsitzes. Sie markieren diesen gewissermaßen mit ihrem Auto. Das Wild lernt, dass es dann gefährlich ist, wenn zum Hochsitz noch ein Auto kommt!

Hochsitz plus Auto und dann noch zur kritischen Zeit! Spätestens, wenn jetzt auch noch menschliche Witterung hinzukommt, wissen Rot- und Schwarzwild ziemlich sicher, was gespielt wird.

Der deutsche Wildbiologe Oliver Keuling hat bei telemetrierten Sauen festgestellt, dass diese bei Riegeljagden Drückjagdsitze regelrecht kontrollierten, indem sie diese in Deckung erst einmal umkreisten, sich also Wind holten. Der Anlass für derartige Kontrollen waren wahrscheinlich die an solchen Tagen mehr oder weniger zahlreichen im Revier umherfahrenden Autos, mit denen die Schützen zu ihren Ständen gebracht wurden.

Wie wir Reaktionen des Wildes fehldeuten

Gut beobachtet – falsch interpretiert

Da stehen, um wieder ein Beispiel zu bemühen, vier Rehe äsend vor uns auf der Wiese. Wir beschießen eines, das auch schlagartig zusammenbricht. Die drei anderen Rehe werfen auf, äugen zum Erlegten hin. Es kann sogar sein, dass eines zu dem toten Tier hinzieht und nachschaut. Das ist häufig so, wenn es sich beim erlegten Tier um ein Kitz handelt. Wird in dem Revier besonnen gejagt, werden sich die Rehe in der Mehrzahl der Fälle rasch wieder beruhigen und neuerlich äsen. Manchmal ist es auch zunächst nur ein Scheinäsen. Das heißt, die Tiere oder wenigstens eines von ihnen wirft immer wieder auf und sichert. Letztlich aber scheinen sie zur Tagesordnung überzugehen, und wir freuen uns, mit dem Schuss nicht gestört zu haben.

Irgendwann müssen wir abbaumen. Stehen die Rehe da noch auf der Fläche, werden sie abspringen. Mag aber auch sein, sie sind vorher schon zurück in den Wald oder weiter ins Feld hinaus gezogen und bemerken gar nicht, wie wir den Hochsitz verlassen. Doch ausgestanden ist die Sache damit noch lange nicht. Wenn das erlegte Stück zur Familie gehörte, also ein diesjähriges oder

Das Kitz brach im Schuss zusammen, und die vorweg ziehende Geiß blieb stehen und äugte zum Kitz. „Die hat überhaupt nichts mitbekommen", denken wir voreilig. In Wirklichkeit realisiert sie spätestens dann, was geschehen ist, wenn wir in Erscheinung treten.

vorjähriges Kitz war, dann wird die Familie irgendwo in der Nähe warten, auch wenn wir sie nicht sehen. Die Wahrscheinlichkeit, bemerkt zu werden, ist dann immer groß.

Doch selbst, wenn wir tatsächlich unbemerkt zum erlegten Stück gelangen, sind wir noch nicht aus dem Schneider. Wir hinterlassen jetzt zwangsweise jede Menge Spuren. Da ist unsere Witterung, dieselbe, welche die Rehe immer wieder beim Hochsitz finden. Da ist die Witterung des uns begleitenden Hundes. Vor allem aber müssen wir das Stück versorgen. Entweder wir brechen es an Ort und Stelle auf, oder wir tragen oder ziehen es ein Stück und brechen dann auf. Immer bleibt für viele Tage Witterung zurück. Selbst wenn wir das Reh unaufgebrochen im Rucksack zum Auto tragen, so ist doch der Platz, auf dem es lag, „kontaminiert". Daran ändert sich auch dann nichts, wenn wir vom Hochsitz gleich vorsichtig zum abgestellten Auto gehen, mit ihm zum Wild fahren und dieses einladen.

Wir dürfen nicht arrogant davon ausgehen, dass Rehe dumm sind und dass sie morgen nicht mehr wissen, was heute geschah, oder dass sie nicht in der Lage sind, Erfahrungen zu speichern und Erlebnisse zusammenzufügen. Sie können dies, und sie ändern ihr Verhalten gemäß gemachter Erfahrungen! Verhalten wird auch von anderen Rehen beobachtet und kopiert, und letztlich entstehen neue, den heutigen Verhältnissen angepassten Verhaltenstraditionen.

Junge Menschen verhalten sich heute in vielen Dingen des täglichen Miteinanders komplett anders, als wir vor fünfzig Jahren. Auch dieses Verhalten hat sich nicht schlagartig gewandelt, sondern Schritt für Schritt und wurde schließlich zu einer neuen Verhaltenstradition. Auch der Mensch kopiert zunächst Verhaltensformen, ehe diese irgendwann zu einer neuen Verhaltenstradition werden. Der Prozess der Verhaltensänderung wird weder beim Menschen noch beim Wildtier je abgeschlossen sein.

Wir haben jetzt ständig bewusst von Rehen gesprochen, denn diese sind immer noch relativ einfach gestrickt. Andere Arten, wie Rot- oder Schwarzwild, sind um einiges sensibler und cleverer. Sie stellen sich auf veränderte Situationen ungleich schneller ein.

Miteinander „reden“

Es bedarf keiner Töne

Menschen, die lange Zeit gemeinsam leben, brauchen für viele Handlungen des täglichen Lebens keine Worte. Sie erkennen Absichten, Hoffnungen oder Ängste des Anderen an seinem augenblicklichen Verhalten, an der Art seiner Bewegungen, an seiner Mimik – sogar an seinem Schweigen. Die noch viel besseren Beobachter sind unsere Jagdhunde. Sie sind es zwangsweise, weil ihnen eine der unsrigen vergleichbare Sprache fehlt. Wenn ich vom Büro in die Wohnung ging, dann bedurfte es keiner Worte, damit unsere Hunde erkannten, was ich vorhatte. Kein fremder, nicht zur engeren Familie gehörender Mensch hätte sagen können, ob es meine Absicht war, an den Kühlschrank zu gehen (der Hund stand sofort da), ob ich einfach etwas trinken und mich ausruhen wollte (kein Hund stand auf), ob ich mich umkleidete, weil ich geschäftlich weg musste (interessierte nicht) oder ob ich mich umzog, um ins Revier zu gehen (allgemeiner Jubel).

Oder nehmen wir ein kleines Rudel Kahlwild. Ein Stück zeigt sich beunruhigt; es mahnt nicht, stampft nicht einmal mit dem Vorderlauf. Doch sofort wissen die anderen, was dieses Rudelmitglied bewegt.

Nun werden Tiere innerhalb der eigenen Art viel leichter kommunizieren als mit anderen Arten. Da sitzen vor uns in der Wiese zwei Hasen und knabbern Kräuter. Der eine sitzt einfach einen Moment da und hält inne; der andere knabbert weiter. Hält der eine Hase jedoch inne, weil ihn irgendetwas beunruhigt, hält auch der andere sofort inne. Andererseits „reden“ Fuchs und Hase oder Hase und Katze auch miteinander. Da arbeitet sich der Fuchs bei scheinbarer Mäusesuche wie zufällig an einen Hasen heran. Bald ist er diesem näher, bald entfernt er sich wieder. Damit will er den Hasen in Sicherheit wiegen. Der aber hat den Fuchs im Visier, und der Fuchs weiß das sehr wohl. So lange der Hase ihn im Blick hat und die Distanz zwischen den beiden etwa zehn Meter nicht unterschreitet, zeigt der Fuchs wenig Neigung anzugreifen. Auch das ist gewissermaßen Kommunikation; der Hase sagt dem Fuchs mit seinem Verhalten: „Ich weiß, was du vorhast!“

Noch viel deutlicher wird das, wenn sich Fuchs und Katze begegnen. Eine erwachsene Hauskatze hat vor einem Fuchs selten Angst, wobei es durchaus einzelne Füchse gibt, die den Bogen heraus haben und mit einer Katze fertigwerden. Nähern sich die beiden, stehen beide sichtlich unter Spannung, und sie zeigen das einander. Es macht meist schon einen Unterschied, ob die Katze einen Baum in der Nähe weiß oder nicht. Sie nimmt instinktiv Abwehrhaltung ein, während der Fuchs sie oft umkreist. Wird es der Katze zu ungemütlich, macht sie einen Buckel und stellt den Schwanz hoch. Füchse verstehen das. Zeigt sich die Katze eher ängstlich oder unentschlossen, legt der Fuchs gleich zu. Mehrmals habe ich erlebt, wie sich Katze und Fuchs auf wenige Meter gegenüber standen, die Katze fauchend, der Fuchs keckernd. In jedem Fall tat der Fuchs irgendwann so, als hätte er die Katze überhaupt nicht bemerkt und begann Mäuse oder Regenwürmer zu suchen.

Einmal erlebte ich in einer Mondnacht, wie sich erst ein Fuchs in der oben beschriebenen Weise an einen Hasen heranmachte und später – ich weiß, es klingt unglaublich – der Hase den Fuchs „angriff“. Die beiden hatten sich in der oben schon beschriebenen Art im Blick. Als der Hase einmal zu arglos schien, versuchte ihn der Fuchs zu fangen. Der Hase brachte jedoch schnell ausreichend Distanz zwischen sich und seinen Verfolger, und dieser gab auf. Scheinbar seine Würde wahrend, suchte der Fuchs auf dem Schneefeld nach Mäusen, während der Hase zunächst noch unentschlossen sitzen blieb und ihm zuschaute. Schließlich näherte er sich unbefangen, hier und da im Schnee scharrend, dem Fuchs. Man konnte dabei fast den Eindruck bekommen, er kopiere dessen vorangegangenes Verhalten. Irgendwann, die beiden mochten sich auf vielleicht zehn Meter genähert haben, spurtete der Hase wie aus dem Nichts heraus los und übersprang den Fuchs, der sich völlig perplex in den Schnee drückte und anschließend das Weite suchte. Damit war die Kommunikation per Körpersprache beendet.

Hirschbrunft-Esperanto

Im jagdlichen Alltag gibt es durchaus Situationen, in denen „Sprachkenntnisse“ weiterhelfen: wenn man das Wild versteht und sich mit ihm unterhalten kann.

Beispiel Hirschbrunft: Da melden zwei, drei Hirsche; sie scheinen sich mit ihren Schreien gegenseitig aufzuheizen. Eine Stimme kommt unten vom Bach, wo die Wiesen sind. Die anderen beiden Hirsche melden rechts und links im Hang und scheinen sich langsam Richtung Talwiesen zu bewegen. Der Hirsch unten am Bach lässt immer wieder den abgehackten Sprengruf hören, die beiden anderen nicht. Also hat der unten Kahlwild dabei und ist folglich Platzhirsch. Leicht möglich, dass er der ältere ist, muss aber nicht so sein. Jedenfalls lohnt es sich, ihn anzuschauen. Es lohnt sich aber auch, im Zweifel auf einen der beiden Herausforderer zu schauen. Nicht jeder Hirsch, der noch kein Rudel hat, ist im eigentlichen Sinne ein Beihirsch. Manche Hirsche ziehen in der Brunft weite Strecken zu ihren traditionellen Brunftplätzen. Da ist es nicht ungewöhnlich, dass ihre Position von einem jüngeren oder schwächeren Hirsch „interimsmäßig“ eingenommen wurde.

Anderes Beispiel: Wir treten, ehe wir schlafen gehen, noch einmal vor die Hütte, um zu verhören. Tatsächlich schreit im Hang gegenüber immer noch ein Hirsch, der offensichtlich kein Kahlwild dabei hat. Er schrie dort vor zwei Stunden schon. In der Früh hören wir ihn immer noch dort oben. Wir könnten ihn vielleicht mit dem Ruf angehen. Aber wird es sich auch lohnen? Eher nicht, denn wäre er wirklich reif, würde er sich nicht so passiv verhalten.

Und nun nehmen wir eine ganz ähnliche Situation, aber bereits in der ausklingenden Brunft. Da steht irgendwo in einem Graben ein Hirsch mit sehr rauer Stimme. Er meldet nur noch gelegentlich, ohne Feuer. Kahlwild scheint er keines dabei zu

Gegen Ende der Brunft ziehen sich wirklich alte Hirsche, die zuvor ein Rudel hatten, ganz gerne zurück.

haben. Wir hören ihn schon die zweite Nacht dort oben. Jetzt ist die Wahrscheinlichkeit groß, dass es sich um einen der alten Herren handelt, dem die Brunft ordentlich zugesetzt hat und der sich deshalb schon zurückzog. Den sollten wir uns anschauen, und dabei kann uns der Ruf gute Dienste leisten. Denn so völlig gleichgültig ist ihm die Welt noch nicht. Er will zwar seine Ruhe haben, vielleicht auch die eine oder andere Verletzung ausheilen, aber wenn ihm ein Rivale zu nahe kommt, rafft er sich noch einmal auf.

Frühansitz in einem Graben. Im gut einsehbaren Gegenhang lockerer Altbestand. Es steinelt, und zwischen den Stämmen tauchen drei, vier Stück Kahlwild auf, die zügig nach oben streben. Sollten die wirklich alleine sein? Wir haben in der Früh noch keinen Hirsch gehört. Doch Kahlwild ohne Hirsch in der Brunft gibt es nicht, also aufpassen! Und da kommt er auch schon. Bis wir ihn angesprochen haben, ist er schon fast verschwunden. Jetzt schnell! Wir mahnen, und er verhofft…

Andere Situation: Kahlwild und Hirsch stehen auf der Alm im dicken Nebel. Sehen können wir nichts, aber der Hirsch meldet immer wieder. Es wird heller, und wir haben den Eindruck, dass das Wild langsam Richtung Wald äst. Die Sicht beträgt maximal fünfzig Meter. Wir mahnen, und der Hirsch steht ärgerlich meldend zu. Kann aber auch sein, von der Seite kommt stumm und fast im Stechschritt ein neugieriger Hirschjüngling.

Wieder eine andere Situation: Das Rudel im ersten Morgendämmer samt Platzhirsch auf der Schneise im Auwald. Der Hirsch würde passen, aber wir haben ihn nie frei. Da erhascht ein Tier eine Bewegung von uns auf der niedrigen Kanzel und schreckt. Vielleicht hat es die Bewegung unserer hellen Hände erhascht, als wir das Glas hochnahmen? Die anderen Stück werfen auf, werden unruhig. Wir reißen uns zusammen – mahnen. Das Alttier ist noch nicht von unserer Harmlosigkeit überzeugt, macht zwei Schritte in unsere Richtung. Noch ein Mahner von uns, und der Hirsch steht frei …

Nochmals neue Situation: Kaum richtig hell, aber das Rudel zieht schon bergwärts, gefolgt vom Hirsch. Er hätte gepasst, aber wir sind nicht fertig geworden. Weit wäre es noch nicht, aber Rudel und Hirsch sind in eine Rinne gewechselt, die wir nicht einsehen können. Kurze Überlegung, dann der Entschluss: Der Wind ist gut, und wir versuchen vorsichtig, über einen Riegel

Das Mahnen lässt in der Brunft kaum einen Hirsch kalt.

hinaufzupirschen, in der Hoffnung, ihnen weiter oben noch einmal zu begegnen. Es gelingt. Wir sehen schon das Leittier mit seinem Kalb über die Böschung der Forststraße wechseln, dann das nächste Tier… Wir wollen bis zur nächsten Fichte, wo wir anstreichen könnten, doch im allerletzten Moment treten wir einen Stein los, der hinunterkullert. Schon ist das Rudel in höchster Anspannung, alles äugt herüber. Wir mahnen! Der Hirsch schließt auf, steht frei…

Mit Sauen reden

Dass man Rehe mit dem Blatter lockt und Hirsche mit dem Ruf, das weiß jeder. Aber auch Sauen lassen sich akustisch beeinflussen. Saulocker werden heute überall angeboten. Zwar kann man damit keine Rotte herziehen, die in der Mondnacht außer Schussweite draußen im Feld bricht, wohl aber den einen oder anderen Frischling aus dem Mais. Die Schwarzwildjäger kennen das: Man sitzt an der Schneise, die der Bauer durch den Mais gehächselt hat, hört rechts und links die Sauen im Mais schmatzen, aber keine kommt auf die Schneise. In dieser Situation hilft zuweilen der Saulocker.

Nachgeahmt werden Kontaktlaute, die eine „sichere Lage“ vermitteln. Das setzt voraus, dass die Sauen sich in nächster Nähe befinden. Aber es geht ja auch nicht darum, sie aus größerer Entfernung anzulocken. Es genügt ja, wenn ein Frischling oder Überläufer der im Mais schmatzenden Rotte auf die Bejagungsschneise herauskommt und nachschaut oder wenn er einen Weg überquert.

Im Wald gibt es oft ähnliche Situationen. Das kann an der Kirrung sein oder einfach beim Abendansitz an der Dickung, wenn die Sauen drinnen schmatzen. Der Kontaktlaut kann auch hilfreich sein, wenn die Rotte dicht gedrängt im Altholz mit Fraß beschäftigt ist und wir nicht schießen können. In solchen Situationen reagieren die meisten gar nicht, aber es genügt ja oft, wenn ein neugieriger Frischling sich etwas aus der Rotte löst. Selbst auf der Wiese oder im Getreide ist es nicht immer leicht zu schießen.

Der Kontaktlaut hilft mitunter auch beim nächtlichen Ansitz draußen im Feld, wenn der Bewuchs so hoch ist, dass die Frischlinge in ihm verschwinden. Zwar werden sie durch unser Gegrunze auch nicht größer, aber es genügt ja, wenn wir im Bewuchs Bewegung erkennen. Steht die Bache zu, wuseln die Frischlinge hinterher.

Natürlich dürfen wir nicht aufdringlich locken. Wenn der nachts im Mais sitzende Jäger alle Viertelstunden auf seinem Sitz zu grunzen beginnt, erzeugt er eher Misstrauen als Vertrauen. Es ist eben ein Mittel, das sparsam und im richtigen Moment eingesetzt werden will.

Während der Kontaktlaut eher beruhigend wirkt, erzeugt der Klagelaut das Gegenteil – Panik oder zumindest Alarm! Damit lässt sich zweierlei bewirken:

- Die führende Bache steht zu, weil sie ihre Frischlinge bedroht sieht, was uns aber nichts nützt, weil wir sie nicht schießen werden.
- Die Sauen werden flüchtig und misstrauen einige Zeit der Örtlichkeit. Das ist dann praktisch, wenn wir die Sauen vergrämen wollen.

Das Problem ist, dass wir den Klagelaut ohne Technik nicht hinbekommen. Wir benötigen ein Aufnahme- und ein Abspielgerät und eventuell einen Zeitschalter. Aufnehmen lässt sich der Klagelaut bei jedem Schweinehalter. Es genügt meist, ein Ferkel am Hinterlauf zu fassen und am Davonlaufen zu hindern.

Beim Fuchs

Die Zahl der Jäger, die einen Fuchs beschießen, einfach um geschossen zu haben, steigt. Das drückt sich aus in der Entfernung, auf die bei Treibjagden der Fuchs beschossen wird („Einfach einmal probiert, war ja nur ein Fuchs…“), ebenso beim Umgang mit dem erlegten Wild. Von den knapp 60.000 Füchsen, die heute in Österreich geschossen werden, wandern die meisten wohl in den Container der Tierkörperbeseitigung.

Mit dieser Geringschätzung des Wildes, dessen Erlegung wohl in erster Linie „lustig" erscheint, ging das Interesse an tieferer Auseinandersetzung mit dieser Wildart verloren. Das betrifft auch die Lockjagd.

Quäken oder nicht? Welchen Sinn soll es beispielsweise machen, wenn wir einen in heller Mondnacht eilig auf achtzig Meter am Luderplatz vorbeischnürenden Fuchs mit der Hasenklage anplärren? Den Luderplatz kennt er ja wohl, und wenn er ihn ignoriert, hat er sicher etwas im Kopf, das ihm wichtiger ist als ein von der Konkurrenz gefangener Hase. Wenn wir dann noch glauben, ihn mit etwas mehr Nachdruck umstimmen zu können, erreichen wir sicher das Gegenteil.

Wenn, dann wäre ein diskretes Mäuseln sicher zielführender. Zwar würde es den Fuchs vermutlich auch nicht umstimmen, aber auch kein Misstrauen wecken. Die Hasenquäke ist ein Instrument, das wir nicht per Zufall einsetzen, so nach dem Motto: „Wenn eh kein Reh mehr kommt…" Am Luderplatz zu quäken, macht schon gar keinen Sinn, denn zu dem kommt der Fuchs so oder so oder gar nicht. Wenn wir quäken, ist es gut zu wissen, dass sich in einem Umkreis von zweihundert Meter kein Fuchs aufhält. Das ist in heller Mondnacht, wenn wir weit draußen im Feld sitzen, kein Problem. Auch im Spätwinter, wenn wir nachmittags den Fuchs aus seinem Tageseinstand locken, halten wir von letzterem Abstand.

Unterschiedliche Fuchslocker: Bell-Laut, Kontaktlaut (Wimmern) und kombiniert Hasenklage mit Mauspfeifchen.

Große trichterförmige Gehöre – dass der Fuchs über einen hervorragenden Hörsinn verfügt, zeigt schon seine Anatomie.

Dass der Fuchs hervorragend hört, zeigt uns schon seine Anatomie, nämlich seine relativ großen, trichterförmigen Gehöre. Damit fängt er hochfrequente Töne besonders gut auf, und Mäuse unterhalten sich ausschließlich im hochfrequenten Bereich. Das heißt, es muss nicht wirklich still in der Landschaft sein, damit der Fuchs einen zarten Mauspfiff auf 150 Meter hört. Es kommt auch gar nicht so sehr auf den Ton an; ohnehin kommen bei uns die verschiedensten Mausarten mit ganz unterschiedlichen Dialekten vor. An der Möglichkeit, unser Mäuseln zu überprüfen, fehlt es nie und nirgends. Mitten in der Stadt leben Katzen, die wir anmäuseln können und deren Reaktion uns zeigt, ob wir halbwegs richtig liegen. Wer nicht rund ums Jahr auf jeden sich zeigenden Fuchs ballert, den er sieht, kann mit sparsamem Einsatz seiner Kunst des Fuchses Reaktionen studieren. Früher, als Füchse noch eine begehrte Beute darstellten, hatte der Jäger neun Monate des Jahres Zeit und Gelegenheit, sich mit dem Fuchs zu beschäftigen und sich mit ihm zu „unterhalten". Wenn man ihn freilich zum Wegwerfprodukt macht, dessen Aufgabe es ist, als lebende Zielscheibe zu dienen, beraubt man sich solcher unrentabler Erlebnisse.

Manchmal kann man sich mit einem Fuchs bellend unterhalten. Jeder Jäger kennt das und hat die Möglichkeit, zu üben. Es wird aber kaum gelingen, einen anderen Fuchs mit dem Bellen zu locken. Wir müssen uns einfach überlegen, wann und wozu Füchse bellen. Meist ist es ein Ausdruck von Misstrauen, weil sie irgendetwas entdeckt haben und nicht genau wissen was. Der Fuchs, der uns sieht und erkennt, bellt nicht, er flüchtet einfach oder verdrückt sich. Füchse geben mit dem Bellen auch untereinander ihre Positionen bekannt. Das dient aber weniger dem Zusammenfinden als dem Sich-Meiden.

Es gibt aber einen echten Lockruf, der allerdings wenig gehört wird. Es ist so etwas wie ein „Wimmern", ein schnell hintereinander vorgetragenes *Wü-wü-wü-wü*. Die Fähe lässt es gedämpft hören, wenn sie am Bau die Jungen lockt. Wir hören diesen Laut aber auch in der Ranz, ob von der Fähe, vom Rüden oder von beiden, ist ungewiss. Sicher ist, dass Füchse zustehen, wenn wir auf diesen Ruf antworten. Es bringt nach meiner Erfahrung aber wenig, selbst damit anzufangen. In der Regel ist es nicht allzu schwierig, mit diesem Ruf Kontakt zu halten. Das ermöglicht uns die Annäherung an den Rufpartner.

Der Kleine Hahn

Jagdlich sind die Birkhahnen Auslaufmodelle, die in den meisten Ländern Mitteleuropas entweder ausgestorben oder ganzjährig geschont sind. Österreich ist eines der letzten Länder, in dem es die Balzjagd – trotz EU-Vogelschutzrichtlinie – noch gibt. Ob die Hahnen genau dort balzen, wo der Jäger seinen Schirm hat, oder ob sie weiter entfernt einfallen, hängt nicht zuletzt von den Schneeverhältnissen ab. Manchmal ist es in Schirmnähe schon aper, während es ein Stück weiter noch Schnee hat. Und auf dem Schnee balzen die Hahnen meist lieber als auf dem aperen Boden.

Wenn die Hahnen miteinander beschäftigt sind, kann sich der Jäger das Fauchen sparen.

Das Lied der Hahnen, das Kullern, wird bei der Boden- wie bei der anschließenden Sonnenbalz auf dem Baum vorgetragen und demonstriert eine gewisse Selbstzufriedenheit. Mit seiner Imitation reißt der Jäger keinen Hahn vom Platz. Anders mit dem eher aggressiven Fauchen oder Blasen, das sich relativ einfach nachahmen lässt. Mit ihm lässt sich ein einzelner, in der Dämmerung etwas entfernter eingefallener Hahn zum Zustehen bewegen. Auf guten Balzplätzen mit mehreren Hahnen überstellen sich diese seltener. Sie bleiben während der Bodenbalz meist am Platz, bis sie zur Sonnenbalz abstreichen. Einzelne Hahnen hingegen überstellen sich gerne und mitunter sogar mehrmals an einem Morgen. Sie suchen ja die Gesellschaft mit Artgenossen. Jedenfalls kann der Jäger oder Fotograf den Hahn mit dem Fauchen zum Zustehen bewegen.

V.

Was wir „Hege“ nennen

Vom Wildtier zum Sozialhilfeempfänger

Es ging nicht um die Bedürfnisse des Wildes

Die Fütterung des Schalenwildes hatte in ihren Anfängen zwei Gründe: Entweder es wurde gefüttert, weil Schalenwild in unnatürlich hoher Dichte in Jagdgattern gehalten wurde oder weil es in freier Wildbahn mit Hilfe der Fütterung ans eigene Revier gebunden werden sollte. Tierschutz oder gar Wildschadensverhütung waren dabei keine Themen. Selbst um die Trophäen ging es anfangs nicht, weil der Adel kaum Wert auf solche legte. Das systematische Sammeln sekundärer Geschlechtsmerkmale des Schalenwildes griff bei uns erst Ende des 19. Jahrhunderts um sich.

Eine Rolle spielte sicher, dass bereits vor der Revolution von 1848 das Hochwild in weiten Teilen des damaligen Österreich ausgerottet war. Bereits Maria Theresia hatte dessen Hege in freier Wildbahn in einem 1770 ergangenen Erlass verboten, weil sie die vom Wild ausgehenden existentiellen Probleme der Landbevölkerung und den darin enthaltenen politischen Zündstoff erkannte. Dort, wo noch Hochwild außerhalb von Wildparks vorhanden war, bestand immer die Gefahr des Abwanderns, was mit Fütterung verhindert werden sollte. Doch schon kurze Zeit nach der Revolution wurde die vorübergehend freie Jagd durch die Bindung der Jagd an Grund und Boden und das Reviersystem ersetzt. Damit begann – bezogen auf Schalenwild – ein „Aufrüsten". Der Adel durfte zwar nicht mehr überall jagen, wohl aber auf eigenem Grund, und der war immer noch erheblich. Damit hatte die angeblich das Wild vernichtende Revolution möglich gemacht, was vorher von höchster Stelle verboten war – die Hege und sogar das Aussetzen von Schalenwild jeder Art!

Um die adeligen Besitzungen herum und zwischen ihnen jagten in den Gemeinderevieren die Bauern und Bürger. Um „sein" Wild vor diesen zu schützen, begann der Adel zu füttern. Umgekehrt begannen auch Bauern und Bürger zu füttern, um das vom Adel gehegte Wild über die Reviergrenzen zu locken. Schließlich buhlten die Pächter der Gemeindejagden aber auch untereinander ums Wild. So war es fast zwingend, dass zunehmend attraktiveres Futter eingesetzt wurde. An die Stelle der reinen Heufütterung traten der Hafer, die Rüben und andere.

Zu Beginn des 20. Jahrhunderts gewann der Hegebegriff zunehmend an Bedeutung und damit auch die Fütterung. Inzwischen hatte die Jägerei auch begriffen, dass sich die Fütterung des Wildes gut verkaufen ließ, was sich selbst auf Weihnachtspostkarten dokumentierte. Der Jäger, für den Tellereisen, Strychnin, die erklärte Ausrottung des Fischotters wie der Greifvögel noch unverzichtbare Mittel der „Hege" waren, zeigte über die Fütterung sein weiches Herz und Verantwortung.

Zur Pflicht gemacht wurde die Fütterung erst durch das in Österreich 1938 Geltung erlangende Reichsjagdgesetz. Die Fütterungspflicht entsprach damals dem gängigen Hegeverständnis und sollte gleichermaßen dem zahlenmäßigen Aufbau von Wildbeständen wie dem Tierschutz dienen. Nach dem Krieg trat zum Tierschutz ein weiteres Argument – die Verhütung von Wildschäden. Die meisten Schäden gab es jedoch meist dort, wo auch intensiv gefüttert wurde; daran hat sich wenig geändert. Genau das ist auch der Grund, warum gegenwärtig Großgrundbesitzer, bei denen die Jagd immer einen hohen Stellenwert hatte, nicht nur Wintergatter auflösen, sondern die Fütterung ganz einstellen.

Doch zu den beiden Argumenten Tierschutz und Schadensvermeidung kam längst ein drittes – die Produktion starker Trophäen. Damit wurde lange unverblümt argumentiert. Erst als in der Öffentlichkeit die Fütterung mit dem mancherorts pathogene Züge annehmenden Trophäenkult in Verbindung gebracht wurde, ruderte man zurück. Wer jedoch die Produktbezeichnungen der Futtermittelindustrie liest, weiß, auf was es vielen Jägern beim Füttern ankommt – auf die „Trophäenqualität". Gegenüber der Öffentlichkeit wird freilich jeder Gedanke an Trophäen zurückgewiesen.

Gesinnungswandel beim Rehwild

Dass ein Teil der Rehe dem Winter zum Opfer fällt, wissen wir alle, auch dass es in strengen Wintern mehr sind als in milden Wintern. Wir wissen aber auch, dass es oft trotz oder gar wegen der Fütterung zu Fallwild kommt. Vor allem aber wissen wir heute über die Physiologie des Schalenwildes weit mehr als in der Vergangenheit. Rehe, und nicht nur sie, haben im Laufe von Jahrmillionen gelernt, in Gebieten mit schneereichen, kalten und manchmal lange andauernden Wintern zu überleben.

Rehe haben Millionen Jahre auch ohne Fütterung überlebt.

Argumentiert wird, wir müssten heute die Rehe füttern, weil wir ihren Lebensraum ausgeräumt hätten. Genau das stimmt jedoch nicht, ja es ist absurd, denn nie ging es den Rehen so gut wie heute. Dazu hat vor allem die Forstwirtschaft beigetragen, die große geschlossene Waldgebiete erst rehwildtauglich machte. Sie tat dies gleichermaßen durch die Walderschließung wie durch die Waldnutzung. Während die Mehrzahl der Jäger vor zweihundert Jahren noch jedes Reh totschoss, dessen sie habhaft werden konnte, änderten Forstleute und Waldbesitzer die Rahmenbedingungen für diese Wildart.

Dort, wo auch die Jäger mitzogen und die Bestände den Lebensräumen anpassten, wächst heute nachhaltig sicher mehr Äsung als in vergangenen Jahrhunderten. Die Betonung liegt auf „nachhaltig". Noch in der ersten Hälfte des 19. Jahrhunderts wurden ganze Berghänge für die Eisenverhüttung und die Glasbläserei kahlgeschlagen. Danach mochte der Aufwuchs den Rehen einige Jahre üppige Nahrung geliefert haben. Diesen wenigen Jahren folgten jedoch großflächig Hungerjahrzehnte! Nicht vergessen sollten wir die Waldweide von Rindern, Schweinen, Schafen, Ziegen und Pferden. Da blieb für Schalenwild nichts mehr übrig, schon gar nicht für die Rehe. Mehr Ruhe in den Wäldern war vor hundert Jahren auch nicht. Wo heute in ein, zwei Wochen ein „Prozessor" den Holzeinschlag erledigt, waren früher zwanzig Holzknechte am Werk. Wo heute der Seilkran das geschlagene Holz ruckzuck an die Forststraße liefert, plagten sich früher Wochen hindurch die Arbeiter. Heute kommt der Lastwagen, lädt mit seinem Kran in einer halben Stunde auf und fährt ab, was früher den ganzen Winter hindurch mühsam und halsbrecherisch mit Schlitten zu Tal gebracht wurde – quer durch die Einstände.

Heute wird Rehwild in einem Großteil des Alpenraums nicht gefüttert, und auch in Österreich nehmen immer mehr Reviere davon Abstand. Im Mittelgebirge oder gar im Flachland besteht hierzu schon überhaupt keine Veranlassung. Lassen wir die Rehe doch Wildtiere sein, machen wir sie nicht zu Sozialhilfeempfängern!

Wer freilich draußen seine Raufen hat und diese mit Raufutter füllt, wird sich den Vorwurf artwidriger Fütterung oder gar der Trophäenmast nicht gefallen lassen müssen. Was Rehe im Winter jedoch ganz sicher nicht brauchen, ist Kraftfutter.

Eigentlich müsste der Jäger als „Anwalt des Wildes“ das größte Interesse daran haben, dass Rehe und andere Wildtiere autark bleiben und nicht in die „Sozialfalle“ tappen. Fütterung lässt wichtige Verhaltens- und Überlebensformen verkümmern. Das beginnt mit der unterschiedlichen Raumnutzung gefütterter und ungefütterter Rehe. Ungefütterte Rehe zeigen eine bessere Verteilung über den Lebensraum und nutzen dezentral natürliche Ressourcen. Gefütterte Rehe konzentrieren sich hingegen im Umkreis der Fütterungen, mit allen daraus entstehenden Nachteilen wie Parasiten- und Krankheitsübertragung und erhöhtem Verbiss. Ungefüttert erhalten sie sich die Fähigkeit, auch kritische Situationen zu meistern – sie bleiben im „Training“.

Der Gedanke, über die Fütterung zu besonders starkem Wild (gemeint sind meist die Geweihe) zu kommen, liegt nahe. Eher ist aber das Gegenteil der Fall. Fütterung hilft auch jenen Rehen zu überleben, die unter etwas naturnäheren Umständen und mit Hilfe des Winters Luchs, Fuchs oder Wolf zum Opfer fallen würden. Je nach Qualität und Quantität der Fütterung kurbelt diese aber auch die Reproduktion an, womit sich dann nachher noch mehr Rehe eine weniger werdende natürliche Äsung teilen müssen.

Fütterung versus Wildgesundheit

Kein Jäger füttert die Rehe, um ihnen zu schaden. Gleichwohl ist genau das häufig der Fall. Viele Futtermittel, die gewöhnlich an Rehe verfüttert werden, sind nämlich nicht für Wiederkäuer

> *Wenn Rehe im Spätwinter und Frühjahr Durchfall zeigen, sind nicht Parasiten die Ursache, sondern Pansenübersäuerung!*

gedacht. Da steht der Automat, randvoll mit Mais gefüllt (in manchen Revieren sogar im Sommer). So kann man Schweine füttern, nicht aber Rehe. Der Mais führt unweigerlich zu einer Pansenübersäuerung und vielfach zum Verenden. Wer aber hohe Rehwildbestände abbauen will, kann dies mit der Büchse tun, er braucht keinen Mais dazu! Auch andere Kraftfuttermittel führen zu Pansenübersäuerung, selbst der so beliebte Hafer, wenn er in zu hohen Gaben aufgenommen wird. Pansenübersäuerung ist für das Wild nicht nur quälerisch, sondern schwächt auch signifikant das Immunsystem. Die Tiere werden krankheitsanfällig und können sich nicht mehr ausreichend gegen Parasiten wehren. Die Parasitenbelastung kann fütterungsbedingt bis zum Vierfachen steigen. Im Frühjahr steht dann ein Teil der im Winter vermeintlich wohlversorgten Rehe mit verkotetem Spiegel herum und warten aufs langsame Verenden!

Der Jäger und Veterinärmediziner Dr. Armin Deutz geht davon aus, dass allein in der Steiermark im Spätwinter 2014 über 1.000 Rehe an Pansenübersäuerung verendeten.

Auch Apfeltrester kann zur Pansenübersäuerung führen und ist nicht wirklich wiederkäuergerecht. Bei pH-Wert 5 überleben nur wenige lebenswichtige Bakterien und Wimperntierchen im Pansen. Sinkt der pH-Wert unter 5, verenden Wiederkäuer.

Starke Kraftfuttergaben (alle Futtermittel mit über 500 Stärkeeinheiten zählen zum Kraftfutter) können nicht nur zur Pansenübersäuerung führen, sondern auch zu schlechterer Kondition.

Häufig sind Fütterungen reine Infektionsstationen. Allerdings werden Reh- wie Rotwild dort nicht von Infektionen geheilt, sondern eben kontaminiert, weil das vorgelegte Futter oft verdorben ist. Da sind die Rüben, die zwischen Losung im Gatsch herumgeschoben und abgenagt werden oder die Silagen, die bei

> *Fütterungen sind ideale Einrichtungen, wenn man Rehe mit Krankheiten infizieren, ihre Pansen übersäuern, den Verbiss erhöhen oder es zurückkehrenden großen Beutegreifern besonders leicht machen will!*

Temperaturen ab 4 bis 5 Grad Celsius verderben – auch wenn sie noch aufgenommen werden! In Silage vermehren sich Listerien, die unter anderem zu Hirnhautentzündung führen können. Fast kommt einem hier der Satz in den Sinn: Gehen wir Rehe vergiften!

Generell bauen Futtermittel im Laufe des Winters Nährstoffe ab. So enthalten Futterrüben im März nur noch 20 Prozent der im Herbst vorhandenen Nährstoffe. Werden sie dann auch noch in gefrorenem Zustand benagt, kommt es beim Wild zu weiteren Problemen.

Auch das Heu, das wir in die Raufen stopfen und das dort nicht selten den ganzen Winter hindurch ausreicht, wird, je nach Witterung, schon nach zwei bis drei Wochen muffig und mit Keimen belastet.

Wir lassen Rotwild nicht mehr wandern

Beim Rehwild müssen wir uns sicher nirgends Gedanken um die Fütterung machen; beim Rotwild sind die Dinge etwas komplizierter. Grundsätzlich geht es auch bei ihm ohne Fütterung, schließlich wird es ja selbst in weiten Teilen des Alpenraumes heute noch nicht oder nicht mehr gefüttert. Die größten Bedenken haben wohl die Waldbesitzer und Förster. Andererseits sind es gerade große Waldbesitzer, die derzeit die Auflösung der Wintergatter und die Einstellung der Rotwildfütterung fordern und betreiben.

Immer wieder wird argumentiert, heute seien die Auen in den Alpentälern verbaut oder würden vom Tourismus beansprucht. Das mag stimmen, aber in alter Zeit wird das Rotwild auch nicht in den Auen der Bergtäler überwintert haben – dort, wo keine Sonne den Schnee reduziert und der Frost liegenbleibt. Ohne Fütterung stand und steht das Rotwild eher hoch oberhalb der Waldgrenze, in steilen, sonnigen Lagen, siehe die „Steinhirsche" in den Niederen Tauern (die inzwischen auch zu Sozialhilfeempfängern gemacht wurden). Dann wird immer wieder behauptet, das Rotwild habe früher im Alpenvorland überwintert,

Ob Rotwild heute noch ins Vorland wechseln kann, ist nicht nur eine Frage der Landschaftsverbauung, sondern auch der Bejagung. Hier im Kanton Sankt Gallen in der Schweiz wechselt es am Spätnachmittag zwischen den Häusern hindurch vom Berg hinunter in die Rhein-Auen.

was es heute nicht mehr könne, weil ihm die Wege versperrt seien. Eher war es jedoch so, dass zentralalpin weite Gebiete rotwildfrei waren. Die Möglichkeit, ins Vorland zu wechseln, bestünde heute noch, wenn auch nicht mehr überall und mühsamer. Das Problem ist doch, dass niemand mehr diese Wanderungen ins Vorland zulässt. Die Jäger im Gebirge nicht, weil sie fürchten, „ihre" Hirsche könnten nicht mehr alle zurückkehren, und die Waldbesitzer draußen fürchten, ihre Fichtenbestände könnten geschält werden. So wird das Rotwild heute ganzjährig dorthin verbannt, wo die Wälder am notwendigsten und gleichzeitig am sensibelsten sind – ins Gebirge.

Die Abschaffung eines Wildtieres

In vielen Revieren Österreichs, aber auch in solchen des bayerischen Alpenraumes wird Rotwild heute in Gattern überwintert – es wird eingesperrt! Manchmal wird argumentiert, nicht das

Rotwild werde eingesperrt, sondern vielmehr der Mensch ausgesperrt. Wenn dem so ist, stellt sich einfach die Frage, ob Gesellschaft und Politik überhaupt noch Rotwild wollen. Falls ja, dann muss die Gesellschaft bereit sein, für dieses große Wildtier winterliche Ruheräume zu akzeptieren, und die Politik muss bereit sein, diese gegen die Interessen der Tourismus-Industrie und Sportverbände durchzusetzen. Vor allem aber müssen die Vertreter der Jäger, wenn sie für sich in Anspruch nehmen, auch die Interessen des Rotwildes zu vertreten, klar und unüberhörbar sagen, dass uferlose Freizeitnutzung der Landschaft und Rotwild nicht zusammengehen!

So aber teilt das Rotwild das Schicksal der Rinder, die oben gesömmert und unten eingestallt werden. Jedenfalls gehört Mut dazu, eine Tierart, die sechs, sieben Monate in einem geräumigen Freilaufstall gehalten wird, als „Wild“ zu bezeichnen!

Wäre Heu teurer als industrielles Kraftfutter, würde die Futtermittelindustrie wahrscheinlich nichts anderes empfehlen als eben Heu! Dabei war Heu in den Anfängen der Wildfütterung *das* Mittel schlechthin, und es kommt den Stoffen, die die Natur im Winter bietet, am nächsten. Rotwild baut seinen Pansen mit Einsetzen der Nahrungsknappheit wintergerecht um. Es verkleinert dessen Oberfläche um rund ein Drittel, und es reduziert den eigenen Energiebedarf deutlich. Letzteres kann es sich nur leisten, wenn ihm der Mensch keine besonderen Belastungen wie Fluchten im Tiefschnee, weite Wanderungen zwischen Einstand und Fütterung, Störungen durch Sportler oder Jagdstress aufzwingt. In Ruhe kann es absolut auf eine Art Energiesparmodus schalten – auf einen temporären Winterschlaf. Die billigste Energie des Wildes ist jene, die es einspart! Jedenfalls versteht es Rotwild, mit dem auszukommen, was ihm recht kurze alpine Rasen, Zwergsträucher, Flechten und Nadelhölzer bieten.

Im Gebirge ist das Hauptproblem bei der Wahl von Fütterungsstandorten deren Erreichbarkeit im Winter. Die meisten Winterfütterungen kann der Jäger wohl mit dem Allradfahrzeug anfahren, zumindest aber mit dem Motorschlitten. Je weiter die Fütterungen jedoch nach oben verlegt werden, umso problema-

Noch einmal Kanton Sankt Gallen (Hochgebirge): Das Rotwild marschiert am hellen Morgen, einer Perlenschnur gleich, zwischen den Höfen hindurch bergwärts. Die Nacht hat es in den Wiesen im Tal verbracht. Fütterung ist grundsätzlich verboten; es gibt jedoch eine Notfallregelung.

tischer kann es werden: Verwehungen auf Forststraßen, durch die immer wieder Passagen für den Motorschlitten geschaufelt werden müssen, Schneebrüche, die den Weg blockieren, und schließlich unberechenbare Lawinenstriche.

Der Schweizer Kanton Graubünden hat die vor allem in den 1970er-Jahren auf- und ausgebauten Rotwildfütterungen wieder zurückgebaut. Ersatzweise mähen die Jäger Wiesen und Bergmähder in den Hochlagen (Landschaftspflege), trocknen das Mähgut und setzen es an Ort und Stelle auf Tristen. Die Tristen werden dann im Winter vom Rotwild und wohl auch von den Gams angenommen. Die Schälschäden haben sich dadurch nicht signifikant erhöht. In vielen Revieren des Alpenraumes wäre das ein Kompromiss zwischen traditioneller Fütterung und Null-Fütterung.

Es ist utopisch, in Deutschland und Österreich mittelfristig auf eine generelle Änderung der Fütterungspraxis beim Rotwild zu hoffen. Was das Rotwild aber ganz bestimmt nicht braucht und was sicher artwidrig ist, das ist Kraftfutter. Dieses dient nicht dem Wild, sondern einzig den Wünschen des Jägers! Das Verfüttern von Silagen ist in den Bundesländern teilweise verboten oder zumindest genehmigungspflichtig. Silagen haben vor allem eines – eine hohe Lockwirkung! Aus der Sicht des Tierschutzes sind sie zumindest diskussionswürdig, denn sie können Azidose verursachen – eine Pansenübersäuerung.

Was bleibt und der Natur nahekommt, ist Raufutter – also Heu. Dass es nicht so gerne angenommen wird wie Kraftfutter oder Silage sei unbestritten. Aber wir wollen ja auch nicht mehr als eine wirkliche Notzeit-Fütterung.

Mit Schweinen wird schnell Schweinerei betrieben

Lockmittel Kirrung

Dass es heute etwa im alpinen Raum Österreichs Schwarzwildprobleme gibt, liegt nicht zuletzt daran, dass Sauen – so wird kolportiert – in nicht geringem Maße ausgesetzt wurden! Damit sollte der „Jagdwert" der Reviere gehoben werden. Wenn man aber ganz bewusst Schwarzwild im Gebirge haben und halten will, dann macht es keinen Sinn, auf die Kirrung zu verzichten. Der Öffentlichkeit lässt sie sich halbwegs gut verkaufen, denn offiziell will man das Wild ja mittels Kirrung reduzieren. Intern erhofft man sich, dass die Sauen bleiben, wo sie sind, und nicht zu den Nachbarn ziehen. Wenn man das auf großer Fläche macht, hat man genau die Situation, die wir heute haben!

Fakt ist, dass Leute ohne Zeit, die ansonsten eher unwahrscheinlich zu einer Sau kämen, an der Kirrung selbstverständlich auch Chancen haben.

Wer Schwarzwild reduzieren will, muss dies im Wald tun, und er darf nicht auch noch kirren, also nicht noch zusätzliche

Energie zuführen. Es hilft überhaupt nichts, wenn die von Wildschadenszahlungen geplagten Feldpächter sich helle und dunkle Nächte um die Ohren hauen und dabei die eine oder andere Sau schießen, wenn im Wald eifrig „gehegt“ wird. Zu dieser Hege gehört nicht nur die meist üppige Kirrung, sondern auch die konsequente Bachenschonung und Beschränkungen nach Gewicht oder Alter bei den Bewegungsjagden.

„Ablenkfütterung“ oder Mastanstalt?

In Literatur und Praxis wird immer wieder die Ablenkfütterung als Mittel zur Minderung von Schwarzwildschäden im Feld gepriesen. In Wirklichkeit dient sie ausschließlich der Vermehrung des Schwarzwildes. Warum?

Keine Sau ist bereit, den ganzen Sommer trockenen Mais, anderes Getreide oder industrielles Mastfutter zu fressen, wenn sie im Feld zehnmal Besseres und Artgerechteres bekommt.

Ablenkfütterungen müssen stets üppig beschickt werden und kurbeln dadurch die Reproduktion ganz wesentlich an. Sie sorgen dafür, dass mehr Frischlinge geboren werden und mehr überleben.

Ablenkfütterungen machen nur dann Sinn, wenn ausreichend große Bereiche um sie herum jagdlich absolut stillgelegt werden. Dies wird vom Schwarzwild nämlich sehr schnell erkannt, und es zieht sich in diese Bereiche zurück. Der Jagderfolg außerhalb sinkt damit drastisch, auch an den außerhalb gelegenen Kirrungen.

Ablenkfütterungen dienen daher weniger der Schadensminimierung als der Produktion von Sauen für Gesellschaftsjagden im Herbst und Winter.

Was Rotwild mag

Am Tage zugängliches Grünland

Rotwild kommt aus der eher offenen Landschaft und steht den Grasern nahe. Das heißt, der Wald ist keineswegs der optimale Lebensraum, eher eine zeitbedingte Notlösung, und das Wild mag nicht – wie das Rehwild – aufwendig Blättchen für Blättchen suchen, sondern „grasen". Diese Möglichkeit hatte es früher weit häufiger als gegenwärtig. Ehedem war der Grünlandanteil im waldnahen Umkreis der Wälder höher als heute, einfach weil viel Grünland in Ackerland umgewandelt wurde. Es gab aber auch innerhalb der Wälder weit mehr Grünland in Form eingestreuter Wiesen. In den großen Forstverwaltungen gab es meist abseitige Gehöfte für Förster und Waldarbeiter, die alle mit einer kleinen Landwirtschaft ausgestattet waren. Es gab einschürige Feuchtwiesen, die nach und nach aufgeforstet wurden. Oft hatten aber auch Bauern Wiesengrundstücke in den Wäldern. Heute sind derartige Flächen selten geworden. Im Gebirge gingen dem Rot-

Rotwild kommt aus der offenen Landschaft und steht den Grasern nahe.

Solche Dämme gibt es in vielen Revieren der Flusstäler; meist werden sie von öffentlichen Stellen gemäht und sind abschnittsweise sehr einfach als Äsungsflächen aufzuwerten.

Wildwiese in einem steirischen Rotwildrevier, im Kurvenradius einer Forststraße (Sackgasse) gelegen. Das Standel steht direkt neben der Forststraße und nur 50 Meter von der Talstraße entfernt. Hier können die wenigen vorbeifahrenden Autos beim nächtlichen Abgang als Geräuschkulisse dienen.

wild viele Almflächen verloren, und zwar gleich auf zweierlei Weise. Erstens wurden zahlreiche Almen aufgelassen und vom Wald zurückerobert. Zweitens können von den noch erhaltenen Almen viele, wegen des Publikums, höchstens noch in der Nacht vom Rotwild genutzt werden.

Die Pflege von Dauergrünland im Wald und Schaffung von Ersatz-Grünland ist demnach sinnvoller Teil der Rotwildhege und des Jägerhandwerks. Da ist zunächst die Rettung der noch vorhandenen Wiesen. Viele wurden inzwischen zweckentfremdet und als Holzlager genutzt.

Forststraßen als Äsungsflächen

Am Beispiel Österreich: Pro Jahr werden hier immer noch so um die 2.000 Kilometer Lkw-befahrbarer Forststraßen mit einer durchschnittlichen Breite von acht Metern gebaut. Das entspricht einer Fläche von jährlich rund 1.800 Hektar. Längst nicht alle neu gebauten Forststraßen eignen sich zur Ansaat mit Wildäsungsmischungen. Bei den Straßen selbst ist es eine Frage der Intensität ihrer Benutzung und bei den Böschungen eine der Pflegemöglichkeit. Dennoch bieten viele neue wie alte Forststraßen zumindest abschnittsweise die Möglichkeit, als Äsungs-, Beobachtungs- und Jagdfläche genutzt zu werden.

Neben der Beschattung begrenzt vor allem die Höhenlage die Möglichkeiten. Die Zahl der geeigneten Pflanzenarten nimmt mit steigender Höhe ab. Die Vegetationszeit reduziert sich pro hundert Höhenmeter um rund eine Woche, und gleichzeitig sinkt die Temperatur um 0,6 Grad. In 1.600 Metern Seehöhe liegt im Schnitt während 160 Tagen Schnee. Mit zunehmender Höhe geht das Wachstum langsamer voran, ebenso wie der Abbau organischer Pflanzenmasse. Der Jäger wird sich also sehr wohl überlegen müssen, ob die „Veredelung“ einer Forststraße in höherer Lage überhaupt sinnvoll ist und ob sie sich lohnt. Meist setzen sich über kurz oder lang auf dem jeweiligen Standort schon vorhandene Pflanzengesellschaften durch.

> *Es ist immer die Frage, wem Hegemaßnahmen vorrangig dienen sollen: dem Wild oder dem Jäger?*

In Lagen unter 1.000 Meter Seehöhe sieht es anders aus. Doch ein Problem bleibt, vor allem bei neu erbauten Forststraßen: Der humose Oberboden wurde bei der Planie abgeschoben und kann nicht mehr aufgetragen werden. Das ist eine weitere, ganz wesentliche Einschränkung. Hinzu kommt der Böschungswinkel. Je steiler die Böschung, umso höher die Erosionsgefahr. Bei der Schneeschmelze und ebenso bei jedem stärkeren Regen können sich Rinnen bilden oder flächig Rutschungen entstehen.

Es gibt eine ganze Reihe Möglichkeiten der Begrünung von Forststraßen und Böschungen, vom Belag mit Rasenziegeln bis zu Geotextilien. Für den Jäger kommen eigentlich nur drei in Frage: die Standardsaat mit einer dem Standort angepassten Mischung, die Mulchsaat und die Heublumensaat. Letztere ist besonders dann empfehlenswert, wenn Heublumen aus der entsprechenden Höhenlage und Umgebung erhältlich sind. Gesät wird händisch, sinnvollerweise bei gut durchfeuchtetem Boden. Nachfolgender leichter Regen kann dienlich sein, bei starkem Regen wird das Saatgut abgeschwemmt. Die Gefahr des Abschwemmens ist bei der Mulchsaat am geringsten. Diese kann auch mit den beiden anderen Saatverfahren kombiniert werden. Vorteilhaft ist es, möglichst früh zu säen, einmal wegen der dann längeren Vegetationszeit im ersten Jahr, aber auch, um bei Bedarf nachsäen zu können.

Die Pflege von Dauergrün

Das Wachstum ist entsprechend den Standortverhältnissen im Wald meist sehr mäßig, andererseits der Äsungsdruck oft hoch. Letzteres führt schnell zu einer Entmischung. Durchsetzen können sich dann Arten, die beim Wild weniger beliebt sind. Hat sich die Pflanzendecke jedoch entwickelt, kommt man – aus Mangel an gutem Oberboden – um eine gelegentliche Düngung nicht herum. Langsam wirkende organische Dünger eignen sich besser als schnell wirkende Mineraldünger, sind aber auch nicht immer zu beschaffen. Handelt es sich um sauren Boden, wird man zusätzlich kalken müssen.

Teilweise kommt man um eine Mahd nicht herum. Diese sollte jedoch erst nach dem Abblühen der angesäten Pflanzengesellschaft erfolgen. Ist der Aufwuchs stark, muss er von der Fläche geschafft werden. Wo Stauden wie beispielsweise Disteln lästig werden, ist zumindest eine zweimalige Mahd erforderlich, damit sie nicht zur Versamung kommen. Auf Fehlstellen oder bei schütterem Bewuchs kann eine Nachsaat mit trittfestem Weißklee sinnvoll sein.

Äsungsfläche oder Kirrfläche?

Über die Bedürfnisse des Rotwildes und seine Reaktionen auf hohen Jagddruck wurde weiter vorne schon eingegangen. Wir müssen es auch an dieser Stelle noch einmal tun. Grundsätzlich kann man zwei Ziele verfolgen. Das eine ist, dem Rotwild zumindest im Sommerhalbjahr zusätzlich Äsung zu schaffen, die ihm ohne Angst zugänglich ist. Das andere soll in erster Linie unsere Bedürfnisse unterstützen, nämlich das Rotwild an Stellen zu locken, wo wir es leichter erlegen können. Beide Ziele können ihre Berechtigung haben und werden in der Praxis häufig miteinander vermischt.

Heute sind Jagdeinrichtungen Bestandteile der meisten fürs Rotwild gedachten Äsungsflächen. Die Einrichtung selbst entwertet die Fläche nicht, wohl aber ihre Nutzung durch den Jäger. Eine Wiese mitten im Wald, die vielleicht zwei Hektar groß ist, birgt für das Wild weit mehr Risiken als die viel größeren Talwiesen oder die Alm! Die Wiesen wie die Alm gestatten dem Wild auszuweichen – die kleine „Wildwiese“ nicht. Besonders problematisch ist es, solche Flächen schon im Sommer zu nutzen. Ein oder zwei Schüsse, und das Wild weiß, was gespielt wird.

Nun befinden sich längst nicht alle Wildwiesen inmitten von Beständen. Die Mehrheit liegt im Bereich oder in der Nähe von Forststraßen und wird damit vom Rotwild ohnehin nicht bei Tage aufgesucht. Dort spielt eine mäßige Jagdausübung keine so große Rolle.

Den Rehen geht es gut

Äsung im Wald

Was Rehe ganz bestimmt nicht brauchen, sind Wildäcker im Wald. Warum? Weil Wälder grundsätzlich weit mehr Nahrung liefern, als wir dies mit Wildäckern tun können. Vor allem aber liefert der Wald auch dann noch ein gewisses Maß an Nahrung, wenn auf dem Wildacker jahreszeitlich bedingt nichts mehr wächst oder das Gewachsene bereits abgeäst oder dem Frost erlegen ist oder unterm Schnee begraben liegt.

Ob nun das, was der Wald den Rehen an Nahrung liefert, vom wirtschaftenden Menschen immer akzeptiert wird, ist eine andere Frage. Doch wenn der Wildbestand, gemessen am jeweiligen Lebensraum, zu hoch ist, können wir die als „Schaden" deklarierte Nutzung von Forstpflanzen durch ein paar Wildäcker auch nicht mindern. Was wir liefern, wird von den Rehen zusätzlich konsumiert. Es kurbelt eher die Reproduktion an, als dass es den Verbiss senkt.

Wälder mit rehfreundlicher Struktur bieten den Rehen grundsätzlich jede Menge Äsung – oft das ganze Jahr über.

Kleine Äsungsflächen, vor allem solche neben Forststraßen, dienen im Rehwildrevier in erster Linie der Abschusserfüllung! Sie sind attraktiv, wenn sie bieten, was gerne genommen wird und in der Umgebung nicht oder nur selten vorkommt.

Was im Rehwildrevier dennoch Sinn macht, ist die Anlage und Pflege von Kleinflächen, die uns das Rehwild wieder etwas sichtbarer machen. Das gilt auch für jene Reviere, in denen große Windwurfflächen an sich mehr Äsung liefern als notwendig. Unser Problem ist ja, dass wir – unabhängig von der Höhe des Wildbestandes – umso weniger Rehe sehen, je mehr Äsung und Deckung übers Revier verteilt vorhanden sind.

Kleinere Flächen sollen fürs Rehwild attraktiv sein, und wir wollen diese Flächen jagdlich nutzen! Daher eignen sich besonders solche, die vom Publikum zur üblichen Ansitzzeit nicht gestört werden. Im Prinzip eignen sich fast alle Pflanzen zur Ansaat, die von Rehen bekanntermaßen geäst werden und die am jeweiligen Standort ansonsten nicht oder nur selten vorkommen und die bei den gegebenen Bodenverhältnissen wachsen. Einen kleinen Überblick gibt die Tabelle auf der nächsten Seite. Auf einen hohen Ertrag müssen wir keinen Wert legen, denn die Fläche muss ja nicht „ernähren".

Beim Festlegen der Flächen muss der Jäger einfach findig sein. Manchmal gibt es Holzlagerplätze, deren Begrünung sich lohnt, weil sie voraussichtlich in den nächsten zwei, drei Jahren nicht genutzt werden. In anderen Revieren liegen kleine Pflanzgärten brach. Dann wieder bieten sich Flächen in Zusammenhang mit dem Forststraßenneubau an. Fast immer findet man auch nur selten genutzte Erdwege, die sich in der Regel schon selbst begrünt haben. Man muss sie im Prinzip nur ein- oder zweimal im Sommer mähen und das Mähgut beseitigen. Meist hat sich auf ihnen schon trittfester Weißklee eingestellt, der auf das mit jeder Mahd geschaffene Licht positiv reagiert. Oft wird

Name	Höhenlage	Boden	Saatmenge	Saatzeit
Weißklee	bis 1.500 m	anspruchslos	3–4 kg/ha in der Mischung	ab Februar
Hafer	bis 1.500 m	anspruchslos	100–150 kg/ha	März bis Mai
Waldstauden-roggen	bis 1.400 m	keine Stau-nässe, kein reiner Sand	60–80 kg/ha	April bis August
Topinambur*	bis 1.200 m	bevorzugt Lehmböden ohne Staunässe	10–15 kg/ha	April bis Mai
Bitterlupinen**	bis 1.100 m	anspruchslos	50–60 kg/ha	März bis September
Buchweizen	bis 1.000 m	absolut anspruchslos	50–80 kg/ha	Mai bis August
Sonnen-blumen***	bis 900 m	anspruchslos, keine Staunässe	20–30 kg/ha	Mai bis Ende Juli
Sommerraps	bis 900 m	anspruchslos	5–10 kg/ha	März/April
Winterraps****	bis 900 m	anspruchslos	5–10 kg/ha	Juli bis Anfang September

Äsungspflanzen, die auch unter schwierigen Bedingungen noch gedeihen:

* Topinambur kann zwar in der angegebenen Höhe noch angebaut werden, ist aber eher im Flachland und Mittelgebirge attraktiv.

** Bitterlupinen werden vom Reh selten und vom Rotwild sehr unterschiedlich angenommen, sind aber gute Pionierpflanzen und gut für Böschungen geeignet. Gerne genommen wird hingegen die Süßlupine, die aber nicht perennierend ist und weit höhere Ansprüche stellt.

*** Sonnenblumen werden auch vom Rotwild gerne genommen, werden aber hauptsächlich als Deckungspflanzen für den Winter in Niederwildrevieren angebaut.

**** Raps ist eine gute, anspruchslose Pionierpflanze, wird aber auf kleinen Flächen oft schon in der Jugend totgeäst.

oder bleibt ein Stück Wegrand schon deshalb attraktiv, weil durch Wegnahme einiger Bäume wieder für ausreichend Licht gesorgt wird. Um nicht missverstanden zu werden: Es geht nicht darum, Hunderte von Laufmeter Erdwege oder Forststraßenränder zu pflegen; wir reden von relativ kurzen Abschnitten. Das können zwanzig Meter, aber auch einmal hundert Meter sein.

Was brauchen wir dazu? Vor allem einen Motormäher mit Balkenmähwerk. Solche sind gebraucht, aber gut erhalten, ab fünfhundert Euro erhältlich, neu in der erforderlichen Stärke so ab zweitausend Euro. Rechen und Gabel hat jeder Bauer. Weil solche Wege häufig einen niedrigen pH-Wert haben, empfehlen sich regelmäßige Kalkgaben. Was wir nicht brauchen und wollen, ist Stickstoff. Ist bereits Klee vorhanden, sollten wir diesen fördern, aber keinen nachsäen. Warum? Weil die in der Natur vorhandenen Sorten perennierend, also ausdauernd sind, während Zuchtsorten entweder einjährig oder zweijährig und überdies krankheitsanfällig sind.

Gute Äsung! – Solche Flächen finden sich in den meisten Revieren. Der Weg wird nur selten genutzt, der Randstreifen kann mit geringem Aufwand mähtauglich eingeebnet werden. Mahd in der zweiten Julihälfte, Mähgut zur Seite schaffen und etwas Phosphor-Kali-Düngung – mehr braucht es nicht. Eine Nutzung durch das Wild am hellen Tag ist möglich, und eine sparsame Bejagung stört nicht wesentlich.

Äsung und Deckung im Feld

Für Rehe wie für Niederwild ist Deckung im Feld immer sinnvoll, selbst dann, wenn sie wenig Nahrung bietet. Deckung ist in den meisten Feldrevieren zur Mangelware geworden. Rehe sitzen zwar gerne mitten in der Wintersaat, wo sie freien Rundumblick haben, betten sich aber ebensogern an den Rändern von Hecken und Gehölzen. Dort ist der freie Rundumblick zwar nicht gegeben, dafür aber etwas Windschutz und im Sommer Schatten.

Unterscheiden müssen wir zwischen den Feldrehen im eigentlichen Sinne, die das ganze Jahr hindurch im Feld leben, und jenen, die nur zeitweilig das Feld aufsuchen. Echte Feldrehe zeigen andere Verhaltensweisen als „Waldrehe". Echte Feldrehe kommen nur dort vor, wo Wald fehlt oder Mangelware ist. Waldrehe zeigen bei hoher Siedlungsdichte aber auch die Neigung, zeitweise im Feld zu bleiben. Das kann im Sommer sein, wenn sie im Mais abtauchen, oder im Winter, wenn sie draußen, etwa im Raps, üppige Äsung und Ruhe finden.

Wildäcker im Feld sind immer sinnvoll, besonders wenn sie auch im Spätherbst und Winter noch Äsung bieten. Wo allerdings im Winter Raps oder Wintergetreide vorhanden ist, muss man sich wegen der Rehe keine Gedanken machen. Ob die Rehe dann auch tagsüber im Feld bleiben oder ob sie doch den Wald aufsuchen und dort verbeißen, hängt weitgehend von der Größe der attraktiven Feldschläge beziehungsweise von der Wegedichte und Frequentierung der Wege ab. Rehe halten gegenüber Spaziergängern meist eine Fluchtdistanz von etwa zweihundert Metern. Dabei sitzen sie gerne auf Kuppen und meiden Senken. Sind Hecken abseits der Wege vorhanden, werden diese gerne als Tagesruheplätze genutzt.

Feldgehölze und Hecken

Für Fasane sind Gehölze im Feld Stützpunkte und Zufluchtsorte. Anderen Vogelarten dienen sie als Relaisstationen. Feldgehölze und Hecken haben aber nicht nur positive Eigenschaften,

So geht es auch: Zwar Mais von Horizont zu Horizont, aber mit Untersaat und gegliedert durch Windschutzhecken. Gehölz und Mais werden zusätzlich durch mehrere Meter breite Altgras- und Staudenstreifen getrennt. Hier fühlen sich Rehe auch im Winter und bei Tage wohl.

sondern durchaus auch negative. Höhere Bäume in ihnen werden gerne als Anwarteplätze von Greif- und Rabenvögeln genutzt. Für Fuchs und Marder sind sie beliebte Anlaufpunkte. Ihr Wert für das Niederwild ist dann besonders bescheiden, wenn eine ausreichende Zonierung fehlt. Häufig ist eine solche überhaupt nicht vorhanden, weil eine Hecke zu schmal geplant wurde und die Landwirte direkt bis an die Gehölze pflügen. Stauden und Grasstreifen finden dann keinen Platz mehr. Die Rehe kommen allerdings auch damit zurecht, vorausgesetzt, die Hecke wird nicht von einem Weg begleitet.

Was die Wahl der Gehölzpflanzen betrifft, so schauen wir einfach, was im Revier natürlich wächst. Zu empfehlen sind immer Dornen oder Stacheln tragende Gehölze, die Menschen den Zutritt versperren. Sinnvoll ist der Einbau von Beeren tragenden Sträuchern und ansonsten fast alles, was zu Stockausschlägen neigt.

Auf den folgenden Seiten finden Sie Übersichten und Fotos von zur Auswahl stehenden Gehölzpflanzen.

Sträucher und Bäume, die Beeren tragen und gerne geäst werden		
Art	**Vermehrung**	**Wer nutzt die Pflanze?**
Eberesche	Pflanzung, Stockausschlag, Vogelsaat	Rot-, Reh- und Gamswild, Niederwild und Vögel
Efeu	Pflanzung	Rehwild
Feldahorn	Pflanzung	Rehwild
Schwarzer Holunder	Pflanzung, Saat	Rehwild, Haselwild, Fasane, Vögel
Liguster	Pflanzung, Wurzelausläufer	Rehwild, Fasane, Vögel
Pfaffenhütchen	Pflanzung	Rehwild, Vögel
Sauerdorn	Pflanzung, Vogelsaat	Gamswild
Vogelkirsche	Pflanzung, Vogelsaat	Rehwild, Haselwild, Vögel

Sträucher und Bäume, die Dornen oder Stacheln tragen		
Art	**Vermehrung**	**Nutzen/Eigenschaften**
Brombeere	Wurzelausläufer	„Sperrpflanze“, Beeren und Blattäsung, wintergrün
Apfelrose*	Pflanzung	„Sperrpflanze“, Beeren und Blattäsung
Hundsrose	Pflanzung	„Sperrpflanze“, Beeren und Blattäsung
Robinie**	Saat, Pflanzung	Samen, Triebe vom Stockausschlag
Schlehe	Pflanzung	„Sperrpflanze“, Früchte, Triebe als Verbissmasse
Sanddorn***	Pflanzung	Beeren, Triebe als Verbissmasse
Weißdorn	Pflanzung	„Sperrpflanze“, Beeren, Triebe als Verbissmasse

* Die Apfelrose ist nicht heimisch, aber sehr widerstandsfähig.

** Die Robinie neigt zu starker Vermehrung durch Samen, Stockausschlag und Wurzelbrut.

*** Sanddorn gedeiht auf kalkreichen Kies- und Schotterböden.

Die *Eberesche* oder Vogelbeere hat cremefarbene Doldenblüten und korallrote Beeren. Sie wird von allen Wildwiederkäuern gerne verbissen, ihre Beeren gerne von Hühnervögeln genommen.

Efeu bildet Teppiche am Boden und erklimmt Bäume. Obwohl als Giftpflanze deklariert, werden die Blätter von den Rehen gerne geäst.

Den *Schwarzen Holunder* mit seinen weißen Blütendolden und schwarzen Beeren kennt jeder. Auch die meisten heimischen Wildarten mögen ihn.

Der *Liguster* hat rispige weiße Blüten und blau-schwarze Beeren, wächst in Sonne und Halbschatten und wird lokal gerne verbissen.

Der *Sauerdorn* ist ein kleiner Strauch mit gelben Blüten und kardinalroten Beeren, die von vielen Wildarten aufgenommen werden.

Die *Robinie* hat gefiederte Blätter und weiße, extrem stark duftende Blütentrauben und wird vom Schalenwild stark verbissen.

Der *Weißdorn* blüht etwas später und hat rote Beeren.

Der *Rote Hartriegel* ist an seinen filigranen weißen Blüten, seinem roten Holz und den schwarzen Beeren zu erkennen.

Kein anderer Strauch blüht so strahlend weiß wie der *Schwarzdorn*, dessen Steinfrüchte blau sind. Er wird gerne verbissen.

Wasser ist Leben

Alle mögen es

Rehe sieht man äußerst selten schöpfen. Sie nehmen die erforderliche Feuchtigkeit weitgehend mit der Äsung auf. Im Gegensatz zu Rot- und Schwarzwild suhlen Rehe auch nicht. Manche Feldreviere bieten im Sommer kaum zugängliches Wasser. Solches braucht aber gerade der Fasan und selbstverständlich viele andere Vogelarten. Während es für Ringeltauben überhaupt kein Problem darstellt, einige Kilometer zu einer Tränke zu fliegen, tun sich die Fasane schwer.

Die Wassernot kann relativ leicht behoben werden, wenn wir in Hecken oder anderen Gehölzen einige flache Tränken einbauen. Die Beschattung verzögert die Verdunstung. Je tiefer die Tränke in der Mitte ist, umso länger hält das Wasser in ihr. Dennoch muss ihr Rand flach abfallen, ansonsten kann sie zur Vogelfalle werden.

Häufig sind im Feld Vorfluter vorhanden, die immer wieder trockenfallen. Das lässt sich verhindern, wenn man die eine oder

Im Gegensatz zu Rehen nimmt Rot- und Schwarzwild Suhlen gerne an. – Auch viele Vögel brauchen Wasser wie einen Bissen Brot.

Ganz einfach: Ein Rundholz quer eingebaut, etwas Schlamm zur Abdichtung, und schon staut sich etwas Wasser, von dem nicht nur die Fasane profitieren.

andere kleine Spundwand einbaut, die den völligen Wasserabfluss verhindert. Dazu eignet sich ein dickes Rundholz, das rechts und links etwas in die Uferböschung eingelassen wird, oder ein dickes Brett, am besten aus Eichenholz.

Suhlen müssen nicht unbedingt sein: Manche Jäger halten Suhlen für sehr wichtig und versuchen solche auch künstlich anzulegen. Bei nicht zu steinigen Böden ist das ziemlich einfach. Ist der Boden ohnehin verdichtet, muss man nur eine flache Wanne ausheben, in der sich das Wasser sammelt. Ist der Boden durchlässig, kann man versuchen, ihn mit der Schaufel eines Baggers dichtzurütteln, oder wir müssen die Wanne etwas tiefer ausheben, uns Lehm oder noch besser Ton besorgen und die Mulde mindestens 30 Zentimeter dick damit auskleiden. In der Wanne soll nur minimal Wasser stehen. Nicht das Wasser macht die Suhle, sondern der Schlamm!

Häufig findet man im Revier feuchte Stellen, die schnell zu einer Suhle werden, wenn man sie mit dem Traktor etwas bearbeitet. Am besten fährt man zuerst mit dem Tränkefass Wasser zu, damit der Boden aufweicht. Danach haben die großen Traktorreifen leichtes Spiel. Überhaupt lässt sich mit einem Tränke- oder Güllefass leicht Wasser ins Revier schaffen, nicht nur zur Aktivierung von Suhlen. Gelegentlich ist die Situation auch so, dass man Regenwasser von einem Forstweg in den angrenzenden Bestand leiten kann. Das kommt dem Weg und dem Wild gleichermaßen zugute.

In Schwarzwildrevieren werden bei künstlichen wie natürlichen Suhlen häufig Hochsitze errichtet. Vor allem an heißen Tagen setzen sich die Jäger am Abend dort an und hoffen auf Schwarzwild. Diese Ansitze sind meist erfolglos, denn das Schwarzwild suhlt überwiegend in den späten Nacht- oder frühen Morgenstunden, eher selten am Abend.

Wasser im Winter

Grundsätzlich brauchen alle Wildtiere Wasser, und dies zu allen Jahreszeiten. Unterschiedlich ist, in welcher Form sie dieses aufnehmen. Rehe nehmen Wasser fast ausschließlich mit der Nahrung auf, auch in Form von anhaftendem Tau oder Reif. Andere Arten schöpfen regelmäßig oder nehmen im Winter Schnee auf, wenn ihnen kein offenes Wasser erreichbar ist.

Diskutiert wird immer wieder die Frage, ob bei Rotwildfütterungen offenes Wasser notwendig ist. Wo solches vorkommt, schöpft das Rotwild auch. Allerdings frieren die meisten kleinen Quellen im Winter auch ein. Fakt ist, dass Rotwild problemlos auch dort überwintert, wo es keinen Zugang zu offenem Wasser hat. Das gilt für alle anderen heimischen Schalenwildarten, ebenso – allen voran – für die Gams.

Gelegentlich werden winterliche Schälschäden mit dem Fehlen von offenem Wasser in Verbindung gebracht. Diese Vermutung wird jedoch unter anderem von Hubert Zeiler („Rotwild in den Bergen“) und auch anderen Autoren in Abrede gestellt. Alle Arten nehmen Wasser in Form von Schnee auf, insbesondere wenn dieser nass ist.

Wild statt Flintenfutter

Was Wildenten brauchen

Manchmal sieht man kleine Teiche, die mit Bruthütten für Stockenten bestückt sind. In älteren Büchern, so aus der Mitte des letzten Jahrhunderts, wurden sogar gebrauchte Milchkannen, wie sie die Bauern beim Melken verwendet haben, als Bruthütten empfohlen. Sie sollten vor allem „rattensicher" sein. Daneben wurden in den Jagdzeitschriften aus Weiden geflochtene Brutkörbe angeboten. Letztere störten das Landschaftsbild noch am wenigsten, aber notwendig und sinnvoll waren sie alle nicht. Warum? Was Enten benötigen, sind naturnahe Gewässer mit intakter Ufervegetation. In der finden sie nicht nur Nistgelegenheit, sondern auch Nahrung und Deckung. In vielen Bruthütten staut sich überdies die Hitze, und die Enteneier sterben ab.

Was Enten jedoch mögen und was ihnen an vielen bereinigten Gewässern fehlt, ist Sitzgelegenheit im Wasser. Stockenten sind vor allem dämmerungs- und nachtaktiv und nutzen den Tag zur Ruhe. Das gerät heute immer mehr in Vergessenheit, weil auch der Jäger regelmäßig mit „Stadt-Enten" in Berührung kommt, die infolge regelmäßiger Fütterung durch das Publikum ihr Verhalten umgestellt haben. Andererseits kann der Jäger gerade an ihnen gut beobachten, was Stockenten mögen – sichere Sitzgelegenheiten! Die am Ufer sitzende und dort dösende Ente wird relativ leicht von Fuchs & Co erbeutet, die im Wasser auf einem Ast sitzende nicht. Dabei ist es egal, ob der Ast im Wasser liegt oder geringfügig darüber. Wenn der Sitzplatz noch leicht überschirmt wird, mögen ihn die Enten besonders.

> *Wir müssen uns darüber Gedanken machen, wie es auf die Öffentlichkeit wirkt, wenn wir Enten füttern und ihnen Bruthütten aufstellen, um sie anschließend totzuschießen!*

Enten halten sich dort auf, wo sie sich wohlfühlen und sicher sind, und da sind Sitzgelegenheiten im Wasser viel wichtiger als Bruthütten.

Fließgewässer werden von den zu ihrer Unterhaltung Verpflichteten immer wieder „bereinigt". Doch an stehenden Gewässern hat der Jäger oft die Möglichkeit und Erlaubnis, am Ufer eine Erle oder Weide so umzuschneiden, dass sie ins Wasser fällt. Bei Weidenbüschen genügt es mitunter, den einen oder anderen stärkeren Ast so zu knicken, dass er sich aufs Wasser senkt und weiterwächst. Eine andere Möglichkeit ist, mit einem Draht einen durchlöcherten Ziegelstein an einen Ast zu binden, um ihn in die erwünschte Stellung zu bringen.

Fütterung

Ich weiß, es ist landauf und landab gebräuchlich – das Anfüttern der Enten. Ordentlich Mais ins flache Wasser, einige Zeit in Ruhe lassen, und wenn die Enten am Abend regelmäßig kommen oder, besser noch, gleich nebenan im Schilf bleiben, dann wird „gejagt". Mitunter, solange das Wasser offen ist, jede Woche. Ein Teil der Enten wird geschossen, ein anderer Teil verstreicht, weil er die Gefahr erkannt hat. Doch dafür fallen neue „Gäste" ein.

Aber brauchen wir diese Praxis wirklich?

Niemand füttert die Enten, damit sie nicht verhungern, und wer dies doch glaubt tun zu müssen, der bringt die Enten erst recht in Schwierigkeiten, denn – wenn sie gefüttert und nicht mehr ständig beschossen werden – harren sie aus. Die Fütterung ist ja höchst bequem für sie. Erst wenn das ganze Gewässer vom Eis überspannt wird, beginnen sie mit dem Abzug in mildere Lagen. Dann ist es manchmal schon zu spät. Es hilft den Gründelenten nichts, wenn die Mitte der stärker strömenden Flüsse noch eisfrei ist. Dort ist das Wasser fast immer so tief, dass sie nicht gründeln können. Immer mehr Stockenten sind inzwischen auch so clever, dass sie mit Beginn der Jagdzeit in urbane Bereiche übersiedeln.

Ob wir dem Ansehen der Jagd dienen, wenn wir die durchziehenden Enten mit Futter ans Revier binden, um höhere Strecken zu erzielen, ist fraglich. Aber etwas ganz anderes scheint mir wichtig: Jagd ist ein Handwerk, von dem wir immer mehr aufgeben. Unsere Großväter schossen ihre Enten noch ohne Kirrfutter. Vielleicht wussten sie formal weniger über die Enten und machten sich keine Gedanken darüber, ob sie nun eine Stock- oder Schnatterente vom Herbsthimmel holten. Ente war Ente. Aber sie wussten, wo die Enten lagen, wie man an sie herankommt, wie man sie ohne Futter lockt und wie man sie zubereitet. Die Fahrt zum Lagerhaus konnten sie sich ersparen.

Aussetzen von Enten

Weil wir gerade bei den Enten sind und weil manche von uns da immer noch einen getrübten Blick haben, noch ein Wort zur Praxis des Aussetzens. Es hilft weder dem eigenen Revier noch den Enten und schon gar nicht der Jagd, wenn wir Enten aussetzen. Warum? Weil Stockenten kein Standwild sind. Sie verstreichen im Laufe des Herbstes (wenn sie nicht vorher geschossen werden …), dafür kommen andere zu uns. Von denen, die wir aussetzen und nicht selbst schießen, werden im Laufe des Herbstes und Winters viele in anderen Revieren erlegt. Die wenigen, die

Das Aussetzen von Stockenten hat mit Hege nichts zu tun, schädigt sogar das Ansehen und die Glaubwürdigkeit der Jagd.

den Winter überleben und zurückkehren, werden nicht unbedingt bei uns brüten. Entweder es mangelt an geeigneten Brutplätzen oder an Kükennahrung oder an Deckung für die Küken – oft an allem.

Was aber soll die Öffentlichkeit von Jägern denken, die Enten aufziehen oder aufziehen lassen, um sie anschließend totzuschießen? Die Antwort auf diese Frage mag sich jeder selbst geben.

Fragwürdige „Fasanenhege“

Was für Enten gilt, gilt für Fasane erst recht: Aussetzen und Abschießen schadet dem Ansehen der Jagd gewaltig. Ein Nichtjäger hat Mühe, sich in die Gedankenwelt eines Menschen zu versetzen, der – nur weil ihn das Totschießen freut – Vögel aus der Massentierhaltung, die in freier Wildbahn kaum überlebensfähig sind, „bejagt“. Bei einem Lehrgang der Universität für Bodenkultur Wien bezeichnete der Referent diesen Vorgang als

„Bleischlachtung". Damit traf er den Nagel auf den Kopf. Das eigentlich Schlimme daran ist, dass sich Nichtjäger von solcher Praxis zwar angewidert zeigen, aber glauben, es handle sich um Jagd. Fakt ist jedoch, dass wir nur jagdbares Wild bejagen (sprich erlegen) dürfen, nicht jedoch landwirtschaftliche Nutztiere oder Tiere aus industrieller Aufzucht! Die Praxis, Fasane oder andere Tiere auszusetzen, um auf sie zu schießen, ist also schlicht gesetzwidrig, wird aber vom Gesetzgeber und seinen Organen geduldet. Warum wohl?

Es wird geschätzt, dass etwa in Österreich zur Zeit der Drucklegung dieses Buches pro Jahr immer noch an die 200.000 Fasane aufgezogen werden, mit dem einzigen Zweck, auf sie zu schießen. Die meisten davon sind Produkte der Massentierhaltung, „Kunden" der Pharmaindustrie und Opfer von Tierquälerei. Ihnen werden die Spitzen der Oberschnäbel abgezwickt oder die Oberschnäbel durchbohrt und sogenannte „Brillen" aufgesetzt, damit sie sich im Dichtestress nicht gegenseitig anpicken.

Das Argument, mit Zuchtfasanen „Bestandesstützung" zu betreiben, gibt uns Jäger der Lächerlichkeit preis und disqualifiziert uns fachlich. Erstens schießt jemand, der den Bestand stützen will, nicht auf Fasane, die er wenige Wochen vorher ausgesetzt hat. Zweitens bringt man mit ausgesetzten Fasanen die tatsächlich noch vorhandenen wilden und im Revier erbrüteten Fasane in Bedrängnis. Die auffälligen Zuchtfasane, die nie von einer Mutter geführt und in Feindvermeidung unterrichtet wurden, locken selbstverständlich Beutegreifer an und sind für diese leicht zu erbeuten. Dabei wird zwangsweise auch die Zahl der „autochthonen" Fasane reduziert und artgerechtes Verhalten „aufgemischt".

Früher, als viele Reviere noch wenig erschlossen waren, musste man schwereres Wild oft an Ort und Stelle zerwirken. Das Handwerk des Zerwirkens sollte ein Jäger auch heute noch beherrschen, aber die Bestimmungen für das Inverkehrbringen von Wildbret sind in unseren Tagen sehr streng geworden.

VI.

Die Wildverwertung

Das Liefern

Immer gut: die Kraxe

Vermutlich wandert heute ein Großteil des erlegten Schalenwildes vom Platz, an dem es zusammenbrach oder aufgebrochen wurde, direkt in Wildwanne und Kofferraum. Eine Ausnahme machen da sicher die Gams und Wild, das bei Nachsuchen zur Strecke kommt. Es gibt aber auch noch ein paar Reviere, in denen nicht in jede Ecke ein Weg führt. Für leichtes Wild – Reh und Gams – kommt dann immer noch der gute alte Rucksack zu Ehren. Geht es nur um einen kurzen Transport, so zehn oder fünfzehn Minuten, muss das zu transportierende Stück nicht unbedingt ausgekühlt sein. Hauptsache, es liegt dann im Fahrzeug luftig und kommt alsbald in die Kühlkammer.

Anders bei längeren Transporten, etwa wenn ein Gams ein oder zwei Stunden ins Tal oder bis zum abgestellten Fahrzeug getragen werden muss. Dann sollte das Tier wirklich ausgekühlt sein. Aus fleischhygienischer Sicht besser als ein Rucksack ist sicher die Kraxe!

Leichtes Wild lässt sich kurze Strecken auch geschränkt über der Schulter tragen. Allerdings besteht dabei immer die Gefahr, seine Kleidung auf der Trageseite rot „einzufärben“. In Teilen der Schweiz werden Gams immer noch im Nacken getragen.

Während bei uns das Tragen der Gams im Rucksack oder auf der Kraxe üblich ist, legen sich die Schweizer Jäger den geschränkten Gams auf den Rücken und halten ihn mit der Stirn.

Hierzu werden die Läufe verschränkt. Sie ruhen während des Tragens auf der Stirn des Jägers.

Im Gebirge kommt der Jäger gelegentlich in die Verlegenheit, Rotwild an Ort und Stelle zerlegen und einen längeren Weg tragen zu müssen. Hierbei sollte wirklich nur die Kraxe Verwendung finden und die zu tragenden Teile des Wildkörpers nicht in Folien verpackt oder abgedeckt werden. Doch Vorsicht! Wild, das außerhalb eines Verarbeitungsbetriebes zerlegt wurde, darf nicht mehr in Verkehr gebracht werden!

Wild, das als Lebensmittel in Verkehr gebracht wird, muss heute den Mindeststandards entsprechen – weniger, um bloß den gesetzlichen Bestimmungen Genüge zu tun, als um das hochwertige Lebensmittel „Wildbret" in seiner Qualität zu erhalten.

Gelegentlich wird empfohlen, das Wild für diese Art des Transportes nicht aus der Decke zu schlagen, sondern in der Decke zu teilen, weil diese einen gewissen Schutz vor Verschmutzung bietet. Davon halte ich wenig, weil das Wildbret beim Zerlegen in der Decke meist mehr verschmutzt wird als auf dem Transport.

Was für Rucksack und Kraxe zu schwer ist, wird entweder an einer Stange getragen, auf einem Karren transportiert oder gezogen. Das Ziehen wurde früher tunlichst vermieden, weil dabei die Decken beschädigt wurden. Heute werden die Decken mehrheitlich entsorgt.

Gezogen wird „mit dem Strich", also nicht gegen das Haar. Als Hilfsmittel dient ein kurzes Stück Reepschnur, das jeder Jäger im Rucksack oder zumindest im Auto haben sollte. Praktisch ist es, wenn man die Reepschnur mit zwei breiten Schultergurten verbindet, weil man so erstens mehr Kraft entwickelt und zweitens die Hände frei hat. Alles, was man für den Bau eines solchen „Gerätes" braucht, ist im Baumarkt erhältlich.

Wenn wir Schalenwild nicht umgehend in die Wildkammer bringen können, vielleicht weil wir über Nacht noch auf der Hütte bleiben, geben wir es in ein Fliegennetz und hängen es möglichst luftig in den Schatten. Die Läufe trennen wir vorher ab, um mit den spitzen Schalen das Netz nicht zu beschädigen.

Wo es keine Forststraßen gibt, ist das Liefern oft immer noch beschwerlich. Wenn man Wild zieht, dann mit dem Strich..

Heute, wo immer mehr Jäger glauben, keine Zeit mehr zu haben (Begräbnisse dauern rund zwei Stunden, die Ewigkeit ist noch länger), sind Allradfahrzeuge häufig mit einer Seilwinde ausgestattet. Damit lässt sich schweres Wild gelegentlich ziemlich mühelos aus steilen Hängen bergen. Anbauwinden haben selten mehr als fünfzehn Meter Seil aufgespult, doch lässt sich dieses mit Bergseilen beliebig verlängern. Letztere werden von Alpinisten alle paar Jahre durch neue ersetzt und sind dann billig erhältlich. Doch Vorsicht! Zu schwach dimensionierte oder bereits ermüdete Seile können reißen und zurückschnellen.

Praktisch sind mobile Seilwinden mit Verbrennungsmotor, die ins Gelände mitgenommen und dort an Bäumen oder Felsen angehängt werden. Sie wiegen, je nach Fabrikat, ab zehn Kilogramm und sind für unbegrenzte Seillängen eingerichtet. Sie sind vor allem dort vorteilhaft, wo ein erlegtes Stück nicht in gerader Linie zum Weg oder Fahrzeug gezogen werden kann. Überdies lassen sich damit auch Stangen für den Hochsitzbau ziehen oder Sitze aufstellen.

Wildbrethygiene

Was darf der Jäger und was darf oder muss er nicht?
– Am Beispiel Österreich

Rechtsstellung: Der Jäger ist immer Lebensmittelunternehmer, egal ob auf Gewinn ausgerichtet oder nicht.

Inverkehrbringen: Darunter ist das Bereithalten von Lebensmitteln für Verkaufszwecke einschließlich des Anbietens zum Verkauf oder eine andere Form der Weitergabe, gleichgültig ob unentgeltlich oder nicht, sowie der Verkauf, der Vertrieb oder andere Formen der Weitergabe selbst zu verstehen.

Lebendbeschau: Wer Wild erlegt, der muss zuvor die „Lebendbeschau" durchführen, auch als Jagdgast. Der Jäger muss vor dem Schuss auf Auffälligkeiten am Wild und seinem Verhalten achten. Bricht er es nach dem Schuss auf, muss er die Innereien auf verdächtige Merkmale untersuchen.

Untersuchung durch Kundige Person: Beschaut werden der äußere Tierkörper, die geöffnete Leibeshöhle und die Brustorgane Leber, Milz und Nieren. Werden bei einer der beiden bisherigen Untersuchungen auffällige Merkmale festgestellt (auch Verhaltensstörungen oder Verdacht auf Umweltkontamination), wird die Untersuchung durch den Amtstierarzt fällig. Ist dies nicht der Fall, muss die Kundige Person die „Bescheinigung Wildkörper und Eingeweide (Innereien)" ausfüllen und am Wildkörper befestigen. Die Bescheinigung wird im Bereich des hinteren Rippenbogens angebracht und soll auch nach dem Enthäuten noch fest mit dem Tierkörper verbunden sein.

Achtung: Kundige Person kann in Österreich nur jemand sein, der den Kurs absolviert hat und von der lokalen Behörde bestätigt worden ist. Der Nachweis des erfolgreichen Kursbesuches reicht dazu nicht aus!

Folgende Wild-/Tierarten müssen auf Trichinen untersucht werden: Schwarzwild, alle Fleischfresser sowie Dachs, Nutria, Bisam und Biber.

Ausnahme: Die vorhin genannten Bestimmungen gelten nicht für

- die Primärproduktion für den privaten häuslichen Gebrauch;
- die häusliche Verarbeitung, Handhabung oder Lagerung von Lebensmitteln zum häuslichen privaten Verbrauch.

Zerlegtes Wildbret: Abgabe an Endverbraucher oder örtlichen Einzelhandel zulässig, wenn Hygienevorschriften (EG) Nr. 852/2004 eingehalten werden sowie Deklarierung „Wildbret aus Direktvermarktung" sowie Nennung des Reviers. Im Zweifel beim Amtstierarzt nachfragen!

Untersuchung durch den Amtstierarzt: Diese ist immer dann vorgeschrieben, wenn zuvor auffällige Merkmale festgestellt worden sind oder wenn das Wild an den Wildbret-Großhandel abgegeben wird. Gilt grundsätzlich bei Unfallwild mit Fangschuss!

Zusätzlich – Trichinenuntersuchung: Bei allen Fleischfressern, aber auch beim Bisam, beim Nutria und beim Biber muss – so diese für den menschlichen Verzehr vorgesehen sind – eine Trichinenuntersuchung erfolgen. Bei Direktvermarktung hat dies vor dem In-Verkehr-Setzen zu geschehen.

Direktvermarktung (Abgabe an lokale Einzelhandelsgeschäfte, die unmittelbar an Endverbraucher abgeben): Der Jäger wird hier zum Lebensmittelunternehmer. Er benötigt eine „Betriebsstätte".

Unbrauchbares Brauchtum

Das erste Reh, das ich aufbrechen musste/durfte war ein Bock, erlegt von meinem Lehrprinzen an einem Sonntagmorgen – mit

Pansenschuss! So, wie es der damaligen Lehrmeinung entsprach, wischte ich, nachdem das Gescheide entfernt und rechts vom Wild abgelegt war (das war „Vorschrift"), mit einem Buschen Farnkraut die grüne Soße aus der Bauchhöhle. Dass ich Farnkraut nahm, entsprach dem Umstand, dass neben vorjährigem Buchenlaub eben nur das am Erlegungsort vorhanden war. Genauso gut hätte ich Gras, Bärlapp oder irgendwelche krautartigen Pflanzen zur „Säuberung" der Bauchhöhle verwenden dürfen. Wichtigste und offizielle Hygieneregel war, den Wildkörper niemals mit Wasser in Berührung zu bringen. Wasser, so wurde argumentiert, enthielte Keime, durch die das Wildbret genussuntauglich würde.

Wildkammern im heutigen Sinne waren in meiner Jugend selbst bei größeren Forstbetrieben selten zu finden. Noch in den 1970er-Jahren hing das erlegte Wild in unserem Forsthaus in einem schmalen Gang zwischen Waschküche und Holzlege. Weder Boden noch Wände waren gefliest, und Wasser gab es auch keines. Dafür hausten die Mäuse im Holz, und die Meisen pickten im Winter das wenige Feist vom Wildbret – so war es!

Das meiste Wild unseres Forstbetriebes übernahm ein Großhändler. Mit der telefonischen Meldung galt das Wild als übergeben, womit wir „aus dem Schneider" waren. Danach hing es ohne Kühlung und ohne Fliegenschutz selbst im Hochsommer manchmal drei Tage, ehe es der Kühlwagen des Wildbrethändlers abholte. Es waren also nicht nur die Jäger, die recht sorglos mit dem Lebensmittel Wildbret umgingen.

Eine Beschau gab es überhaupt nicht, weder für erlegtes Wild noch für solches, das dem Straßenverkehr oder der Eisenbahn zum Opfer gefallen war. Dabei lag Straßenfallwild auch mit geplatztem Pansen oft viele Stunden draußen, vor allem dann, wenn es am Abend oder in der Nacht angefahren wurde. Häufig musste es am Folgetag erst gesucht werden. Natürlich ging es in den Handel, und manche Gastwirte kauften, bei einem entsprechenden Preisnachlass, sogar bevorzugt angefahrene Stücke. Was sollte schon passieren? Die Menschen waren völlig anders aufgewachsen als heute und hatten eine stabilere Immunität. Im

Krieg und in den Nachkriegsjahren wurde wenig danach gefragt, ob Fleisch bereits in Fäulnis übergegangen war.

Heute wissen wir, dass schon feinste Partikel Panseninhalt, die vom Gasdruck ins Gewebe gepresst werden, das Wildbret in der Pfanne stinken lassen. Niemand würde es essen wollen. Früher kam es in den Handel und in die Gastronomie und förderte die Abneigung gegen Wildbret!

In der winzigen Menge von 0,1 Gramm Panseninhalt, der durch den Gasdruck des Geschoßes in die Muskulatur gepresst wird, entwickeln sich innerhalb von 3 Stunden rund 7 Milliarden Keime. Selbst wenn wir dies gesundheitlich noch gut verkraften, bedeutet es doch geschmacklich eine wirklich dramatische Verschlechterung.

Schalenwild, das an Fleischer oder Gastwirte verkauft wurde, „hatte es besser". Bei denen kam es relativ bald nach dem Schuss, also anderntags oder manchmal schon unmittelbar nach der Jagd, in die Kühlkammer. Dort hing es in der Decke oder Schwarte neben Schweinehälften und Rindervierteln. Heute undenkbar!

Aushakeln und Ausdrücken: Mit Niederwild wurde auch nicht pfleglicher umgegangen. Federwild wurde in der Regel nur „ausgehakelt". Dies geschah bei kleineren, gemütlicheren Jagden nach jedem Treiben oder halt in den Pausen, die eingelegt wurden. Auf den großen Jagden übernahmen das Helfer, die das erlegte Wild am Ende der Treiben aufnahmen und an einen auf den Wildwagen montierten Galgen hängten.

Bei diesem Aushakeln wird selten der ganze Darmtrakt entfernt. Dies schon deshalb, weil der Darm beim Schuss oft durch Schrote perforiert wird. Magen und Speiseröhre blieben in jedem Falle im Wildkörper, und auch die Taubenkröpfe wurden in der Regel nicht entfernt.

1 Gramm Panseninhalt eines Rehs enthält 30 Millionen Keime. Alle 20–30 Minuten findet eine Verdoppelung statt.

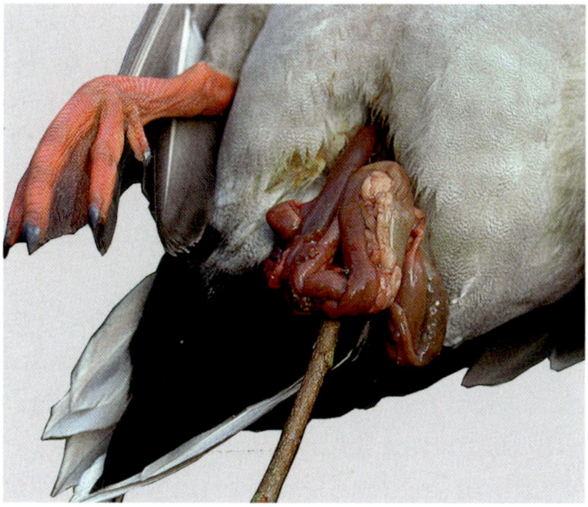

Mit einem hölzernen Haken, den man sich im Revier schnitt, wurde versucht, die Bauchhöhle des Federwildes auszuräumen. Fast immer blieben der Magen, aber auch Teile des Darms und vor allem Schmutz in der Bauchhöhle zurück und gingen spontan in Fäulnis über.

Hasen und Kaninchen wurden lediglich „ausgedrückt". Dabei strich man mit der Faust über die Bauchdecke nach unten, übte damit Druck auf die Blase aus, die sich so zumindest teilweise entleerte. Vereinzelt wurden Hasen und Kaninchen nach der Jagd zusätzlich „ausgeworfen". Dabei wurde die Bauchdecke oberhalb des Keulenansatzes mit einem kleinen Querschnitt versehen. Durch eine heftige Schleuderbewegung versuchte der Jäger dann, das Gescheide aus der Bauchhöhle zu schleudern. Dass dies in der Regel nur äußerst unzureichend gelang, ist naheliegend.

Alles Niederwild wurde zunächst abgehangen, um die Fleischreifung in Gang zu setzen. Dabei hing das Wild, wenn es gutging, an einem schattigen, luftigen Ort, etwa auf einem Balkon oder in einem Schuppen. Die erstrebte „Reifung" war schlichtweg Fäulnis.

Fäulnis wurde „Hautgout" genannt: In meiner Jugend war es ganz selbstverständlich, dass das Wildbret vor der eigentlichen Zubereitung „gebeizt" wurde. Mit Rotwein, aber auch mit Essig oder Buttermilch sollte der strenge Wildgeschmack gemildert werden. Hätte man jedoch Rind, Schaf oder Schwein nach der Schlachtung ähnlich behandelt wie Reh, Hirsch, Hase oder Fasan, hätte man es ebenfalls beizen müssen – oder entsorgen!

Während aber Schlachttiere ordentlich ausbluten mussten und nach dem Zerlegen unverzüglich ins Kühlhaus kamen, ließ man Wild ganz bewusst mehrere Tage hindurch (manchmal eine volle Woche) ohne jede Kühlung hängen. Nur so sollte das Wildbret reifen können. Das war die offizielle Meinung der Küchenchefs wie der Jagdwissenschaftler, und die Lebensmittelhygieniker hatten nichts dagegen.

Tatsächlich überführte man das Wildbret erst einmal ordentlich in den Zustand beginnender Fäulnis, nannte den entstehenden Gestank einen „typischen Wildgeschmack" und versuchte ihn dann mit Hilfe einer Beize wieder zu mildern. Dass sich Wildbret in der Bevölkerung keiner besonders großen Beliebtheit erfreute, ist verständlich. Dass es früher, verglichen mit heute, teuer war, ist auch erklärlich. Es kam – insgesamt – einfach dennoch ungleich weniger Wildbret auf den Markt, weil viel weniger erlegt und importiert wurde. Freilich waren die Niederwildstrecken ungleich höher als heute, aber es bedarf vieler Hühner, um das Gewicht eines Alttiers oder einer Sau zu erreichen. Jedenfalls verzichten wir heute auf die Fäulnis als Qualitätsmerkmal ebenso wie auf das Beizen!

Wildbrethygiene heute

Der gesetzlich vorgesehene Zeitrahmen bei der Versorgung von Wild sieht heute in Österreich folgendermaßen aus:

Großwild

- Aufbrechen längstens binnen 3 Stunden;
- Untersuchung durch Kundige Person binnen 36 Stunden;
- Kühlung ehestmöglich, längstens binnen 12 Stunden; Temperatur maximal +7° C und +3° C bei Innereien;
- Vermarktung bei ungehäuteter Lagerung bei einer Temperatur von unter +7° C maximal 7 Tage.

Kleinwild

- Kleinwild darf unausgenommen und ungehäutet bzw. ungerupft bei einer Fleischinnentemperatur von nicht mehr als +4 °C längstens 7 Tage gelagert werden;
- Empfehlung: Ausweiden ehestmöglich, spätestens aber am 4. Tag nach dem Erlegen;
- Kühlung ehestmöglich, Lagertemperatur unter +4° C.

Die Bestimmungen weichen sprachlich von der jagdlichen Umgangssprache ab, was zu Verwirrung führen kann. Unterschieden werden „Kleinwild“ und „Großwild“. Zum Kleinwild gehört alles freilebende Federwild sowie Hasen, Kaninchen und Nager, also auch der Bisam. Zum Großwild gehören alle frei lebenden Landsäugetiere, also vor allem das Schalenwild, aber auch Bär und Dachs.

Beschau am lebenden Wild (Großwild): Der Jäger ist zur Lebendtieruntersuchung verpflichtet. Das heißt, er muss auf Merkmale achten, die eine spätere Verwendung des Wildbrets als Lebensmittel ausschließen oder auf die Notwendigkeit einer Fleischuntersuchung durch den amtlichen Tierarzt hindeuten. Diese Lebendbeschau ist auch bei Schlachttieren verbindlich vorgeschrieben.

Der Jäger hat vor der Erlegung zu achten auf:

- Ernährungszustand (Beispiel: Sieht man die Rippen?)
- Allgemeinverhalten und Allgemeinbefinden (Wirkt das Stück apathisch?)
- Körperhaltung und Gang, Knochenbrüche, Aufmerksamkeit, zentralnervale Störungen (Hinkt das Stück oder macht es einen Buckel?)
- Decke, Haare, Gefieder (Zeigt das Stück haarlose Stellen oder Schürfwunden?)
- Lautäußerungen (Röchelt oder klagt das Stück?)

- Körperöffnungen
  (Hat das Stück einen offenen Bruch?)
- Verdacht auf Umweltkontimination
  (Sitzt das Stück apathisch am Rande eines zuvor mit einem Pflanzenschutzmittel behandelten Feldes?)

Bricht der Erleger selbst auf, muss er auch dabei auf Veränderungen und Besonderheiten achten.

Hat der Jäger vor der Erlegung und beim Aufbrechen Veränderungen/bedenkliche Merkmale festgestellt, muss der Wildkörper wie bereits erwähnt zur Fleischuntersuchung. Ist dies nicht der Fall, hat der österreichische Jäger dies auf Seite 1 des Wildbretanhängers einzutragen. Ist dieser Jäger gleichzeitig auch Kundige Person, trägt er dies in seinen „Wildkörper-Bescheinigungs-Block“ ein. Während das Gescheide in der Regel im Revier verbleibt, erfolgt die Beschau von Herz, Lunge, Leber, Milz und Nieren durch die Kundige Person. Diese Organe dürfen folglich nicht im Revier bleiben oder gleich an den Hund verfüttert werden. Stellt die Kundige Person keine bedenklichen Merkmale fest, darf das untersuchte Wild abgegeben werden, und zwar

a) direkt an den Konsumenten;
b) an den Einzelhandel;
c) an den Wild-Großhandel (dort erfolgt immer Fleischuntersuchung durch den amtlichen Tierarzt).

Stellt die Kundige Person Auffälligkeiten fest, muss das Wild gleich zur Fleischuntersuchung durch den amtlichen Tierarzt.

Schalenwild richtig versorgen

Schalenwild ist heute „unverzüglich“ zu versorgen, das heißt zunächst aufbrechen. Der Vorgang des Aufbrechens hat sich in den letzten Jahren geändert. Früher wurde beim Aufbrechen überwiegend sofort das Schloss geöffnet, wobei der Kreisschnitt um das Weidloch entfiel. Heute wird das Schloss – vor allem in

Österreich, aber zunehmend auch in Deutschland und in der Schweiz – oft erst beim Zerwirken geöffnet. Das ist, vor allem wenn Wild beim Liefern gezogen wird, vorteilhaft, weil dabei die Keulen nicht ausreißen und nicht verschmutzen.

Lag früher das Wild beim Zerwirken grundsätzlich auf dem Boden, geht der Trend heute dahin, zumindest leichtes Wild, wie Rehe oder Kälber, hängend aufzubrechen, so, wie Fleischer Schlachtvieh ausnehmen. Aus Sicht der Fleischhygiene ist dies sicher zu begrüßen. In der Jagdpraxis hat der Jäger damit, vor allem bei schwererem Wild und wenn er alleine ist, durchaus seine Probleme.

Großzügig sauberschneiden: Dass wir früher mit Wildbret sorgloser und – aus heutiger Sicht – nicht selten unverantwortlich umgingen, hatte sicher auch psychologische Gründe. Für die Kriegsgenerationen war Hunger ein langjähriger Begleiter, der das Denken und vor allem das Fühlen prägte. Es war einfach nicht denkbar, Lebensmittel wegzuwerfen. Wir hatten aber auch völlig andere Vorstellungen vom Geschmack und Aussehen des Wildbrets. Die völlig mit Hämatomen bedeckte Wand eines Rehes war normal und galt als voll verwertbar. Schließlich fingen Hausfrauen noch das Blut von Feldhasen auf, das für einen „Hasenpfeffer" als unverzichtbar galt. Fäulnisgeschmack wurde aus Unkenntnis als „Hautgout" bezeichnet und, wenn sehr penetrant, höchstens durch eine Beize aus Essig, Rotwein oder Buttermilch abgemildert. Auch feinste Bleisplitter im Bereich um Ein- und Ausschuss waren noch kein Thema. Da war es einfach undenkbar, zerschossenes oder bereits in Fäulnis begriffenes Wildbret zu entsorgen.

Heute schneiden wir das Wild spätestens in der Wildkammer großzügig sauber. Fällt es auf einer Bewegungsjagd an und wird anschließend Strecke gelegt, empfiehlt es sich, zerschossene oder

Am einfachsten liegen die Dinge, wenn man das Wildbret selbst verwertet.

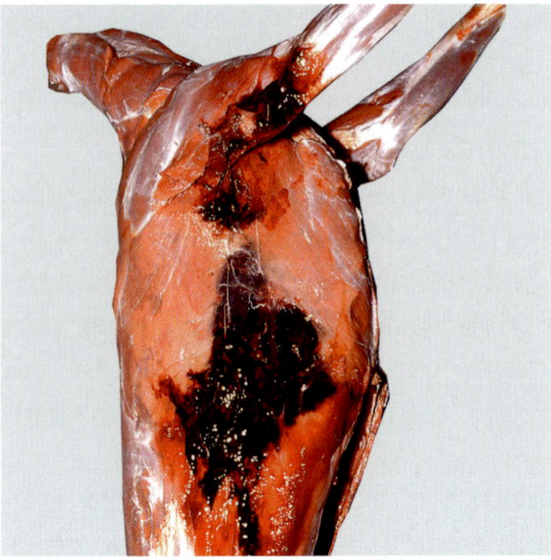

Nur wer großzügig ist, verdient am Wildbret wirklich. Derartige Blutergüsse werden samt dem Gewebe entfernt.

verschmutzte Teile gleich beim Aufbrechen zu entfernen. Allerdings darf das Wild dann nicht mehr am Boden zur Strecke gelegt werden.

Aus-der-Decke-Schlagen/Abschwarten und Zerlegen: Schalenwild wird am leichtesten hängend aus der Decke geschlagen bzw. abgeschwartet. Vorher werden die Läufe an den Sprunggelenken abgetrennt und die Decke oder Schwarte mit Schnitten vom Sprunggelenk zum Brustbein (vorne) und vom Sprunggelenk zum Weidloch (hinten) aufgeschärft und gleich ein Stück gelöst. Jetzt ist das Stück leicht mit gespreizten Hinterläufen aufzuhängen.

Ziemlich aufpassen müssen wir beim Ablösen der Decke oder Schwarte in der Mitte der Keulenaußenseite. Dort reißt das Wildbret an einer kleinen Stelle gerne aus. Ganz ohne Einsatz des Messers wird man nicht auskommen, am ehesten noch bei Rehwild, wenn wir Decke und Wildkörper entlang der Schnittstelle von den Keulen bis zum Haupt lösen. Dann genügt unter Umständen schon der Einsatz der Faust, mit der wir kräftig von oben nach unten drücken.

Schwarzwild lässt sich nicht so einfach abschwarten, da müssen wir immer wieder mit dem Messer nachhelfen, weil sonst viel Feist und auch Muskulatur an der Schwarte bleibt.

Am Beispiel Reh:

Ist die Decke von den Sprunggelenken über die Innenseite der Keulen und dann entlang der Schnittführung bis zum Haupt gelöst (einschließlich Vorderläufe), lässt sich die Decke unter sparsamer Zuhilfenahme des Messers nach unten ziehen.

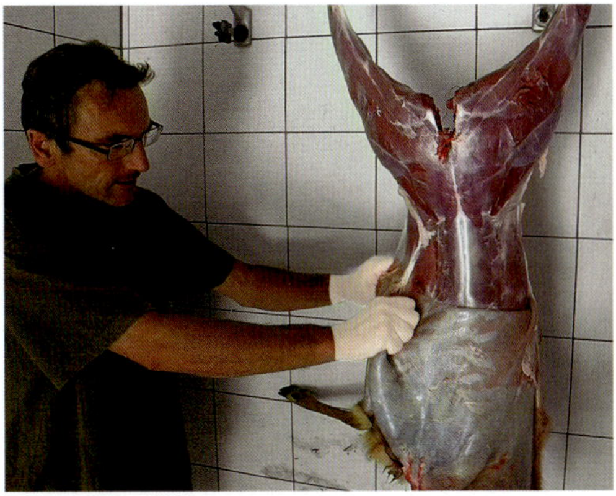

Die Decke ist weg. Jetzt werden die Blätter abgespreizt und mit dem Messer vom Wildkörper getrennt.

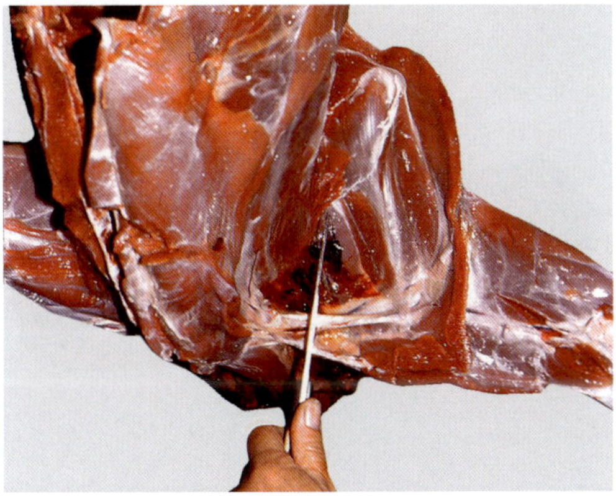

Beim Rehwild genügt eine billige Gartenschere, um die Wände abzutrennen.

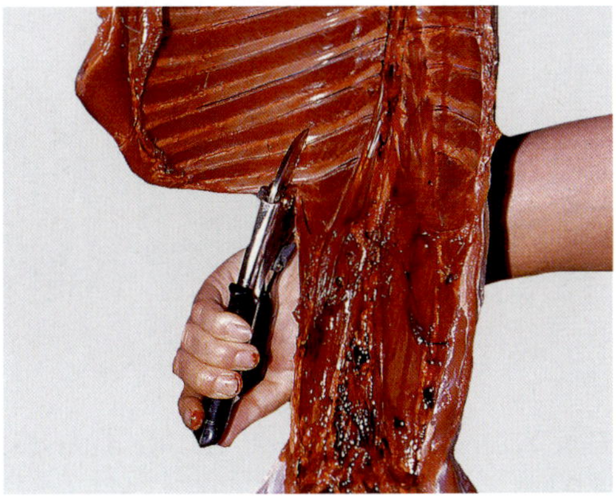

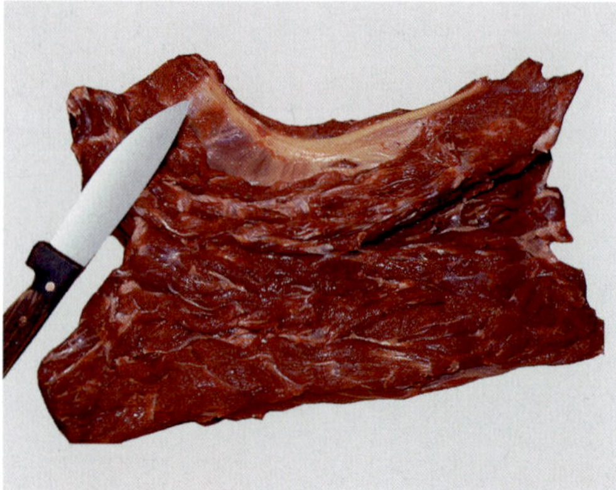

Der Träger wird ausgebeint; die Halswirbel bleiben zusammen und können mit dem anhängenden Wildbret zu einem Fond oder zu einer Suppe verarbeitet werden. Das ausgelöste Wildbret eignet sich gut zur Herstellung von Wildwürsten.

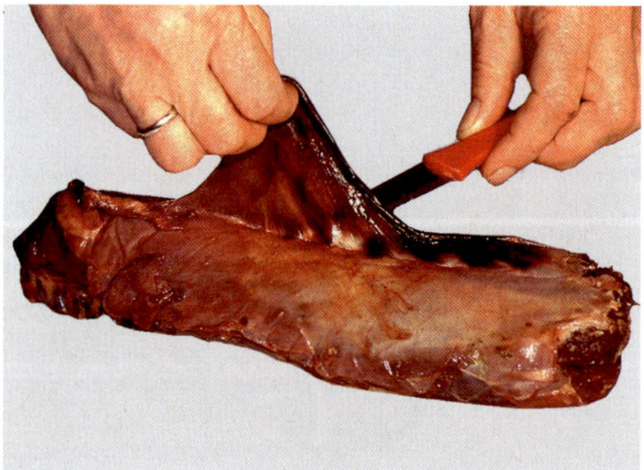

Der Gasdruck des Geschosses sorgt dafür, dass es auf dem Rücken zu einem Hämatom kommen kann, ohne dass der Rücken getroffen und sein Gewebe zerstört wird. Macht aber nichts, weil wir den Rücken grundsätzlich häuten.

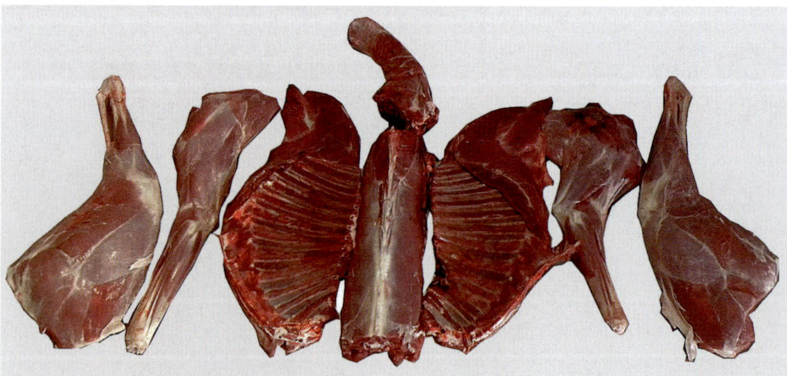

Eine Schmalgeiß, erlegt mit .222 Rem., und sauber zerwirkt: 2 Keulen, 2 Blätter, 2 Wände, Rücken und Träger.

Das Ausdrücken der Hasen wird den heutigen Anforderungen der Lebensmittelhygiene nicht gerecht, ebensowenig das früher mancherorts übliche „Auswerfen". Notwendig ist, Hasen und ebenso Kaninchen völlig auszunehmen, das heißt, Bauch- und Brusthöhle völlig zu entleeren. Bei Gesellschaftsjagden darf das nicht erst am Ende eines Jagdtages geschehen, vielmehr nimmt man die Hasen und Kaninchen sofort nach jedem Treiben aus und hängt sie luftig auf, auch wenn die Verordnung dem Jäger vier Tage Zeit einräumt. Nach dem Schuss, insbesondere aber nach der Erstversorgung darf als Lebensmittel vorgesehenes Niederwild nicht zusammen mit Raubwild aufgehängt oder transportiert werden.

Den Kropf nicht vergessen: Was für Hase und Kaninchen gesagt wurde, gilt im Prinzip auch für alles Federwild. Wir machen einen Schnitt von der Kloake bis zum Brustbein und entfernen alle Innereien. Zumindest bei Wildtauben wird zusätzlich ein kleiner Schnitt auf der Unterseite des Halses geführt und der Kropf entnommen, um Fäulnis des Kropfinhaltes zu vermeiden.

Worauf der Jäger achten muss: Auch beim Kleinwild muss der Jäger vor dem Schuss auf Merkmale achten. Dass dies schwer bis manchmal unmöglich ist, wird nicht bestritten. Aber nehmen wir

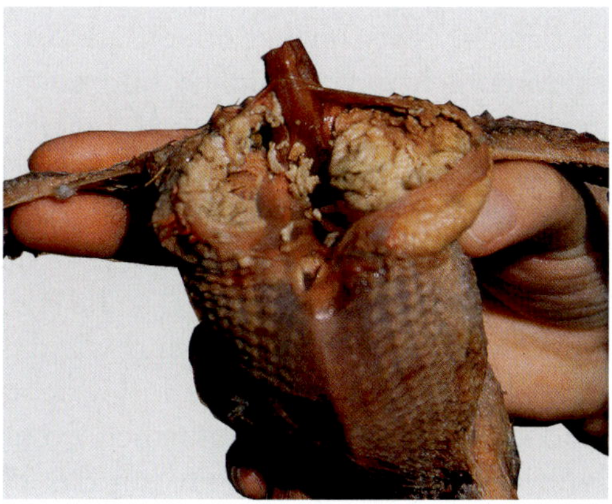

Bei Tauben ist wichtig, dass wir den Kropf entleeren, weil sonst der Inhalt zu säuern beginnt.

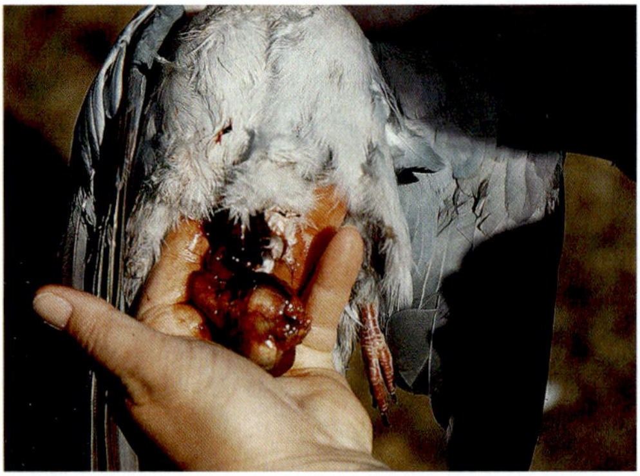

Ein Schnitt von der Kloake zum Brustbein ermöglicht es, Bauch- und Brusthöhle auszuräumen und zu säubern.

ein paar Beispiele, wo das problemlos geht. Ein Fasan wird hoch und lässt einen Ständer hängen. Ein Hase fährt aus der Sasse, geht schwerfällig ab und drückt sich bald wieder. Eine Ente will vor dem sie verfolgenden Hund nicht aufstehen, obwohl es schon Oktober (voll vermausert) ist.

Wer Kleinwild in den Handel bringen will, muss es – wie Großwild – von einer Kundigen Person untersuchen lassen. Damit nicht für jedes einzelne, auf einer Treibjagd erlegte Stück Wild ein Begleitschein ausgestellt werden muss, sieht der Gesetzgeber eine Sammelbescheinigung vor.

Beim Kleinwild müssen die inneren Organe von der Kundigen Person nicht beschaut werden. Es darf nach der Lebensmittelhygiene-Direktvermarktungsverordnung unausgeweidet direkt an örtliche Fleischhauer oder Gastwirte abgegeben werden. Das ist eigentlich unverständlich und auch nicht zu empfehlen, da gerade der Hase relativ häufig Überträger von Zoonosen (Wildkrankheiten, die auch auf den Menschen übertragbar sind) ist.

Traditionell abbalgen: Wie man traditionell Hase, Kaninchen und das meiste Raubwild abbalgt – beim Raubwild wird auch vom „Streifen“ gesprochen –, sollte eigentlich jeder Jäger wissen. Am leichtesten geht das, wenn wir das Wild an den leicht gespreizten Hinterläufen etwa in Gesichtshöhe aufhängen. Zuvor machen wir bei Hase, Kaninchen eventuell auch bei Bisam und Nutria je einen Kreisschnitt um das Fersengelenk. Dann führt man an der Innenseite der Hinterläufe einen Schnitt zur Blume oder zum Schwanz. Danach wird der Balg einfach nach unten gezogen. Ehe wir die Vorderläufe auslösen, müssen wir diese beim untersten Gelenk mit der Zerwirkschere abschneiden.

Abbalgen von Kaninchen: In Österreich spielen Kaninchen keine so große Rolle wie in anderen EU-Ländern, aber es gibt sie, und sie müssen versorgt werden. Am schnellsten sind sie abgebalgt, wenn man das unmittelbar nach ihrer Erlegung vornimmt, also noch ehe Bauch- und Brusthöhle geräumt werden. Man macht einfach in der Mitte des Wildkörpers einen Kreisschnitt, löst die Ränder des Balges etwas und zieht den Balg dann kräftig in Richtung Kopf und Springer. Am warmen Wildkörper geht das

Erst den Kreisschnitt in der Mitte des Kaninchens, dann den Balg nach rechts und links ziehen.

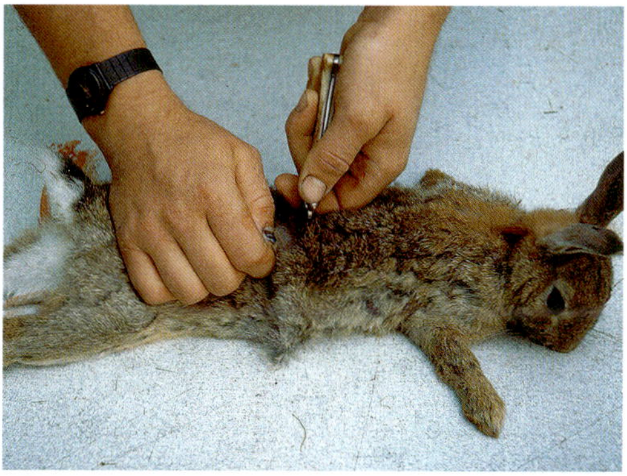

Der Kopf sowie die Vorderläufe an den Handwurzelgelenken und die Hinterläufe an den Fersengelenken werden einfach mit der Zerwirkschere abgeschnitten.

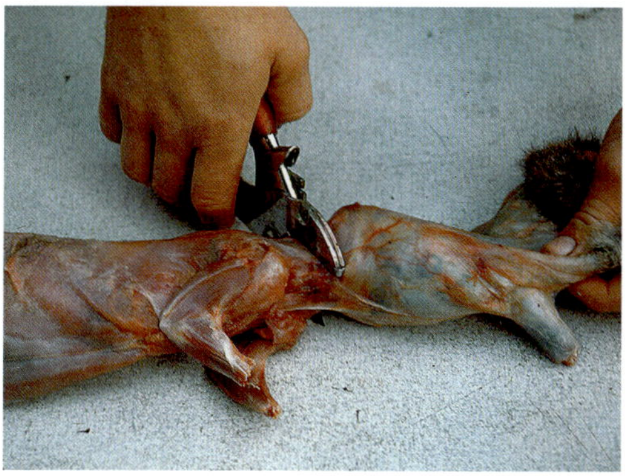

leicht und innerhalb von wenigen Minuten. Dauert eine Jagd länger, wird man dennoch zuerst Bauch- und Brusthöhle ausräumen und die Kaninchen daheim abbalgen.
Zerlegen von Haar-Niederwild: Der abgebalgte Wildkörper wird in 7 Teile zerlegt: 4 Läufe, 1 Rücken und 2 Wände. Schrote, die wir sehen oder fühlen, werden gleich entfernt, ebenso eventuell vorhandene Hämatome.

Versorgung von Raubwild & Co

Traditionell wird der Dachs (wie eine Sau) liegend abgeschwartet. Einfacher ist es, nur die vier Läufe im Liegen von der Schwarte zu trennen und dann die Schwarte im hängenden Zustand ebenso nach unten zu ziehen wie die Bälge beim übrigen Haarraubwild, bei Hase, Murmeltier, Nutria, Bisam und allen anderen nicht zu den Paarhufern gehörenden, jagdlich relevanten Säugern. Ob man sich die Mühe macht, Branten, Bürzel und Kopf auszulösen, hängt davon ab, was man mit Schwarte oder Balg vorhat. Schwarten beziehungsweise Bälge, welche zu Vorlegern verarbeitet werden sollen, friert man am besten ein und bringt sie später gefroren zum Versand. Was für den Kürschner gegerbt werden soll, spannen wir am besten auf ein passendes Brett.

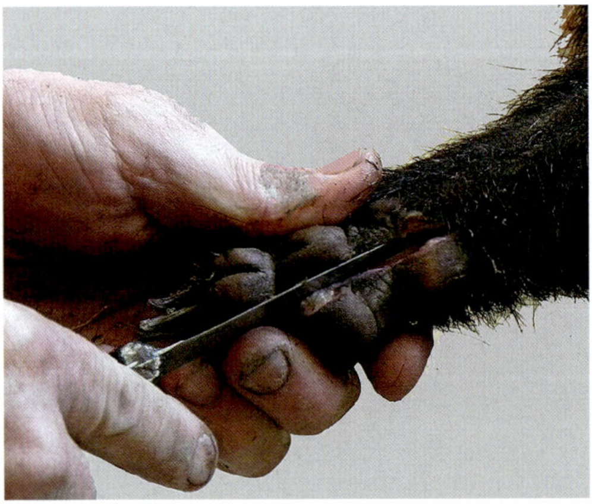

Beispiel Dachs: Zunächst wird an den Hinterläufen je ein Schnitt von der Sohle zum Weidloch geführt, die Läufe freigelegt und die Zehen nach dem ersten Glied durchtrennt. Danach erfolgt das Freilegen der Vorderläufe.

Jetzt wird zunächst auf der Unterseite des Pürzels (Schwanz) ein gerader Längsschnitt geführt und dieser vorsichtig ausgeschält.

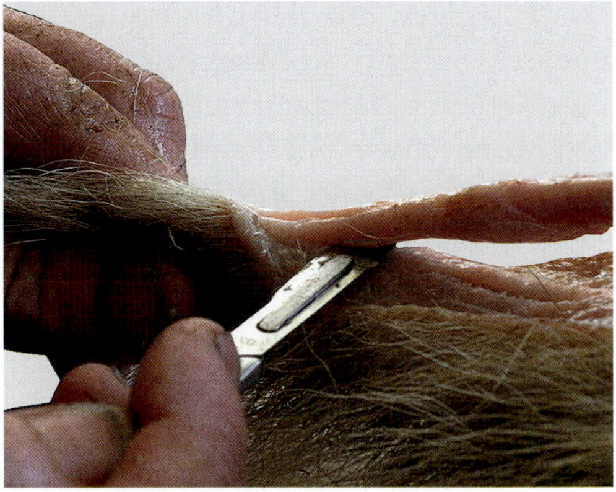

Jetzt wird der Wildkörper aufgehängt und die Schwarte (wie bei Hase, Fuchs usw.) nach unten gestreift. Vorsicht ist am Kopf geboten. Ohren, Augenlider und Lefzen bleiben an der Schwarte.

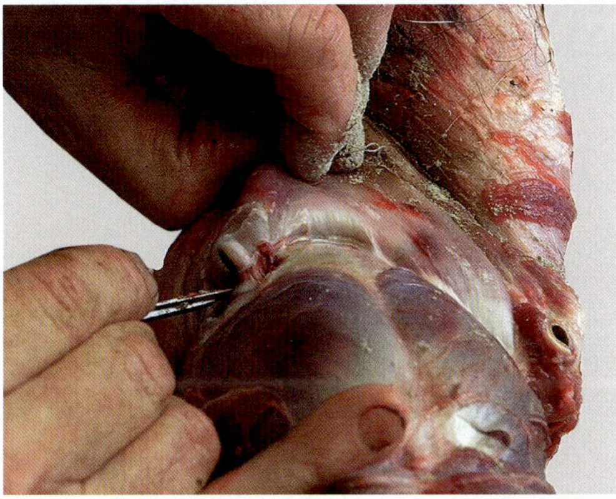

Wildkörper und Schwarte sind getrennt. Letztere wird bauchseitig längs aufgeschnitten. Grobe Feistbrocken werden abgelöst, die Schwarte entweder in die Kühltruhe gegeben oder dick eingesalzen.

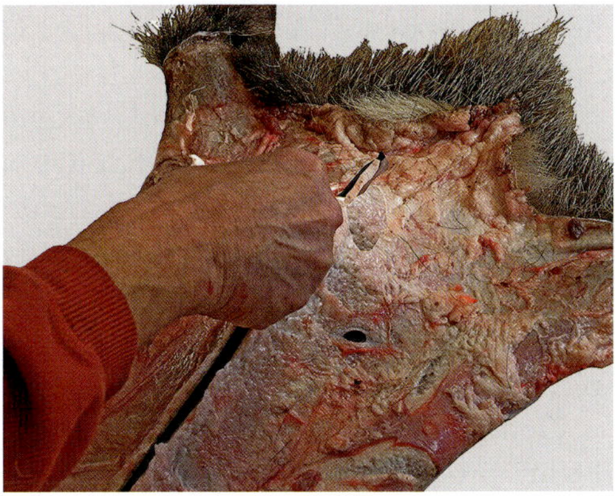

Das Abbalgen am Beispiel Fuchs: Allgemein wird empfohlen, Füchse vor dem Abbalgen nass zu machen, um eventuell am Balg haftende Bandwurmeier zu binden. Ferner wird das Tragen von Mundschutz und Handschuhen empfohlen. Von den Präparatoren, die ich im Laufe der Jahre kennenlernen durfte und die gewerbsmäßig Füchse streifen, wollte keiner einen Mundschutz tragen, und einige verzichteten sogar auf Handschuhe. Halte es jeder, wie er wolle!

Zunächst wird der Fuchs auf einen Arbeitstisch gelegt. Am besten mit einem kleinen Tapeziermesserchen, dessen Klinge sich arretieren lässt, werden mit je einem Längsschnitt alle vier Branten geöffnet. Die Schnitte der Vorderbranten werden bis in die Achselhöhle verlängert, die der Hinterbranten bis zum Weidloch. Nun lassen sich die Läufe unter sparsamem Einsatz der Klinge freilegen. Bei den Zehen geschieht dies bis über das jeweils letzte Glied. Dort werden die Knochen mit einem Seitenschneider abgezwickt.

Jetzt kann man den Fuchs an den beiden freigelegten Hinterläufen aufhängen und so weiterarbeiten. Als erstes die Luntenwurzel unter vorsichtigem Einsatz der Klinge freilegen, den Balg auf der Luntenunterseite ein kleines Stück auftrennen und umstülpen.

Die Lunte zunächst walken, damit sich der Balg von der Haut löst, dann mit einer Hand die Wurzel festhalten und mit der anderen den Balg abziehen. Lässt man dabei die Wurzel durch die Öffnung der Wasserpumpenzange laufen, hat man mehr Halt und Kraft beim Ziehen.

Ist die Luntenwurzel herausgezogen, muss der Luntenbalg exakt auf der Unterseite bis zur Spitze aufgeschärft werden. Nun lässt sich der Balg ohne große Mühe und weitgehend ohne Einsatz der Klinge bis über den Kopf nach unten streifen.

Die Gehörknorpel werden dicht am Kopf durchtrennt. Um Fäulnis zu verhindern, müssen sie später sorgfältig ausgeschält werden.

Den Balg rund um die Lichter lösen, anspannen und vorsichtig durchtrennen; die Lider müssen am Balg bleiben. Den Nasenschwamm ganz kurz abschärfen und zuletzt die Lefzen mit dem Messerchen aufspalten.

Zum Trocknen den Balg mit der Hautseite nach außen auf ein möglichst in der Breite verstellbares Brett ziehen. Schweißunterlaufene Stellen, die Innenseite der Läufe, Ränder und die Lunte mit Zeitungspapier oder dünnen Holzspänen auskleben oder mit Sägemehl bestreuen.

Der Balg darf nicht neben einer Heizung oder in einem besonders warmen Raum getrocknet werden. Mäßige Wärme und ein nicht zu rascher Trocknungsprozess sind ideal. Ehe er völlig trocken ist, muss er abgenommen, mit der Haarseite nach außen gedreht und zum endgültigen Trocknen neuerlich übers Brett gezogen werden.

Das Zeitraubendste an der ganzen Abbalgerei sind die Branten, die Lunte und die Kopfpartie. Genau diese Teile bleiben aber beim Grossteil der gegerbten Bälge ungenützt; für Decken, Mäntel und Jacken werden nämlich nur die Rückenstücke verwendet. Daher gehen immer mehr Jäger dazu über, zumindest auf das Auslösen der Branten und Lunte zu verzichten. Schöner sieht freilich ein nach alter Vätersitte gestreifter Balg aus.

Grundsätzlich sollten die getrockneten Bälge alsbald, zumindest aber vor Beginn der wärmeren Jahreszeit zum Gerber gebracht werden. Wer etwa bei einem Auslandsaufenthalt einen Fuchs oder gar einen Wolf schießt und diesen daheim gerben lassen möchte, hat kaum die Möglichkeit, den Balg auf einem Brett zu trocknen. In einem solchen Fall muss das viel bewährte Kochsalz herhalten. Einfach wie oben beschrieben streifen und dann die Hautseite dick mit Salz einreiben. Aber Vorsicht! Den gesalzenen Balg nie länger als ein paar Stunden in einem Kunststoffbeutel transportieren oder aufbewahren, lieber dick in Zeitungspapier einschlagen und in eine Papiertragetasche oder einen ähnlichen Behälter geben.

Bälge, die vom Gerber zurückkommen und nicht gleich verkauft oder einem Kürschner geliefert werden, zieht man eine Schnur durch die Lichter und hängt sie unter Beigabe von Mottenkugeln in einem Foliensack auf.

Wild, das präpariert werden soll

Gute Präparatoren werden zwar mit beinahe jedem Loch so halbwegs fertig, dennoch wird man nur Wild präparieren lassen, das keine allzu groben Schussverletzungen aufweist. Natürlich spielt die Seltenheit eines Wildes eine Rolle. Wer sich unbedingt einen Fasan ins Jagdzimmer hängen will, der wird nur einen besonders schönen präparieren lassen. Bei der einen Schnepfe, die ein Jäger in seinem Leben schießt, wird er eventuell auch einen von einem Schrotkorn verletzten Stecher in Kauf nehmen.

Während viele Verletzungen im positiven Sinne der Kunst des Präparators zum Opfer fallen, ist beginnende Fäulnis ein absoluter Grund, nicht mehr zu präparieren. Beginnende Fäulnis muss man noch nicht unbedingt riechen. Fäulnis setzt schon unmittelbar nach Eintritt des Todes ein und beginnt im Bereich des Verdauungstrakts, also vom Magen bis zum Anus, aber – besonders bei Vögeln – auch im Bereich der Speiseröhre. Bei Säugern schiebt man mit dem Daumennagel kräftig über die Bauchdecke. Lassen sich die Haare abschieben, ist es für die Präparation zu spät.

Ein Vogel, der zwei Tage auf dem Balkon hing, ist nicht mehr wirklich frisch. Noch schlechter ist, wenn er die beiden Tage im Kofferraum lag und dann noch eine vielstündige Rückfahrt im geheizten Auto mitmachen musste. Wer ein zur Präparation vorgesehenes Tier nicht unverzüglich zum Präparator bringen kann, gibt es am besten so schnell wie möglich in eine Gefriertruhe. Bei Vögeln ist es sinnvoll, das Federkleid, besonders den Stoß, mit einem dünnen Stück Holz, Kunststoff oder dicken Karton als Schiene zu sichern. Man legt den Vogel mit dem Rücken auf die Schiene und umwickelt ihn so mit Zeitungspapier.

Auf eine Präparation verzichten sollte man auch immer dann, wenn Federwild nicht wirklich fertig vermausert hat. Beim Haarwild wird der Jäger Wert auf stabiles Haar legen und Winterhaar dem Sommerhaar vorziehen. Der Jäger wird sich an Schaukästen im Jagdmuseum erinnern, wo Jungfüchse vor einem nachgebildeten Bau spielen und halbflügge Enten auf einer zu Wasser gewordenen Glasscheibe schwimmen. Diese Präparate müssen jedoch lange nicht so viel aushalten wie jene in unserer Jagdstube. Doch egal, welches Wild wir präparieren lassen wollen, mindestens so gut wie das zu präparierende Material muss der Präparator sein! Es gibt Vertreter dieses Berufsstandes, die für die Qualität ihrer Arbeiten weithin bekannt sind; es gibt aber auch andere, die oft im doppelten Sinne billig sind!

Kopf-Schulter-Präparate: Viele Jäger glauben, von ihrem ersten Sechserbock oder ihrem ersten und oft einzigen Gams unbedingt Haupt samt Träger präparieren lassen zu müssen. Dabei fehlt es in der Wohnung manchmal sogar am Platz für ein solches Präparat, und der Meister wird um eine Platz sparende Ausführung gebeten. Aber ein Sechserböckel mit halbem Träger wirkt meist wie eine Karikatur. Oft ist eine solche Arbeit aber auch gar nicht im Sinne des Erlegers, vielmehr wurde die Sache mit dem Trägerpräparat beim Abtrennen zu wörtlich genommen und nur der Träger abgeschärft, wodurch dem Präparator zu wenig Material blieb. Grundsätzlich wird für derartige Präparate die Decke hinterm Blatt durch einen Kreisschnitt getrennt. Ein Drosselschnitt unterbleibt. Wir stülpen das Fell (Decke, Schwarte) so weit wie möglich um. Der Präparator wird später einen Schnitt, beginnend zwischen den Ohren (Lauschern, Tellern), auf der Oberseite des Halses (Trägers) führen.

Vögel und Kleinsäuger als Ganzpräparate: Egal ob Federwild oder Kleinsäuger, immer werden schweißende Schussverletzungen so

Soll später ein Trägerpräparat gefertigt werden, muss der Drosselschnitt unterbleiben. Stattdessen wird die Decke vom Hinterhaupt über die Nackenlinie bis hinter die Blätter aufgeschärft und gelöst.

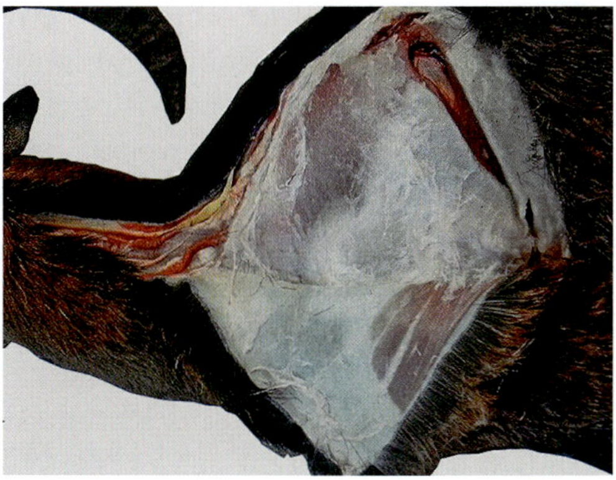

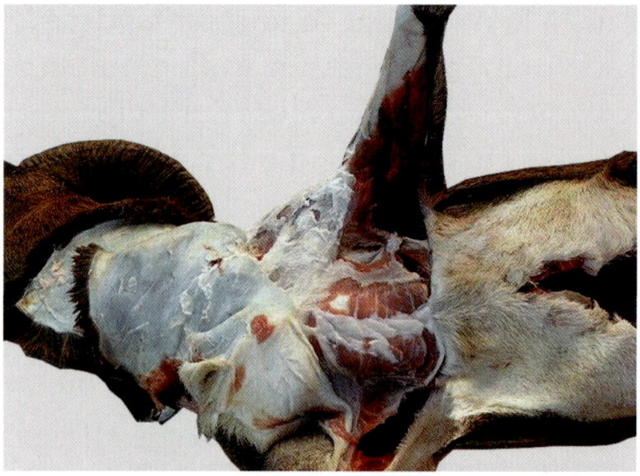

Hinter den Blättern wird ein Kreisschnitt geführt und die Decke nach unten und vorne gelöst.

Zum Schluss wird das Haupt samt anhängender Decke vom Träger getrennt.

schnell wie möglich mit saugfähigem Papier abgetupft und größere Ausschüsse verschlossen, damit Federn oder Haare nicht unnötig mit Schweiß verschmutzt werden. Nicht vergessen darf man Schnäbel und Nasenlöcher, etwa die Brocker beim Großen und Kleinen Hahn. Wie man Vögel fixiert, ehe man sie in die Gefriertruhe gibt, wurde weiter oben schon gesagt. Einen Marder oder Iltis darf man getrost zusammengerollt frosten.

Immer sollte das Tier – gleichgültig ob Vogel oder Säuger – möglichst luftig transportiert und zwischengelagert werden. Also das Murmel nie im Rucksack, sondern obendrauf tragen. Die Schnepfe nicht zwischen Hasen und Fasanen im Kofferraum liegend, sondern separat. Nie der Sonne aussetzen, wohl aber dem Wind, und immer darauf achten, dass Fliegen keine Eier ablegen.

Wer macht die Wildbretpreise?

Ostöffnung des Marktes und Schwarzwildschwemme halten die Wildbretpreise in Österreich gleichermaßen im Keller – meint man! Tatsächlich waren die Wildbretpreise in Österreich schon immer deutlich niedriger als etwa in Deutschland und erst recht in der Schweiz. Es fehlte und fehlt heute noch eine angemessene Marktpflege. Österreich war und ist das Land der Trophäenjagd. Der Abschuss von Jungwild und weiblichem Wild unterblieb in manchen Revieren lange Zeit fast ganz, und selbst heute noch wird er in vielen Revieren vernachlässigt. Gefragt waren und sind möglichst alte Trophäenträger, und die wurden und werden am liebsten in der Brunft erlegt. Kein Wunder, dass sich Wildbret selbst bei Jägern keiner besonderen Beliebtheit erfreute. Wer als Gast einmal einen zehnjährigen Brunfthirsch oder ebenso alten Brunftgams zwischen die Zähne bekam, ist in der Regel für den Rest seines Lebens bedient!
1986 kam dann auch noch die Katastrophe von Tschernobyl hinzu; Händler nutzten diese für ein langfristiges Preisdumping. Wildbret wurde mancherorts zu „Sondermüll“. Gams und mancher Brunfthirsch blieben gleich am Berg oben; nur die Trophäen wanderten ins Tal. Hinzu kam, dass die Wildverwertung in der Jägerausbildung nur eine sehr untergeordnete Rolle spielte. Das hat sich inzwischen geändert. Mit hochwertigem Wildbret konnte aber, bei entsprechendem Einsatz, schon früher immer gutes Geld verdient werden! Inzwischen haben vor allem die Jagdverbände, und vor ihnen schon die Jagdzeitschriften, den Wert des Wildbrets erkannt und Marketing betrieben.

Dennoch wird Wildbret von manchen Jägern auch heute noch als eher lästig empfunden. Es macht Arbeit, und der Gesetzgeber hat uns in den letzten Jahren immer mehr Auflagen bezüglich der Verwertung von Wildbret als Lebensmittel gemacht.

> *Bei sorgfältigem und kundigem Umgang konnte früher wie heute gutes Geld mit Wildbret verdient werden.*

Produktveredelung

Wer Wildbret zur Wurstherstellung (etwa Rippen, Wände, Träger) sammelt und irgendwann zu seinem Fleischer bringt und diesen bittet, das Wildbret für den Eigenbedarf zu verwursten, hat überhaupt keine Probleme. Der Fleischer muss – um die notwenige Bindigkeit zu erreichen – zum Wildbret noch Schweinefleisch (Speck) geben.

Die Auswahl an Wildwürsten ist groß: Es gibt Kochwürste, geselchte (geräucherte) wie luftgetrocknete, offene wie solche in Glas oder Dose. In Kärnten dominieren die „Hauswürstel", in Schwarzwildgebieten sind Wild-Bratwürstel beliebt, anderswo werden Wild-Salamis bevorzugt. Der Fleischer selcht (räuchert) auch die Keulen, die wir ihm liefern. Wer daheim eine Rauchkammer oder einen Räucherschrank hat, kann das zwar auch selbst erledigen, geht aber auch immer ein gewisses Risiko ein. Der Fleischer hat die Sache im Griff. Geeignet sind grundsätzlich die Keulen aller Schalenwildarten sowie die des Dachses.

Rechtlich komplizierter wird es, wenn wir Wildbret veredeln oder veredeln lassen, um es in den Handel zu bringen. Hier sind gewerberechtliche und lebensmittelrechtliche Bestimmungen einzuhalten, die im Einzelnen aufzuführen den Rahmen dieses Buches sprengen würden. Den aktuellen Rechtsstand erfährt der Jäger bei der zuständigen Behörde, Wirtschaftskammer usw.

Wie wir den Markt pflegen

Wildbret wurden von den Jägern Jahrzehnte hindurch weitgehend vernachlässigt. Das hat sich zwar geändert, dennoch sind die Preise – im Vergleich mit Nachbarländern – immer noch im Keller. Zunächst gilt es auf das Produkt Wildbret aufmerksam zu machen. Das gelingt am leichtesten im Rahmen allgemeiner Veranstaltungen wie zum Beispiel Dorffesten, Kirchtagen und Ähnlichem, bei denen sich Hegeringe mit Wildbretverkostungen anhängen. Bereits veredelte Produkte, wie Würstel und Schinken, sind dafür ideal!

Es gibt kaum ein Wurstprodukt, das nicht aus Wildbret hergestellt werden kann, egal ob frisch, in Dosen oder Gläser.

Immer hilfreich sind Flyer mit einfach nachzukochenden Wildrezepten, die bei solchen Veranstaltungen ausgelegt oder beim Verkauf von Wild an Privatkunden mitgegeben werden. Wer Schalenwild nur als Ganzes abgibt, wird immer Probleme haben, weil Hausfrauen heute mehrheitlich weder die Fähigkeit haben, ein aus der Decke geschlagenes Reh zu zerlegen, noch die räumlichen Möglichkeiten, noch die Lagerkapazität. Das Erfolgsrezept: küchenfertige und vakuumierte Einzelteile. Was viele Jäger von dieser durchaus lukrativen Möglichkeit abhält, ist die dahinter stehende Arbeit!

Viele haben auch keine Vorstellung vom geringen Platzanspruch eines sauber zerlegten, ausgebeinten Rehs; sie überschätzen ihn. Fest steht: Mit dem Verkauf küchenfertiger, vakuumierter Teile wächst die Nachfrage nach Wildbret!

Buchtipp:
„Silvanas Wildrezepte", von Silvana Saupper, erhältlich im Österreichischen Jagd- und Fischerei-Verlag, Wien.
Bestellung: Tel. +43/1/405 16 36-25, www.jagd.at

Scherzale!

VII.

Ein jagdlicher Jahreslauf

Im zeitigen Frühjahr

Zuerst die Bisam

Früher begann das Jagdjahr für viele Jäger mit dem Schnepfenstrich und dem Balztauber. Beides ist heute kaum noch möglich, auch wenn in den letzten zwanzig Jahren weder die Zahl der Waldschnepfen noch die der Ringeltauben zurückgegangen ist. In den meisten europäischen Ländern genießen die Waldschnepfen seit vielen Jahrzehnten im Frühjahr Schonzeit und dürfen nur im Herbst bejagt werden. Dazu mag man stehen wie man will, es ist einfach so und wird wohl auch so bleiben.

Die tausendfach blumig beschriebene Stimmung des Schnepfenabends können wir immer noch erleben, und wir können sie sogar einer anderen Jagd zuordnen – dem Abendanstand auf Bisam. Die ans Wasser gebundenen Nager kommen in vielen heimischen Revieren vor, und mancher Revierinhaber weiß nicht einmal, dass er sie im Revier hat. Bisam sind Neozoen, also nicht heimisch. Die ersten wurden Anfang des 20. Jahrhunderts von Fürst Colloredo-Mansfeld in Böhmen ausgesetzt. Heute besiedeln sie fast ganz Mittel-, Ost- und Nordeuropa.

Die Anwesenheit von Bisam im Revier erkennt man vor allem bei Niedrigwasser an den Bauen in der Uferböschung und an abgebissenen Schwimmblatt-Pflanzen. Ihre Fortpflanzungszeit beginnt im März und dauert bis in den Herbst hinein. Wenn man am Abend still und etwas gedeckt am Ufer eines Bisam-Gewässers sitzt, hört man ihre hohen Paarungslaute. Dann geht es manchmal recht lebhaft im ufernahen Wasser zu, denn Bisam leben territorial in bis zu einem halben Hektar großen Revieren. Sind paarungsbereite Weibchen vorhanden, dringen immer wieder fremde Männchen ein, und es kommt zu Auseinandersetzungen. In dieser Zeit ist der Jäger besonders erfolgreich.

An stark bejagten Gewässern sind die Bisam überwiegend dämmerungs- und nachtaktiv. An eher ruhigen Gewässern zeigen sie sich – gerade im Frühjahr – gerne auch unter Tags. Am häufigsten zu sehen sind sie während der Paarungszeit. Das Problem ist, dass diese sich nicht fest umreißen lässt, weil stark von der Witterung abhängig. In milden Wintern ist gelegentlich schon in der zweiten Feberhälfte lebhaftes Treiben zu beobachten. Mehrheitlich wird es im Gebirge jedoch Mitte bis Ende März. Die Männchen markieren ihre Reviere mit Kot und verjagen Eindringlinge vehement. Dabei und durch ihre hohen, piepsenden Laute fallen sie auf.

Zu empfehlen ist dennoch der Abendanstand – nicht nur wegen der dann etwas an den Schnepfenstrich erinnernden Stimmung. Man sucht sich einen Platz am Ufer, der den Blick auf befahrene Röhren zulässt. Solche sind leicht daran zu erkennen, dass vor ihnen die Vegetation zertreten ist. Geschossen wird am sichersten mit „Hühnerschrot“ (2,5 Millimeter). Ohne Hund wird man sich an den meisten Gewässern schwertun. An nicht zu breiten Gräben oder Bächen lässt sich die Beute zuweilen mit einem Kescher anlanden.

Verwertung: Die Wildbret-Hygiene-Vorschriften in Österreich ordnen Bisam unter „Kleinwild“ ein, und es gelten die gleichen Hygienebestimmungen wie für Hase oder Kaninchen. Allerdings wird hierzulande kaum ein Jäger Wildbret von Bisam als Lebensmittel in den Handel bringen, womit die Beschau durch eine Kundige Person entfällt. Was nicht entfällt ist die Trichinenbeschau. Muss dafür ein amtlicher Tierarzt bemüht werden, wird die „Bisamkeule“ zu einem der teuersten Wildgerichte. In Nordamerika ist das Fleisch der Bisam, zumindest auf dem Lande, durchaus beliebt. Wegwerfen wird man die erlegten Bisam dennoch nicht. Ihre Bälge sind begehrt und eigentlich zu allen Jahreszeiten verwertbar. Man balgt die Tiere wie Füchse und Hasen ab. Die Bälge eignen sich sehr gut zur Verarbeitung als Innenfutter wie zu Mützen.

Die Großen und die Kleinen Hahnen

Zumindest den Großen Hahn dürfen wir jagdlich als Auslaufmodell betrachten. Zwar werden heute selbst Reliktvorkommen bejagt, und manchmal erlischt – wie etwa in Kärnten – ein Vorkommen, das bis zum Schluss bejagt wird, völlig. Wo noch mehrere Hahnen auf einem Platz balzen, wird fast immer der stärkste Hahn geschossen – genau das schwächt die Restbestände. Wenn aber die Zahl der Hahnen auf einem Platz erst einmal auf drei oder vielleicht vier geschrumpft ist, sollten wir mit einem Rest von Noblesse auf die Bejagung verzichten, denn der Schritt von heuer noch drei zu nächstes Jahr nur noch ein Hahn ist ein verdammt kleiner! Das ist schon der Fall, wenn einer der beiden verbleibenden Hahnen anderweitig ums Leben kommt. Wo aber nur noch ein Hahn balzt, wird der Platz ziemlich sicher in Bälde verwaisen.

Was uns, wenn wir Verantwortung beweisen, zumindest noch einige Zeit erhalten bleibt, könnte das Erlebnis der Balz – ohne Schuss – sein. Andererseits zeigt das Beispiel Deutschland, wo die Raufußhühner seit Anfang der 1970er-Jahre geschont sind, dass heute nur noch wenige Jäger Interesse am Erlebnis der Balz ohne Schuss haben. Dies auch dann, wenn sich die Bestände – warum auch immer – wieder erholen. Das ist mehr als schade, denn mit dem Schuss muss gerade in diesem Fall nicht zwangsweise das Handwerk verloren gehen.

Die Balz beginnt für den Jäger eigentlich schon mit der Suche der Schlafbäume, unter denen sich im Laufe des Winters die Losung angehäuft hat. Je nach Witterung singen die Hahnen bereits im März, freilich nicht so zuverlässig wie in der Hochbalz.

Die Bejagung der Auerhahnen ist inzwischen vielerorts kaum noch zu verantworten. Wo noch gejagt wird, sollte keinesfalls der Platzhahn erlegt werden.

Vor dem Balzmorgen kommt der Abendeinfall, den der Jäger manchmal auch vom Gegenhang aus erleben kann. Dazu muss man zumindest eine Stunde vor Dämmerungsbeginn sitzen, denn nicht jeder Hahn fällt erst bei schwindendem Licht ein. Dort, wo der Hahn einfällt, balzt er am nächsten Morgen auch. Mehrheitlich sind das Nord- oder Osthänge.

In der Früh ist der Jäger am besten schon vor dem ersten Licht am Balzplatz oder zumindest in dessen Nähe. Das ist besonders wichtig, wenn am Balzplatz oder in seiner näheren Umgebung Wasser rauscht. Es muss nicht einmal rauschen; oft irritiert schon gedämpftes Gurgeln und Rinnen oder übertönt das Singen des Hahnes. Das einzige, was der Jäger dann noch hört, ist der Hauptschlag. Ist er dann noch spät dran, rennt ihm schnell die Zeit davon.

Lästig, und das Lied des Hahnes verschluckend, ist auch der Wind, das Rauschen in den Baumkronen. Da kann es leicht geschehen, dass der Jäger nichts hört, obwohl er nahe an einem oder mehreren schon fest balzenden Hahnen ist. Und weil er nichts hört, kann er auch nicht anspringen, also sucht er langsam und vorsichtig umeinander, bis in nächster Nähe der Hahn abreitet. Recht gut zu hören sind die Hahnen hingegen bei leichtem Schneefall.

Das Anspringen selbst wurde schon häufig beschrieben und ist eigentlich – wenn nicht zwei oder mehr Hahnen in Sichtweite balzen – keine große Kunst. Heute, wo die meisten Jäger ohne „böse Absicht“ zur Hahnenbalz gehen, ist es eh ratsam, sobald man einen Hahn sieht, einfach stehen zu bleiben oder sich niederzusetzen und die Balz als stiller Zuschauer auf sich wirken zu lassen.

Ein lieber Freund lud meine Frau und mich viele Jahre hindurch zur Hahnenbalz auf die Kärntner Saualpe ein. Wenn der Winter nicht allzu viel Schnee in die Forststraßen geworfen hatte, ging es sich aus, nach der Balz der Auerhahnen noch die Sonnenbalz der Birkhahnen zu erleben. Sobald im Wald unten die Hahnen zur Bodenbalz abgeritten waren, fuhr man hinauf in den Almbereich. Dann rodelten ringsum in den Zirben und Lärchen die Spielhahnen. Während die Großen Hahnen den Morgen auf ihren Schlafbäumen mit der Balz beginnen und erst, wenn es wirklich hell ist, auf den Boden gehen, machen es die Kleinen Hahnen genau umgekehrt. Sie fallen im ersten Dämmerlicht auf einem Almboden oder im lichten Alpenwald ein und beginnen mit der Bodenbalz. Erst, wenn die Sonne aufgeht oder wenn es eben richtig hell ist, verstreichen sie zur Sonnenbalz in einzeln stehende Bäume im Almbereich oder an der Waldgrenze.

Die Birkhahnen bevorzugen zur Balz offene, kurzrasige Flächen. Latschen, Wacholder oder auch Bäume dürfen in der Nähe sein, der Balzplatz selbst muss frei von Sträuchern sein. Bewuchs darf weder die Balz selbst noch die Sicht behindern. Am Kärntner Dobratsch balzten sie ganz gerne auf dem Schnee, zwischen den nordseitigen Lawinenverbauungen. Ob mit oder ohne „böse

Auerhenne (links) und Birkhenne (rechts) sind einander ziemlich ähnlich, aber bei letzterer fällt im Sitzen wie im Flug der gegabelte Stoß auf.

Absicht" richtet sich der Jäger einen Schirm, den er noch bei Dunkelheit bezieht. Solche Schirme sind meist recht einfache Provisorien, mit dem Hauptmerkmal einer halbwegs zumutbaren Sitzgelegenheit. Zuweilen ergibt sich sogar die Möglichkeit, die Balz von einem Almstadel oder sonstigen Hütte aus zu beobachten.

Zum Jägerhandwerk, das mit der Schonung der Hahnen nicht verlorengehen muss, gehört auch beim Spielhahn das Suchen und Bestätigen der Balzplätze – das „Einrichten", wie es früher hieß. Im Gegensatz zu den Großen Hahnen fallen die Kleinen Hahnen ja erst in der Morgendämmerung am Balzplatz ein. Die Bestätigung vom Gegenhang aus oder eben auf Verdacht entfällt daher. Der Jäger muss sich, solange es noch Schnee hat, Zeit nehmen. Er bleibt am besten ein oder zwei Tage oben auf der Hütte und sucht tagsüber die bekannten Balzplätze ab. Ohne Schi oder Schneereifen geht dies allerdings meist nicht. Wo die Hahnen in der Früh einfallen, zeigen ihm die Geläufe, Federn und Gestüber. Ist ein Platz bestätigt, kann der Jäger am Folgemorgen Nachschau halten, sei es im Schirm beim Balzplatz oder aus der Ferne.

Und in den Wiesen und auf den Almen die Sauen

Wer Schwarzwild im Revier hat, muss sich um Beschäftigung im Frühjahr nicht sorgen. Er bekommt sie todsicher! Es gibt zwei zeitliche Schwerpunkte im Jahreslauf, in denen die Sauen die Wiesen umbrechen – April und Mai und dann lokal wieder im September. Früher wurde immer behauptet, das Schwarzwild breche die Wiesen auf der Suche nach tierischem Eiweiß um. Das klang irgendwie vernünftig, war es aber nicht. Warum dann nicht auch im Sommer? Geholfen hat diese These jedoch, wenn schon nicht den Jägern und Landwirten, so zumindest den Herstellern von pelletiertem Ergänzungsfutter, mit dem den Sauen tierisches Eiweiß zugeführt und die Schäden stark reduziert werden sollten. Letzteres war nicht der Fall, aber die Sauen nahmen die Zusatzfütterung dankbar an. Natürlich verschonen sie beim Brechen gefundene Mäuse, Würmer, Schnecken und allerlei Insektenlarven nicht. Doch in erster Linie scheint es ihnen um Dickwurzler zu gehen. Dazu gehören viele Wiesenpflanzen, aber auch botanische Kostbarkeiten in Trockenrasen und auf Almen, wie Krokusse und Knabenkräuter.

Besonders betroffen sind Wiesen, die nahe zum Waldrand liegen, weil sie den Sauen eine schnelle Flucht ermöglichen. Das heißt aber auch, dass es auf den Almen kaum Bereiche gibt, in denen nicht mit Schwarzwildschäden zu rechnen ist. Die Antwort auf solche Schäden heißt – etwas später im Jahr – fast immer Kirrung. Mit ihr wird aber meist das Gegenteil erreicht. Sie ändert nichts an der Schmackhaftigkeit der Dickwurzler, bietet aber auch unabhängig von ihnen willkommene Nahrung. Letzteres schon deshalb, weil die Hänge unterhalb der Almen oft noch unterm Schnee begraben sind. Zudem sind die Almen im April und selbst noch im Mai nicht oder nur schwer erreichbar.

Mehr als die Hälfte aller Grünlandschäden entstehen in einem Bereich von bis zu 50 Metern vom Waldrand. Weitere 30 Prozent erfolgen bis 150 Meter.

Wenn es langsam Sommer wird

Jährlinge und Böcke im Mai

Es gibt im deutschsprachigen Raum, ebenso wie in den Ländern Ost- und Südosteuropas kaum ein Revier ohne Rehwild. Rehe leben im Küstenland ebenso wie in Lagen über 2.000 Meter, in trockenen Gebieten ebenso wie in solchen mit hohen Niederschlägen. Sie können bestens mit uns und den Auswirkungen unserer Kultur umgehen. Sie haben von fast allen von uns in der Landschaft herbeigeführten Änderungen profitiert.

Die Jagd – zumindest auf Schmalrehe und Jährlingsböcke – beginnt seit Jahren mehrheitlich am 1. Mai, teilweise auch schon im April. Diese Möglichkeit sollte der Jäger mit Nachdruck nutzen. Vor allem die Schmalrehe, aber auch ein Teil der Jährlingsböcke halten sich noch in der Nähe ihrer Mütter auf. Häufig sehen wir aber auch zwei oder drei Jährlinge, die sich gemeinsam irgendeine Nische zwischen zwei Bockterritorien teilen.

Manche Jäger warten jetzt immer noch auf „Knöpfler“ und schonen höhere Spießer und Gabler. Wenn man sich aber einmal klar macht, dass von den Jährlingen zumindest die Hälfte erlegt gehört, wird schnell klar, dass man auch in die „ganz normal“ entwickelten eingreifen muss. Es ist kein Schaden, wenn man auch normal entwickelte Jährlinge erlegt, wohl aber, wenn man zu wenige erlegt. Das gilt natürlich für beide Geschlechter.

Wer immer noch glaubt, dem Rehwild zu schaden, wenn er beim Jährlingsabschuss den unteren Rand verlässt und in die Mitte wandert, vielleicht sogar einmal einen auf die Decke legt, von dem er nachträglich meint, er hätte ihn besser laufen lassen sollen, der mag an die natürlichen Feinde des Rehwildes denken.

> *Wer bei den Jährlingen nach Stangenlänge und Körperstärke selektiert, wird seinen Rehwildbestand kaum in den Griff bekommen.*

Das Alter eines mehrjährigen Rehbockes zu bestimmen, ist nicht wirklich möglich, weil die traditionellen Altersmerkmale nur sehr begrenzte Gültigkeit besitzen. Der Bock oben (unser Hausbock) hatte einen geschlitzten Lauscher und war mindestens zehn Jahre alt. Seine typische Altersmaske setzte er erst in seinem letzten Lebensjahr auf. Davor spielte er den „Ewig-Dreijährigen".

So ziemlich der erfolgreichste Rehwildjäger ist der Luchs. Beide Arten – Luchs und Reh – teilten sich seit Jahrmillionen den Lebensraum. Der Mensch spielte als Rehwildjäger keine Rolle. Ganz sicher hat sich der Luchs nie Gedanken darüber gemacht, was ein Jährlingsrehbock zwischen den Lauschern trug. In sein Beuteschema passte schlicht jedes Reh, egal ob Bock oder Geiß, ob schwach oder stark. Ohne Zweifel hat der Luchs „selektiert", aber mit Bestimmtheit nicht nach Geweihmasse, sondern nach momentaner Kondition.

„Schmale" Schmalrehe: Mit den Schmalrehen tut sich der Jäger zu keiner anderen Jahreszeit so leicht wie jetzt. Zunächst sind sie noch deutlich schwächer und – von hinten betrachtet – tatsächlich „schmäler" als die Geißen. Letztere haben entweder schon gesetzt und zeigen ihr Gesäuge, oder sie sind unverkennbar hochträchtig. Noch ist die Vegetation niedrig und ermöglicht dem Jäger den Blick zwischen die Keulen. Anfang Juni ist es schon wesentlich schwerer, Schmalreh und Geiß zu unterschei-

den. Das Schmalreh legt zu, und die Geiß wird nach dem Setzen schmäler. Gleichzeitig drängt die Bodenvegetation nach oben und raubt uns die untere Hälfte der Rehe. Daher stellt der verantwortungsbewusste Jäger Anfang, zumindest aber Mitte Juni die Jagd auf Schmalrehe weitgehend ein.

Rotwild schon im Frühsommer?

Rotwild schon im Frühjahr zu bejagen, ist in den letzten Jahren modern geworden. Das klingt jetzt etwas abwertend, vielleicht sogar hässlich. Es war und ist der Gedanke, durch eine längere (vorgezogene) Jagdzeit zu höheren Strecken zu kommen. Die Befürworter argumentieren mit dem Prozentsatz an erlegtem Wild, den sie im Frühjahr und Frühsommer erlegen. Wenn aber im Mai, Juni und Juli zehn Prozent des Gesamtabschusses getätigt werden, dann heißt dies ja nicht automatisch, dass bei einem Jagdverzicht in diesen drei Monaten tatsächlich zehn Prozent weniger erlegt würden. Um es vereinfacht auszudrücken: Was in der vorgezogenen Jagdzeit erlegt wird, fehlt im Herbst, und der vorgezogene Jagddruck erschwert die Jagd im Spätsommer und Herbst zusätzlich. In den Schweizer Patentkantonen erfüllen die Jäger den Rotwildabschuss innerhalb von drei Wochen im September!

Dennoch kann die Möglichkeit, schon im Frühjahr und Frühsommer zu jagen, in manchen Revieren hilfreich sein, nämlich in all jenen, in denen Rotwild nicht wirklich Standwild ist. Dort muss der Jäger einfach jede Möglichkeit nutzen, um den ihm auferlegten Plan zu erfüllen.

Das Problem ist, dass mit dem ersten Schuss auf Rotwild im Mai oder Juni dessen Frühjahrsvertrautheit schwindet. Mit jedem Schuss schwindet sie mehr, und die Sichtbarkeit nimmt ab. Das ist natürlich auch zu jedem späteren Zeitpunkt der Fall. Der Unterschied ist der, dass wir bei einem Jagdbeginn im August oder September ungleich mehr Begegnungen mit Rotwild jagdlich nutzen können, weil dann praktisch alle Klassen frei sind. Je nach Bundesland dürfen Tiere und Kälber ja auch schon im Juli

Es ist sinnvoll, im Frühsommer dort Rotwild zu bejagen, wo die Dichte gering ist.

erlegt werden, aber dem beherrschenden Verständnis von alpenländischer Jagd entspricht es kaum, im Juli ein Kalb in der vollen Kinderdecke ins Gras zu legen.

Der Juni ist der Monat, in dem die meisten Kälber gesetzt werden und jagdliche Beunruhigungen am stärksten auf den Alttieren lasten. Auch wenn wir nur Schmaltiere und Spießer schießen, die vermeintlich alleine ziehen, so gehen diese Eingriffe an den Alttieren nicht unbemerkt und unbelastet vorbei. Warum? Weil die vorjährigen, inzwischen zu Schmaltieren und Spießern gewordenen Kälber ihre Mütter nicht freiwillig verlassen haben. Sie wurden von diesen wegen der bevorstehenden neuen Geburten verjagt und halten sich fast immer in deren Nähe auf. Und sie schließen sich ihren Müttern meist ein, zwei Wochen nach der Geburt auch wieder an, die Rudel finden wieder zusammen.

Jeder mag sich die Wirkung vorstellen, wenn in diese vertraute Gemeinschaft geschossen wird!

Zweierlei Maß im eigenen Revier: Auch in Revieren, in denen Rotwild ganzjährig Standwild ist, muss man nicht unbedingt völlig auf die Nutzung der vorgezogenen Jagdzeit verzichten. In fast jedem Revier gibt es Bereiche, in denen sich Rotwild bevorzugt oder ständig aufhält und solche, in denen es nur sporadisch vorkommt oder in denen man es vielleicht gar nicht haben will. Die negative Wirkung der Jagd auf das Verhalten des Wildes steigt mit der Wilddichte; es ist folglich sinnvoll, dort mit der Jagd zu beginnen, wo die Dichte eher gering ist. Das sind meist auch die Bereiche, in denen die Rehwilddichte und somit die Notwendigkeit, Rehwild zu bejagen, höher sind. Warum aber soll der Jäger beim Ansitz auf Rehwild ein Schmaltier oder einen Spießer nicht „mitnehmen"? Umgekehrt lässt sich fragen: Warum muss ein Jäger im Frühjahr gerade dort Rehwild bejagen, wo das meiste Rotwild steht? Die Praxis sieht allerdings oft so aus, dass Rehwild pardoniert wird, wenn die Hoffnung besteht, auf Rotwild zu Schuss zu kommen.

Jede Menge Frischlinge

Wo Schwarzwild als Standwild vorkommt, gibt es jetzt jede Menge Frischlinge. Dieses „jede Menge" ist allerdings relativ und hält nur im Vergleich mit den übrigen Schalenwildarten stand, denn die Schwankungen von Jahr zu Jahr sind erheblich. Nach Jahren mit reicher Waldmast und/oder nach milden Spätwintern können mehr als doppelt so viele Frischlinge zur Welt kommen und überleben als nach mastarmen Herbsten und schneereichen, nassen oder kalten Spätwintern. Egal, ob besonders viele oder etwas weniger, die meisten kommen in der zweiten Feberhälfte und im März zur Welt, doch findet man immer wieder auch frühere und späterere Würfe.

Bei den früh geborenen Frischlingen beginnen die Streifen schon zu verblassen. Andere schauen noch recht „kindlich" aus. Die meisten Jäger haben mentale Probleme, diese gestreiften Frischlinge zu erlegen. Ohne nachzudenken, wird von „Kindermord" gesprochen. Dabei sind Fuchswelpen nicht weniger kindlich. Dennoch halten es manche Jäger für notwendig, die „Fuchskinder“ auf dem Bau zu erlegen oder in Fallen zu fangen und zu erschlagen.

Doch zwischen den beiden Arten gibt es ganz gravierende Unterschiede. Mehr als die Hälfte der Fuchswelpen überlebt das erste Jahr nicht. Dafür sorgen Krankheiten, mangelnde Erfahrung, sich zu ernähren, der Straßenverkehr und auch der eine oder andere Raubfeind. Auch Frischlinge überleben nicht alle. Aber sie haben es vergleichsweise einfach, weil sie zumindest ihr erstes Lebensjahr in der Rotte verbringen, und Nahrung gibt es – außerhalb des Winters – mehr als genug. Es gibt sogar so viel Nahrung, dass ein erheblicher Teil der Frischlinge noch vor Erreichen des ersten Lebensjahres das „Fortpflanzungsgewicht“ erreicht. Daher können Frischlinge bereits frischen!

Genau das ist der Grund, warum wir es uns – wenn wir Schwarzwildbestände reduzieren oder auch nur nicht weiter anwachsen lassen wollen – nicht leisten können, gestreifte Frischlinge zu schonen! Ob das „Spaß“ macht, ist eine andere Sache.

Verwerten lassen sich Frischlinge, wenn sie einmal zehn Kilogramm wiegen, sogar als „Edelware“, nämlich als Spanferkel! Abgeschwartet sind sie ruckzuck, und zerlegt werden müssen sie bei dieser Verwertung auch nicht. Abgesehen davon, schießen und verwerten wir Hasen, die weit weniger wiegen.

In Österreich gibt es für schwache Frischlinge – derzeit – keine Ausnahme von dem für Schwarzwild vorgeschriebenen Mindestkaliber und der Mindestenergie. Das ist bedauerlich. Andere europäische Länder lassen teils den Schrotschuss, teils schwächere Kugelkaliber zu.

Voller Sommer

Blattzeit

Zur Reduktion der Rehwildbestände bedarf es der Jagd in der Brunft nicht. Geschossen wird in dieser Zeit allgemein eher wenig, ganz abgesehen davon, dass man nur auf der weiblichen Schiene reduzieren kann. Je mehr Böcke bereits vor der Blattzeit erlegt wurden, umso weniger werden dem Jäger aufs Blatt springen. Daran ändern auch die zu einem „Renner" gewordenen Blattjagdseminare nicht viel. Es sind auch nicht die dabei empfohlenen und verkauften Instrumente, die dem lernwilligen Jäger wirklich helfen, eher die Beherzigung allgemeiner Ratschläge, sein Verhalten beim Blatten betreffend.

In Deutschland und Österreich, ebenso in den Ländern des ehemaligen Ostblocks ist die Blattjagd traditionsbelastet. In anderen Teilen Europas ist sie teils verpönt, teils verboten und gilt vielfach als unweidmännisch. Auch bei uns war sie vor einem Jahrhundert durchaus umstritten.

Wo blatten wir? Am besten auf dem Boden! In welchem Maß Böcke zu denken vermögen, wissen wir nicht, aber dass Geißen nicht in den Baumkronen sitzen, wissen sie ganz bestimmt! Wer Wert auf die Blattjagd legt, der sollte sich in den Wochen davor einen „Blattsteig" richten. Das klingt hochtrabend, heißt aber nichts anderes, als eine Reihe von einfachen Blattständen an vielversprechenden Plätzen, die man nacheinander aufsuchen kann, ohne ins Auto steigen oder unproduktiv lange Wege zurücklegen zu müssen. Manchmal richtet sich der Jäger hinter einem Wurzelstock oder hinter einem großen Stein ein, dann wieder trägt er ein paar Dürrlinge zusammen. Bei der Einrichtung oder Festlegung berücksichtigt man die Hauptwindrichtung, und an manchen besonders „rehträchtigen" Stellen, die man bei schlechtem Wind ungern auslässt, plant man gleich zwei Stände ein – für jede der beiden Hauptwindrichtungen einen. Ein häufiger Fehler ist, dass der Jäger zu nahe an den mutmaßlichen Einstand geht und dabei bemerkt wird. Besser ist es,

Guter Blattstand in einem Allgäuer Revier. Der Jäger kommt dem vermuteten Aufenthalt des Bockes nicht zu nahe, und er muss, wenn dieser springt, nicht überhastet schießen.

hundert oder auch hundertfünfzig Meter wegzubleiben. Dann wird der Jäger nicht so leicht vom Wild bemerkt, auch der Wind spielt dann keine so große Rolle, und der Jäger wird vom springenden Bock nicht überfordert. Halbwegs wichtig ist, dass man geräuschlos zum Stand kommt. Es muss folglich, zumindest die letzten hundert Meter, ein Steig vorhanden sein.

Wie blatten wir? Heute haben es die meisten Jäger furchtbar eilig. Kaum sind sie auf dem Stand, beginnen sie zu quietschen. Das tun sie mit knappen Pausen zehn Minuten hindurch, packen zusammen, gehen weiter und sinnen über einen besseren Blatter nach. Dabei müssten sie eigentlich nur den Jäger – sich selbst – austauschen.

Was der Jungjäger nicht lernt:

- *Bis zu fünfzig Prozent der Geißen paaren sich mit fremden Böcken und unternehmen dazu auch Exkursionen;*
- *Geißen paaren sich auch durchaus mit mehreren Böcken;*
- *Daher haben etwa zwanzig Prozent der Zwillingskitze unterschiedliche Väter.*

Nach Ankunft am Stand immer zehn oder fünfzehn Minuten warten, ehe man das erste Mal blattet. Dann vielleicht nur zwei, drei Fieper, die in der Nähe befindliche Rehe sensibilisieren. Nochmals Pause. Das zweite Gsetzl etwas lauter und länger, gefolgt von einer noch etwas längeren Pause, weil sich manche Böcke viel Zeit lassen. Sie kommen – vor allem, wenn sie schon einmal schlechte Erfahrungen gemacht haben – oft regelrecht angeschlichen, holen manchmal erst Wind. Der Jäger muss jetzt besonders aufmerksam sein, darf sich nicht unnötig bewegen. Er soll aber auch nicht im hellen Sonnenlicht sitzen, weil er dort besonders auffällt. Nach dieser längeren Pause riskieren wir eine dritte Strophe – das Geschrei. Es darf laut und heftig sein, soll ab- und anschwellen, weil sich treibende Rehe ja bewegen. Diese dritte Strophe gilt in erster Linie jenen etwas weiter weg befindlichen Böcken, die uns vorher nicht gehört haben, und jenen schon brunftmüden, die sich nicht gleich aufraffen konnten. Nach der letzten Strophe gilt wieder, was schon nach der ersten und zweiten galt – sitzen bleiben und aufmerksam beobachten!

Zum Abschluss noch ein kleines Erlebnis, das alle jene Leser ermutigen soll, die meinen, beim Blatten nicht den richtigen Ton zu treffen. Am 27. Juli 2014 saß ich abends draußen. Es war warm, und am frühen Abend ging ein Regenschauer nieder. Kaum mehr als hundert Meter rechts von mir trat ein scheinbar junger Bock aus dem Wald und begann zu äsen. Obwohl ich ihn nicht schießen wollte, was leicht möglich gewesen wäre, blattete ich. Eigentlich sollte man das nicht tun, aber zum Leben gehört halt manchmal auch eine Prise Unvernunft. Der Bock zeigte jedenfalls keinerlei Reaktion, er warf nicht einmal auf. Schließlich zog er wieder in den Wald.

Eine Viertelstunde später zog, gemessene vierhundert Meter links von mir, ein anderer, ebenfalls recht jung erscheinender

Beim Blatten ist selten mehr möglich, als Jährlinge und Mehrjährige zu unterscheiden!

Wer in der Blattzeit wirklich Erfolg haben will, darf die Böcke nicht vorher schießen.

Bock aus dem Mais und begann, im Klee zu äsen. Vom ersten Misserfolg noch leicht frustriert, blattete ich erneut, der Entfernung wegen ziemlich laut. Diesen Bock riss es förmlich, und er kam in hohen Fluchten bis vor meine Leiter, verhoffte, ließ sich anschauen, suchte nach der vermeintlichen Geiß und zog schließlich – immer wieder zu mir heräugend – zum Waldrand. Ich wollte auch ihn nicht schießen, und so unterließ ich weitere Blattversuche. Der Bock blieb bis in die späte Dämmerung am Waldrand, ehe er dort einzog.

Wäre es an diesem Abend beim ersten Blattversuch geblieben, hätte ich an meiner Kunst gezweifelt. Wäre nur der zweite Bock ausgetreten und gesprungen, wäre ich auf meine Blattkunst stolz gewesen. So aber blieb die schon oft gemachte Erfahrung, dass es weniger unsere Blattkunst ist als die von den Böcken gespürte Lust und ihre Launen!

Mehr als einmal standen mir aufs Blatten neugierige Geißen zu, während ihre männlichen Begleiter völlig desinteressiert blieben.

Rotwild in der Feistzeit

In Österreich dürfen im Sommer schon Alttiere und Kälber geschossen werden. Mit dieser frühen Freigabe soll die Abschusserfüllung erleichtert werden. Eher wird jedoch das Gegenteil erreicht. Man muss sich die Wirkung vergegenwärtigen, wenn im Juli oder August in ein Kahlwildrudel geschossen wird! Die Vertrautheit des Wildes ist dann dahin, und das Misstrauen wird mit in die Brunft genommen. Wurden zuvor jedoch schon Spießer und Schmaltiere geschossen, ist es mit der Vertrautheit ohnehin vorbei. Für viele Jäger ist das ein Dilemma. Sie sollen immer mehr Rotwild erlegen, die Jagdzeiten werden vorgezogen, teils auch nach hinten ausgedehnt, andererseits wird längere Jagdruhe fürs Wild eingefordert.

Die Bejagung im Hochsommer ist jedoch nicht nur kritisch, sondern auch differenziert zu sehen. Reviere, in denen Rotwild eher als Wechselwild vorkommt oder die nur wenige Stücke frei haben, wird man schwer von einer sommerlichen Jagdruhe überzeugen können. Sie lassen dabei vielleicht Chancen verstreichen, die im Herbst nicht mehr wiederkehren. Anders verhält es sich in typischen Rotwildrevieren mit geschultem Jagdpersonal, obwohl auch dort unterschiedliche Meinungen und Standortbedingungen gelten. Es kommt eben auch darauf an, wo und auf was man schießt. Stehen irgendwo Alttier, Kalb und Schmaltier alleine und gelingt es, zumindest Kalb und Alttier gemeinsam zu erlegen, ist die Störung sicher geringer als beim Schuss ins Rudel. Ebenso macht es einen Unterschied, ob in den Haupteinständen oder auf den Hauptäsungsplätzen geschossen wird oder irgendwo am Rande.

Nicht ganz so dramatisch sind die Auswirkungen, wenn jetzt nur auf den einen oder anderen Feisthirsch geschossen wird. Nicht, dass Feisthirsche es als lustig empfinden, im Sommer bejagt zu werden, aber ein oder zwei Erntehirsche in einem großen Revier werden noch keine anhaltende Unruhe beim Kahlwild auslösen. Und die Feisthirsch-Einstände sind nicht unbedingt die größerer Kahlwildrudel.

Sommergams

Eigentlich ist es in mehrfacher Hinsicht sinnvoll, die Gams im Sommer und Frühherbst zu bejagen. Ob man das kann, hängt weitgehend von den Revierverhältnissen ab. Nicht jedes Revier verfügt über Hochlagen. Mancherorts muss man warten, bis die Gams vom einbrechenden Winter nach unten gedrückt werden. Andererseits wird immer wieder empfohlen, die Jagd auf die Waldgams zu konzentrieren und die Hochlagen jagdlich zu beruhigen.

Sicher ist, dass die Jagd im Sommer den Gams weniger Energie abverlangt, als die Bejagung in der Brunft oder überhaupt bei Schnee. Das gilt natürlich auch für den Jäger, vor allem für den älteren. Der Schnee schränkt die jagdlichen Möglichkeiten ein, einfach, weil auch die Bergung des erlegten Wildes unkalkulierbar und schwerer, ja manchmal sogar unmöglich wird.

Also die Gams im Sommer doch nur im Wald bejagen? Zunächst einmal verfügen längst nicht alle Gamsreviere über einen entsprechenden Waldanteil. Und wenn doch, dann zieht es die Gams im Sommer eher hinauf als hinunter. Gerne stehen die alten Böcke im Wald, besonders in schattigen, kühlen Gräben. Sie sind aber nicht die einzigen. Auch kleine Rudel aus Geißen und Jungwild ziehen den Wald den Hochlagen vor. Während ältere Böcke oft nur den Sommer im Wald verbringen, bleiben ihm Gaisen mitunter das ganze Jahr hindurch treu.

Es stimmt nicht, dass Gams im Wald nichts „verloren haben" und bei geringerer Wilddichte grundsätzlich oberhalb der Waldgrenze stünden. Der Wald ist – wenn er nur ausreichend Felspartien aufweist – seit jeher Gamslebensraum. Allenfalls wird er vom Menschen nicht als solches akzeptiert. Im Karst, wo der Fels vielerorts an die Oberfläche tritt, finden wir die Gams auch im reinen Waldgebirge; sie brauchen die offene Alm nicht.

> *Entscheidend für die Gams ist weniger die Alm, als das Vorhandensein von Felspartien, auch im Wald.*

Alter Gamsbock. – Im Sommer hat der Jäger mehr Zeit und Ruhe, die Gams zu beobachten als in den Wochen der Brunft, wenn er mit Kälte und Schnee zu kämpfen hat, weite Wege zu Fuß zurücklegen, Gäste führen und gleichzeitig noch den Rotwildabschuss erfüllen muss.

Mit einem Widerspruch müssen wir leben: Bejagen wir die Gams im Sommer in den Hochlagen, beunruhigen wir dort gleichzeitig das Rotwild. Bejagen wir sie im Wald, ist die Jagdruhe auf Hochwild auch dort nur noch die Hälfte wert.

Sommersauen

Hat sich bei uns Schwarzwild als Standwild oder als „regelmäßiger Nutzer" eingeschrieben, müssen wir jetzt verdammt wachsam sein, um nicht in die roten Zahlen zu kommen. Sprich: Jetzt können in wenigen Tagen erhebliche Wildschäden entstehen, nicht so sehr in den Wiesen- und Weideflächen, sondern vor allem im Getreide, im Raps und in den Kartoffeln. Da heißt es an den gefährdeten Flächen, möglichst täglich, Nachschau halten oder halten lassen. Das ist gar nicht immer so einfach, weil die Schläge mit steigender Parzellengröße unübersichtlich werden. Hat es längere Zeit nicht mehr geregnet und ist der Boden staubtrocken, übersehen wir Fährten sehr leicht. Am ehesten sind die

Im Juli und mehr noch im August entstehen die meisten Schwarzwildschäden im Getreide. An erster Stelle steht Mais, gefolgt von Weizen.

Einwechsel ins Getreide oder in den Raps zu sehen. Manchmal gewährt ein Hochsitz Einblick von oben und lässt uns Lagerschäden erkennen.

Wer regelmäßig Ärger wegen Schwarzwildschäden hat, wird auf die Errichtung eines E-Zaunes drängen. Zulassen muss einen solchen der Landwirt nicht. Ist aber ein E-Zaun vorhanden, wird ständige Kontrolle und Wartung notwendig. Das größte Problem ist das Freihalten der Zauntrasse, weil Pflanzen, die mit dem Zaun in Kontakt kommen, den Strom ableiten. Hinzu kommt, dass die Sauen manchmal – trotz Strom – einfach durchbrechen und die Parzelle dann längere Zeit nicht mehr verlassen. Aus größeren Parzellen sind sie auch mit Hunden nicht so ohne weiteres herauszutreiben. Am ehesten gelingt dies mit einem Tonträger, der das Angstgeschrei eines Frischlings wiedergibt.

Mit der Nähe zum Wald steigt die Wildschadensanfälligkeit einer landwirtschaftlichen Fläche.

Es gibt keine offiziellen Zahlen dazu, aber mit großer Wahrscheinlichkeit werden die meisten Murmeltiere von Jagdgästen erlegt, und von diesen sind viele Aus- oder zumindest Flachländer. Murmeltiere sind halt relativ billig, und fast jeder Jäger hat den Wunsch, wenigstens einmal im Hochgebirge zu jagen.

Für die Besitzer kleiner Eigenjagden im Almbereich bringt der Abschussverkauf von zwei, drei Murmeltieren nicht selten mehr als der Holzeinschlag, dessen Erlös von den schwierigen Bringungsverhältnissen gefressen wird.

Natürlich will jeder Jäger einen möglichst alten, starken Bären erlegen. Was aber passiert, wenn ihm das gelingt? Die wenigsten Jäger wissen, was sich abspielt, wenn das männliche Oberhaupt einer Murmelfamilie ausfällt. Zunächst einmal verschiebt sich das Verhältnis alter zu junger Murmeltiere beim Winterschlaf ungünstig. Das tut es natürlich auch dann, wenn ein altes Tier auf natürliche Weise stirbt. In beiden Fällen taucht jedoch bald ein neuer erwachsener Bär auf und übernimmt die Familie. Ohne weiteres Blutvergießen geht das selten, denn der neue Bär tötet zumindest die noch nicht einjährigen Jungen. Ein solches Verhalten ist auch von vielen anderen Tierarten bekannt. Das Motiv für dieses Verhalten ist bei manchen Arten die schnellere Paarungsbereitschaft der Weibchen, wenn die Jungen tot sind. Bei den Murmeltieren wird vermutet, dass es eher um den Wärmehaushalt während des Winterschlafs geht. Je weniger Junge im Verhältnis zu den Alten überwintern, desto besser für diese! Wer sich in einem Kursus auf die Jägerprüfung vorbereitet, hört davon freilich kaum etwas, und in der vorbereitenden Literatur ist auch nichts davon zu lesen.

Die Sterblichkeit junger Murmeltiere während des Winterschlafs ist immer hoch, und der Adler schlägt fast ausschließlich Jungtiere. Die Jungen sind entsprechend leichter zu erbeuten, weil sorgloser und leichter zum Horst zu tragen. Damit sind die Verluste durch den Adler aber auch zu einem guten Teil kompensatorisch.

Nur wenige Bilder zeigen so den Zwiespalt unseres Jagens wie dieses: Von Touristen lassen sich Murmel verwöhnen, vor uns Jägern flüchten sie in die Baue. Man kann sich einfach an ihnen erfreuen und man kann sie erlegen, um sie zu essen oder ihr Fett zu nutzen. Aber muss man Murmeltiere einfach so „zur Gaudi" schießen?

In der Früh und auch sonst kommt fast immer der dominante Bär aus dem Bau. Ihm folgt die dominante Katze. Erst danach erscheinen die Jungen an der Oberfläche. Wer also den Abschuss des dominanten Bären vermeiden will, muss warten und seine Wünsche zurückstecken.

Was den meisten Jägern beim Schalenwild selbstverständlich ist, nämlich beim Abschuss mit den Jungen und vor allem bei den Schwächsten zu beginnen, hat bei der Murmeljagd leider keine Bedeutung. Hier schert der menschliche Jäger völlig aus der Reihe. Der Adler holt sich fast nur Jungtiere. Krankheiten und Parasiten führen vor allem bei ihnen zum Tod, und auch die Wintersterblichkeit greift kaum nach erwachsenen Murmeltieren. Der Mensch aber stellt die Vernunft auf den Kopf!

Die meisten der in Österreich erlegten Murmel landen beim Präparator oder beim Gerber. In anderen Murmelgebieten, beispielsweise in der Schweiz, ist das etwas anders. Dort hat das Wildbret einen viel höheren Stellenwert als bei uns. Bei den zu Beginn der Jagdzeit geschossenen Murmeltieren ist der Fettanteil am geringsten. Ebenso ist der Fettanteil bei jungen Tieren geringer als bei erwachsenen. Damit eignen sich die im Sommer erlegten Jungtiere für die Küche am besten. Nur – wer schießt die schon?

Verwertung in der Küche: Murmeltiere werden in derselben Weise abgebalgt wie Hasen. Am freigelegten Wildkörper fällt sofort das viele Feist auf, das wirklich penibel entfernt werden muss. Es enthält viele essenzielle Fettsäuren, die für den Winterschlaf unerlässlich sind, aber in der Wärme rasch flüssig werden. Die Bearbeitung wird dann schwieriger. Neben dem weißen Feist oder Fett haben Murmeltiere im Schulter- und Nackenbereich auch noch Drüsen mit sogenanntem „braunem Fett" (Farbe Beige bis Lachsrosa). Dieses macht, wenn es vor der Zubereitung nicht restlos entfernt wird, das Wildbret ungenießbar.

Der sauber vorbereitete Wildkörper wird in der auch bei anderem Wild üblichen Weise zerlegt. Die einzelnen Teile werden ohne Fett oder Öl kurz und scharf angebraten, wobei Fett freigesetzt wird. Dieses wird, nachdem die Teile aus der Pfanne genommen wurden, entfernt. Die weitere Zubereitung – als Braten oder Ragout – erfolgt wie bei vergleichbaren Wildarten.

Junge Murmel im Sommer zu erlegen, kann durchaus sinnvoll sein, auf alle Fälle aber ohne Nachteil für den Familien-Clan. Wer jedoch starke alte Murmel im Sommer erlegt, erwischt entweder die führende Katze oder den Bär. Beides wirkt sich fatal aus. Trifft es den Bär, so tötet sein Nachfolger die diesjährigen Jungen. Wird der starke Bär kurz vor dem Winterschlaf erlegt, so fehlt er als „Wärmequelle", was sich für den ganzen Clan verheerend auswirken kann!

Wozu eigentlich einen Dachs?

Die meisten Jäger haben an der Bejagung des Dachses kein Interesse, und in der Tat muss er auch nicht bejagt werden. Die Dachsbestände regulieren sich durchaus selbst. Selbst dort, wo eine Bejagung stattfindet, erntet der Straßenverkehr meist mehr als der Jäger. Früher war das auch nicht notwendig, aber die Bejagung machte Sinn, weil die erlegten Dachse verwertet wurden. Auch wenn ihr Wildbret nicht überall beliebt war, so bestand doch eine große Nachfrage an Dachshaar für die Fertigung von Pinseln und an Dachsfeist, das von Apotheken geschätzt wurde. Daneben fanden aber auch die Schwarten noch Absatz und teilweise das Wildbret. Letzteres wird in anderen europäischen Ländern heute noch geschätzt und teuer bezahlt.

Ungeachtet der Verwertungsfrage gibt es heute immer wieder Situationen, in denen die Bejagung gefordert wird. Manchmal sind es Winzer, denen die Dachse Ärger bereiten, dann wieder reißen letztere die Folien von Siloballen auf, oder sie bauen in Hausgärten ihre zentralen Toiletten.

Dachse unterm Sommermond: Machen die Dachse irgendwo Schäden, etwa in Weinbergen, setzt man sich einfach dort an und wartet auf sie. Meist nehmen sie vom Bau zu ihrer „Baustelle“ denselben Pass. Der Dachs lässt sich aber im Feld auch recht einfach mit überreifem Obst ankirren. Die den Waldrändern vorgelagerten Wiesen werden von ihm ohnehin regelmäßig abgesucht, und seine Nase wie seine Ortskenntnis sagen ihm, wo etwas zu finden ist. Was wir brauchen, ist ein Hochsitz (zur Not geht es auch ohne) bei einer abgemähten Wiese, auf der wir kirren, und eine halbwegs helle Sommernacht.

Dachse suchen aber auch so ganz gerne Bäume im Feld auf, von denen die reifen Früchte fallen. Besonders beliebt sind süße Birnen und Zwetschken. Wie viele Wildarten benutzen auch Dachse gerne Wege zur Fortbewegung. Steht an einem Feldweg auch noch ein Zwetschkenbaum, der gerade seine überreifen Früchte abwirft, brauchen wir nur noch unser altbewährtes Stockerl, minimale Deckung und etwas Geduld.

Am Bau: Ein alter Spruch sagt: „Wer den Bau hat, hat den Dachs!“ Da ist etwas dran, und auch ich schoss meine ersten Dachse alle am Bau. Allerdings sind Dachse, was die Zeit ihres abendlichen Aufbruchs betrifft, etwas unzuverlässig. Manchmal erscheinen sie schon am hellen Abend, dann wieder warten sie, bis es stockfinster ist. Mir ist es, wenn ich am Bau auf dem Boden saß, mehrfach passiert, dass eifrig herumsuchende oder miteinander spielende Dachse bis vor meine Stiefel liefen. Dann warfen sie völlig perplex auf, zogen die Luft ein und nahmen hochflüchtig die nächste Röhre an. Je häufiger der Jäger am Bau sitzt und bemerkt wird, umso unzuverlässiger werden die Dachse.

Besser ist der Ansitz in der Früh. Lässt sich abschätzen, von welcher Seite sie den Bau anlaufen, ist es gut, sie schon ein Stück entfernt abzupassen. Dann besteht nicht so sehr die Gefahr, dass ein beschossener Dachs noch den Bau annimmt.

Verwertung: Eigentlich kann man alle heimischen Wildarten in der Küche verwerten, doch wird heute – mangels Hunger – niemand mehr bereit sein, einen Fuchs in die Pfanne zu hauen. Der Dachs hingegen findet noch einige wenige Liebhaber. Wer das Wildbret des Dachses verwerten will, der muss ihn umgehend aufbrechen und dabei auch die an der Schwanzwurzel sitzende Drüse sorgfältig und großzügig ausschneiden. Das ist wichtig! Hernach innerhalb 24 Stunden abschwarten und die dicke, unter der Schwarte sitzende Feistschicht entfernen. Danach lässt man den Wildkörper einige Tage in der Kühlkammer reifen. Bei den Franzosen sind vor allem die Keulen sehr beliebt, die üblicherweise geräuchert und auch überaus teuer gehandelt werden. Wer im Internet schaut, findet auch in Deutschland kommerzielle Anbieter von Dachsschinken. Unbedingt notwendig beim Allesfresser Dachs ist die Trichinenbeschau! Gegenwärtig wird Dachsschinken im Internet für 50 Euro je Kilogramm angeboten.

So wird's gemacht: Zwei entbeinte Keulen vom Dachs absolut sauber vom Feist befreien und dann mit einer Mischung aus Pökelsalz und Gewürzen einreiben.

Die Keulen in diesem Zustand vakuumieren und drei Wochen in der Kühltruhe lagern. Danach selchen (räuchern). Wer kein

Beispiel einer Gewürzmischung:

- *30 bis 50 g Pökelsalz*
- *3 g Pfeffer, gemahlen*
- *1 bis 2 g Pfeffer, geschrotet*
- *10 gehackte Wacholderbeeren*
- *1 zerböseltes Lorbeerblatt*
- *3 zerdrückte Knoblauchzehen*

Risiko eingehen möchte, lässt die Keulen von einem Fleischer selchen.

Das Schmalz des Dachses enthält wie jenes der Murmeltiere etwas Cortison und kann somit gegen Rheuma und Gelenksentzündungen eingesetzt werden. Allerdings wird sich heute – außer ein paar jagdlichen Patrioten – kaum noch jemand damit einschmieren. Wer es regelmäßig tut, erschwert sich damit signifikant das Finden einer Lebenspartnerin. Unproblematischer ist der Einsatz von Dachsschmalz als Pflegemittel für Lederwaren.

Tauben in den Feldern

Der August ist eine gute Zeit, im Feld Tauben zu jagen. Auch wenn sie bis dahin nicht sonderlich in Erscheinung traten, sobald über die ersten Getreidefelder der Mähdrescher fuhr, sind sie da. Die Frage ist immer nur die: Wie kommt man an sie heran? Am einfachsten ist das, wenn neben dem abgedroschenen Getreidefeld noch Mais steht. Wir setzen uns dann einfach in die erste Reihe des Maisackers – möglichst weitab vom nächsten Weg – und brechen einen oder zwei Maisstängel in halber Höhe um, damit wir Schussfeld haben.

Früher nahmen wir uns ein paar auf dem Feld liegende Strohballen und fügten sie zu einem Schirm zusammen, doch heute werden fast nur noch die großen Rundballen gepresst. Wir können uns aber auch einfach ein Tarnnetz besorgen, dazu ein paar Fichtenstangen und so in Minutenschnelle ein Tarnzelt bauen. Solche Tarnzelte mit Teleskopstangen werden auch im Handel angeboten. Am besten stellt man den Schirm oder das Zelt direkt an einen Maisacker, an eine Hecke oder unter einen einzelnen Feldbaum.

Damit die Tauben auch in Schussnähe des Schirmes einfallen und nicht irgendwo, können wir entweder mit etwas Getreide anlocken oder gleich Locktauben aus Kunststoff aussetzen. Am besten macht man beides. Zuerst etwas anfüttern und dann, wenn man jagen will, auch noch die Locktauben aufstellen. Neben den Vollplastiken gibt es die sogenannten „Halbschalen". Letztere werden auf Stäbe gesteckt und bewegen sich dadurch im Wind. Daneben gibt es noch ein sogenanntes „Tauben-Karussell", bei dem sich mehrere Kunststofftauben mit geöffneten Schwingen im Kreis drehen. Mir sind die Halbschalen die liebsten, weil sie sich, ineinander gesteckt, leicht transportieren lassen und eine gute Lockwirkung haben.

Die Attrappen sollten nicht weiter als zwanzig Meter von unserem Ansitzplatz ausgesetzt werden, damit wir die Tauben beim Landen oder Starten beschießen können. Tauben äsen gerne in Breitfront, und sie starten und landen bevorzugt gegen den Wind. Am liebsten fallen sie inmitten ihrer Artgenossen ein. Das berücksichtigen wir beim Aufstellen der Attrappen.

Hühnerschrot, mehr nicht: Der sicherste Schuss ist der beim Einfallen der Tauben, kurz vor dem Boden. Sie haben dann schon stark abgebremst und bieten mit ihren geöffneten Schwingen ein großes Ziel. Die zweitbeste Möglichkeit ist der Schuss auf aufstehende Tauben, der eigentlich nur vorkommt, wenn wir nicht auf die ersten einfallenden Tauben schießen. Kontraproduktiv ist es, vorüberstreichende Tauben zu beschießen. Je mehr Tauben sich auf dem Acker befinden, desto höher und nachhaltiger ist ihre Lockwirkung! Also die Ersten unbeschossen einfallen lassen und abwarten.

Das einzig brauchbare Gerät ist die Doppelflinte, egal ob quer oder übereinander, geladen mit 2,5 Millimeter starken Schroten. Immer wieder wird behauptet, wegen der harten Schwungfedern seien stärkere Schrote notwendig, doch das ist schlicht Unfug.

Gute Schrotschützen können Ringeltauben im Feld auch bei einzelnen höheren Bäumen oder kleinen Feldgehölzen bejagen. Ringeltauben haben durchaus so etwas wie Luftwechsel, und im weiten offenen Feld legen sie ihre „Wechsel" bevorzugt über solche Bäume oder Baumgruppen hinweg, die ihnen auch als Ruhestationen dienen.

Tauben mit goldbraun gebratener Haut schmecken zwar sehr gut, müssen aber zuvor gerupft werden. Was dann in der Pfanne so einladend ausschaut, ist in Wirklichkeit nicht viel, denn außer den beiden Brustmuskeln ist kaum etwas dran an einer Taube. Wer will, darf sich damit begnügen, nur die Brust zu rupfen und die beiden Muskeln auszulösen. Das ist keine große Arbeit und im Nu erledigt.

Krähen

Im August haben sich die Jungkrähen längst zu mehr oder weniger großen Schwärmen zusammengeschlossen, wahrscheinlich oft vergesellschaftet mit den zahlreichen Junggesellen, die nicht gebrütet haben. Das ist die Zeit, in der es sich lohnt, am Nachmittag oder Abend mit der Flinte ins Feld zu gehen. Krähen fallen, wie Ringeltauben, gerne auf abgeernteten Feldern ein, um aufzusammeln, was beim Drusch liegen blieb. Sie sind aber etwas später auch Dauergäste im reifenden Mais. Man kann sie bejagen wie Ringeltauben. In manchen Revieren haben Krähen auch tradierte Schlafplätze, wo sie gemeinsam in den Kronen der Bäume nächtigen. Auch dort liefert der Anstand den einen oder anderen Vogel.

Wer heute noch gezielt auf Krähen Jagd macht, tut dies meist in der Vorstellung, damit die Welt des Niederwildes zu retten. Was er schießt, wirft er weg. Meine Sache war das nie. Aber wenn einer um des Jagens wegen Krähen schießt, eben weil es spannend ist und deutlich mehr erfordert als der Abschuss eines Rehs, hat, wenn er seine Beute auch noch verwertet, meine volle Sympathie!

Krähen sind neugierig: Ein Jäger vom Oberrhein zeigte mir, wie er und seine Kollegen Krähen bejagen. Sie tun das nicht des

Die Jagd auf Krähen ist nicht nur äußerst spannend, sondern erfordert auch enormes Wissen und Können; der Erfolg steht und fällt mit dem Lockbild, das perfekt angelegt sein muss.

viel zitierten „ökologischen Gleichgewichtes“ wegen, sondern weil ihnen die Krähenjagd schlicht Spaß macht und weil sie die Krähen samt und sonders in der Küche verwerten.

Im dortigen Revier hat der ausufernde Maisanbau dem Niederwild längst das Genick gebrochen, aber zwischen den Maisschlägen gibt es noch ein paar Getreideäcker, auf denen nach dem Drusch gerne die Krähen einfallen. Zu ihrer Bejagung notwendig ist eine tote Krähe. Mit dieser nähern sich die Jäger (nicht mehr als zwei, maximal drei) im Mais vorsichtig den Krähen auf dem abgeernteten Getreideacker. In der Nähe des Randes machen sie mit dem Krähenlocker ein lebhaftes Geschrei und werfen dabei die tote Krähe hoch in die Luft, sodass sie auf den benachbarten Acker fällt. Die Reaktion der übrigen Krähen ist jedes Mal die, dass sie, ebenfalls unter Lärm, aufstehen und dort überm Mais kreisen, wo ihr Artgenosse hochgeworfen wurde. Dabei können sie ziemlich leicht erlegt werden.

Eine andere Methode ist die mit dem ausgestopften Fuchs. Die Jäger breiten vor dem Mais ein weißes Betttuch aus und setzen einen ausgestopften Fuchs darauf. Die Wirkung ist dieselbe wie früher mit dem vor der Krähenhütte sitzenden Uhu.

Nicht nur Krähensuppe: Bis in die 1960er-Jahre hinein war es bei uns noch selbstverständlich, die Krähen in der Küche zu verwerten. Die meisten landeten wohl in einer Suppe. Krähenwildbret taugt aber durchaus zu Höherem! In Holland lernte ich einen Jäger kennen, der mit dem Krähen-Wildbret Pizzas belegt.

Am besten häutet man die Vögel, das geht ganz schnell. Soll das Fleisch hernach angebraten werden, löst man nur die beiden Brustfilets aus. Will man das Wildbret jedoch für eine Suppe nutzen, ist es einfacher, den oder die Vogelkörper zuerst abzukochen und das Wildbret von den Knochen zu lösen.

Die ziemlich fettige Brühe lässt man abkühlen, wobei sich das Fett oben absetzt und festigt, sodass man es einfach abnehmen kann. Danach wird in ihr in Streifen oder Scheibchen geschnittenes Gemüse gegart, gewürzt und zum Schluss das klein geschnittene Wildbret zugegeben.

Im Frühherbst

Kitz und Geiß

Ein Beispiel: Ein paar letzte Apfelbäume hinter den Häusern. Kaum 200 Meter weiter der Wald, am Rande eine Ansitzleiter. Zufällig fahren wir in der Nacht vorbei, sehen Rehe unter einem der Bäume Äpfel aufnehmen. Am anderen Morgen, bei der Fahrt zur Arbeit, schauen wir wieder dort vorbei, steigen aus. Unter den Bäumen ist der Tau verletzt, also waren die Rehe in den Morgenstunden wieder oder immer noch da. Aber in der Wiese vorm Wald ist der Tau unverletzt, da ist nichts gezogen. Wir schauen auf der gegenüberliegenden Straßenseite, finden Rehfährten im blanken Acker. Weit draußen ein Maisacker. Also am Abend beim Maisacker vorbeischauen, abfährten. Wir tun dies nicht still und geheimnisvoll, sondern ganz offen und laut redend; die Rehe im Maisschlag sollen nicht verunsichert werden. Tatsächlich – auf dem Weg vor dem Acker Rehfährten, sogar eine gefegte Maispflanze am Rand.

Die Rehe zogen hier nicht von den Apfelbäumen durch die Wiese in den nahen Wald, sondern verbrachten den Tag im viel weiter entfernten Maisacker – keine Schwammerlklauber, keine Spaziergänger mit Hunden und obendrein Kraftfutter in Form von Maiskolben. Irgendwie logisch!

Schon ist der Jagdplan fertig: Frühansitz in der ersten Reihe des Maisackers. Es genügt, zwei Maisstängel in halber Höhe zu knicken. Zum Sitzen das Stockerl oder noch besser den Klapprucksack, dazu ein Stecken zum Anstreichen. Am Abend vorbereiten? Nein – nur schauen, wo wir den besten Kugelfang haben, und in der Früh den Wind beachten. Natürlich müssen wir vor Büchsenlicht sitzen und den Acker von hinten her angehen.

Rehherz in der Küche: Zu den Teilen, die dem Jäger immer bleiben, gehört das Herz. Ist es nicht zerschossen, wird es unter Beigabe von Suppengemüse (Lauch, Karotten, Zwiebel), Pfeffer und Salz gekocht, anschließend herausgenommen und in dünne Blättchen geschnitten. Diese werden kalt in einer Vinaigrette aus Wasser, Öl, Essig, Salz und Pfeffer angerichtet, mit Zwiebelringen garniert und mit einem Schuss Kernöl verfeinert.

Wildenten

An Gräben und Bächen: Anfang September hat ein Teil der Mutterenten die Schwingenmauser noch nicht voll abgeschlossen. Diese Enten drücken sich, weil sie Mühe haben, hochzuwerden. Besonders spät geschlüpfte Jungenten haben ebenfalls die Neigung, sich zu drücken. Das hat die angenehme Wirkung, dass nicht die gesamte „Besatzung" eines Gewässers beim ersten Schuss hochwird und am Horizont verschwindet. Die Konsequenz ist, dass wir uns etwas Zeit nehmen und die Hunde den Schilfgürtel sorgfältig absuchen lassen, auch wenn das Gros der Enten längst aufgestanden ist.

Jeder mag 's anders, aber für mich ist die schönste Art, Enten zu jagen, wenn ich alleine oder zu zweit Bäche oder Gräben abgehe. Die effizienteste Art ist es dennoch nicht. Streift man den Bach oder Graben entlang, stehen die Enten häufig schon außer Schussweite ab. Stößt man aber in Bögen immer wieder ans Ufer vor oder geht man gezielt nur jene Stellen an, an denen erfahrungsgemäß Enten liegen, bleiben größere Uferteile unbejagt. Je nach Uferbewuchs stehen die angegangenen Enten aber auch so auf, dass wir nicht zu Schuss kommen.

Jäger am Bach mit Hund.

Egal, ob wir mit dem Hund am Bach entlangstreifen oder ob wir immer wieder ausholend auf ihn zugehen, es ist zweckmäßig, am Ausgangs- und am Zielpunkt ein oder zwei wirklich gute Schützen zu postieren. In der Regel kreisen die Enten, sobald sie die Kronen der Uferbäume unter sich gelassen haben; sie tun dies, um Höhe zu gewinnen. Dabei fliegen sie häufig die Vorstehschützen an. Manchmal, vor allem, wenn sie gegen den Wind starten können, streichen Enten aber auch einfach den Bach entlang und kommen so wieder zu einem Vorstehschützen.

Ohne Hund lässt sich – ungeachtet der rechtlichen Situation – am Wasser nicht wirklich jagen. Wir sollten ihn beim Abstreifen oder Angehen von Bächen und Gräben aber nicht frei suchen lassen, weil er uns die meisten Enten vorzeitig hochmacht.

An Teichen: Beim Bejagen von Teichen tritt das gleiche Problem auf wie an Bächen – die Enten werden vorzeitig hoch! Das lässt sich – Disziplin der Jäger vorausgesetzt – relativ leicht verhindern:

– Die Stände und die Zugänge müssen vorbereitet sein.
– Die Schützen dürfen beim Angehen nicht gesehen werden.
– Hunde bleiben zunächst angeleint und müssen absolut ruhig sein.

- Die Schützen beziehen zunächst in einer „sicheren" Warteposition Stellung und rücken erst zur abgesprochenen Zeit zu ihren Ständen vor.
- Der Jagdleiter und kein anderer (!) gibt den Hebschuss oder ein entsprechendes Signal.

Häufig erlebt man folgende Situation: Die ersten Enten werden hoch, ziehen vielleicht noch einen Kreis überm Wasser, und ein regelrechtes Feuerwerk wird abgebrannt; es wird auf unsinnige Entfernungen geschossen. Jetzt steht in Panik fast der komplette Rest der im Schilf liegenden Enten auf, aber die meisten Flinten sind leer. Es wird hastig nachgeladen und noch hastiger auf noch unsinnigere Entfernungen geschossen. Feierabend!

Abend- und Morgenstrich: Das ist eine feine Jagd ohne großes Spektakel. Zudem eine, bei der sich der Jäger konzentrieren kann. Das Prinzip ist einfach. Enten sind dämmerungs- und nachtaktiv. Tagsüber ruhen sie gerne, putzen und sonnen sich. Am Abend streichen sie zu ihren Äsungsplätzen. Das kann eine

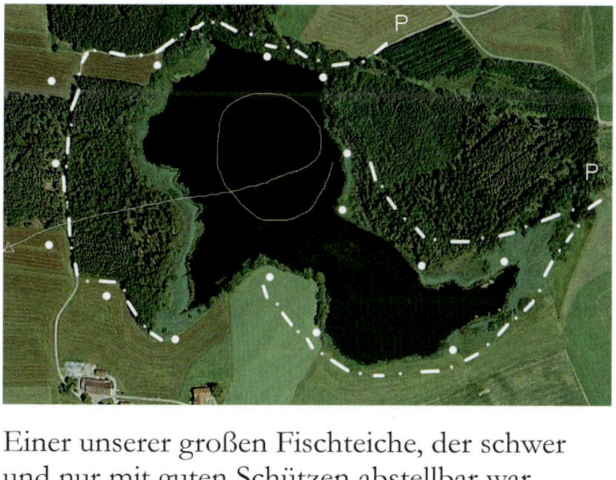

Einer unserer großen Fischteiche, der schwer und nur mit guten Schützen abstellbar war. Wichtig war, dass die direkt am Ufer vorgesehenen Schützen ihre Stände erst einnahmen, wenn die im Wald (links) postierten „Turmschützen" standen. Fast immer versuchten die Enten, in der Mitte des Teiches Höhe zu gewinnen (dünne Linie), ehe sie ausbrachen.

Bäche eignen sich für die Jagd mit Lockenten sehr gut, weil das fließende Wasser die Enten in Bewegung hält. Am einfachsten ist es, sie mit unterschiedlich langen Schnüren an eine lange Stange zu knüpfen, die quer über den Bach gelegt wird.

einzelne Eiche im Feld sein, von der die Früchte fallen, aber auch Lagergetreide im Sommer oder ein eben abgedroschener Maisacker. Auf größeren und vor allem nahrungsreichen Gewässern verbringen Enten nicht nur den Tag, sondern auch die Nacht. Dann fällt der Strich aus.

Enten, die am Abend zur Äsung streichen, kehren am Morgen zurück. Auch dabei sind sie erfolgreich zu bejagen. Benötigt werden immer vorbereitete Stände, die dem Jäger Deckung geben, ihn aber beim Schießen nicht behindern.

Lockenten und Lockruf: Wer die in der Früh auf ihr Ruhegewässer zurückkehrenden Enten etwas steuern will, was gerade bei größeren Gewässern sinnvoll ist, der sollte noch in der Dunkelheit wenigstens ein halbes Dutzend Lockenten aussetzen. Enten fallen gerne in Gesellschaft ein, denn dort, wo schon Artgenossen auf dem Wasser liegen, droht wenig Gefahr. Damit sich die Lockenten im Wasser nicht verselbständigen, knüpfen wir an jede zwei Schnüre. Eine entspricht etwa der Wassertiefe des Aussetzungsortes. An ihr freies Ende knüpfen wir einen Stein oder ein Stück Eisen. Die zweite Schnur muss länger sein und bis zum Ufer reichen. Sie hilft uns, die Enten später wieder

an Land zu holen. Wer sie bis zum nächsten Einsatz einfach auf dem Wasser dümpeln lässt, macht sie wertlos.
Eine Alternative zu den Lockenten ist der Lockruf. Dazu ist im Handel eine ganze Reihe geeigneter Instrumente erhältlich. Wenn die Enten in der Früh in ihrem Ruhegewässer einfallen, verändern sie oft noch mehrmals ihre Position. Sie streichen von einem Teichende zum anderen oder von einer Bucht in die nächste. Mit dem Ruf wird die Anwesenheit von Artgenossen und Sicherheit vermittelt, mit Lockenten wird sie sozusagen bestätigt. Während der Lockruf vor allem jene Enten anspricht, die schon oder noch im Schilf oder auf dem Wasser sind, werden Lockenten vor allem aus der Luft entdeckt, also von ankommenden Enten, die ihre „Info-Runde" über dem Gewässer drehen. Meist werden Entenlocker und Lockenten gemeinsam eingesetzt.

Der Jäger muss gut getarnt sein, um nicht frühzeitig entdeckt zu werden. Gleichzeitig ist es angenehm, sitzen zu können. Am besten geht man ins seichte Wasser und macht sich im Schilf eine Plattform, auf der man beim Schießen stabil stehen kann. Hierzu eignen sich Euro-Paletten, die auf vier kräftige, in den Gewässerboden getriebene Pfähle genagelt werden. Auf ihnen kann mit geringen Mitteln eine Sitzgelegenheit angebracht werden.

Wildenten in der Küche: Was die Verwertung von Wildenten etwas mühsam macht, ist das Rupfen. Dieses können wir uns ersparen, wenn wir entweder nur die beiden Brustfilets auslösen oder die Ente einfach abbalgen. In beiden Fällen geht uns die Haut verloren, die goldbraun angebraten nicht nur optisch etwas hermacht, sondern auch gut schmeckt. Wer sich dafür entscheidet, die Ente abzubalgen, hat nicht nur die Brüste zum Kurzbraten. Aus dem Rest lässt sich unter Beigabe von Wurzelgemüse, Thymian, Pfeffer und Salz eine herrliche Suppe herstellen.

> *Wenn das Trefferergebnis bei einer Entenjagd 1:4 beträgt, wird dies gemeinhin als recht gut angesehen. Was aber bedeutet es, wenn 75 Prozent der Schüsse fehl gehen? Gehen die wirklich alle komplett fehl?*

Hirschbrunft

In den Donauauen melden die Hirsche schon Ende August, im Bergland erst so Mitte September. Rein rational betrachtet, sollten die Hirsche in dieser Zeit tabu sein; sie sind es aber nicht, weil die Hirschbrunft für den Jäger, so wie Reh- oder Gamsbrunft, einfach ein Mythos ist! Nach den Jagdgesetzen und ihren Schonzeitverordnungen ist sie zweifellos zulässig, nach den meisten europäischen Tierschutzgesetzen und den lebensmittelrechtlichen Vorschriften nicht. Warum? Das Töten von Tieren ist innerhalb der EU nur zulässig, wenn ein „vernünftiger" Grund vorliegt. Das Erlegen von Rotwild ist die nachhaltige Ernte eines nachwachsenden Rohstoffes – also eigentlich durchaus sinnvoll. Nun darf aber Fleisch von Tieren, das in der Paarungszeit geschmacklich erheblich beeinträchtigt ist, nicht dem menschlichen Verzehr zugeführt werden. Wenn wir den Hirsch nur totschießen und – wegen Unverwertbarkeit – anschließend in die Kadaverkiste werfen, liegt kein vernünftiger Grund vor. Sicher wäre auch die Reduktion des Wildbestandes wegen hoher Wildschäden oder zur Gesunderhaltung des Wildbestandes vernünftig, doch müsste sie dann nicht ausgerechnet während der Paarung erfolgen, und warum dann nur männliche Tiere, wo doch die weiblichen den Zuwachs bringen? Dort, wo ein Teil der Hirsche von Gästen erlegt wird, ist der Jäger auf diese Jagd angewiesen, denn das ist die Zeit, in der er die Gäste am sichersten und leichtesten zu Schuss bringt. Aber können wir damit argumentieren, oder schießen wir ein Eigentor, auf das unsere Gegner nur warten?

Nicht wenige Leser werden jetzt befürchten, der Autor plädiere für ein Verbot der Jagd in der Brunft. Er tut es nicht, aber wenn wir schon jagen, müssen wir uns auch bewusst sein, dass wir uns manchmal auf dünnem Eis bewegen.

Wir wollen weiterhin in der Brunft jagen, müssen jedoch, gerade was die Verwertung betrifft, einige Dinge beachten. Dazu gehört, dass jeder erlegte Hirsch wirklich ganz schnell versorgt wird. Also nicht dort schießen, wo ein rasches Bergen und Versorgen geländebedingt nicht möglich ist. Immer so schnell wie

Der in der Früh geschossene Hirsch liegt vor der Hütte und wartet geduldig, bis ihn die Jäger totgetrunken haben, um ihn am nächsten Morgen ins Tal zu bringen …

möglich aufbrechen, wobei der Brunftfleck wirklich großzügig abgetrennt werden muss. Hirsche nicht stundenlang aufgebrochen vor der Hütte oder am Jagdhaus liegen lassen, weil irgendwann gegen Abend die feierliche Streckenlegung erfolgen soll. Wenn, dann muss der Wildkörper dazwischen gekühlt werden!

Ein sauberer, möglichst sofort tödlicher Schuss ist immer wichtig – des Wildes wegen. In der Brunft ist er doppelt wichtig, weil das Wild ja verwertet werden soll. In der Brunft sind die Hirsche aber auch „härter“ als sonst im Jahr, was zu Nachsuchen führt. Die Vorschriften zur Wildbrethygiene haben in den letzten Jahren auch unsere Nachsuchenpraxis verändert. Früher war es ein Tabu, noch am Abend nachzusuchen. Wer heute das beschossene Wild in der Dickung liegen lässt und mit der Nachsuche bis zum Morgen wartet, findet häufig nur noch vor, was Füchse und Sauen übrig gelassen haben. Findet er das Wild am Morgen verendet vor, darf er es jedoch auch nicht mehr verwerten. Da muss zunächst das verwendete Kaliber stimmen und der Schuss muss sitzen. Viele Jäger haben jedoch gerade in der Brunft Probleme, wirklich ruhig zu schießen. Früher war es selbstverständlich, dass der Berufsjäger nachschoss. Das führte nicht selten zu peinlichen Situationen, weil oft nur ein Schuss am Wildkörper zu finden war. Es wäre sinnvoll, wenn der Gast von Vornherein damit vertraut gemacht wird, dass der führende Jäger nachschießt, um längere Nachsuchen – die schließlich den ganzen Brunftbetrieb durcheinanderbringen – zu vermeiden und das Wild verwerten zu können.

In diesem Zusammenhang ist ganz interessant, was ein deutscher Wildaufkäufer im Internet annonciert:

Nicht angenommen wird:

- Wild, welches nach einer Nachsuche zur Strecke gebracht wurde;
- rauschige Keiler;
- brunftige Hirsche;
- ganz oder teilweise enthäutete Wildkörper;
- weichgeschossenes Wild;
- verunreinigte Stücke;
- überlagertes Wild.

Der gebotene Preis per Kilogramm ist gut doppelt so hoch wie der von österreichischen Händlern gebotene; Qualität verpflichtet!

Was lernen wir daraus? In der Brunft noch besonnener schießen als sonst und schon gar nicht im letzten Licht und auf größere Distanz!

Noch ein Wort zu einem rund ums Jahr und nicht nur in Bezug aufs Rotwild gehörten Spruch, nämlich: „Nur der Stärkste darf seine Gene weitergeben …" – Welch ein Blödsinn! Wer sich vermehren will, muss vor allem fit sein und Erfahrung haben, und man (in dem Fall das Kahlwild) muss ihn mögen. Selbst dann läuft noch manches nebenher, und die meisten dieser angeblich Stärksten haben gegen Ende der Brunft einfach – Entschuldigung, lieber Leser – die Schnauze voll, ziehen sich zurück und überlassen den Rest ihren Mitbewerbern!

Sauen im Mais

Schwarzwild ist in den letzten zwei Jahrzehnten – überall, wo in nennenswertem Maß Mais angebaut wird – ein erhebliches Problem geworden. Die Maisanbaufläche nahm gewaltig zu, und diese Entwicklung ist noch nicht zu Ende. Wo früher die Rebhühner in Rüben und Kartoffeln lagen, stecken heute die Sauen im Mais. Je näher der Mais an den Wald heranrückt, desto höher ist die Gefahr, dass ihn das Schwarzwild annimmt. Je größer der Maisschlag ist, desto weniger spielt die Entfernung zum Wald eine Rolle. Mit steigender Parzellengröße gewinnt der Mais an Attraktivität für die Sauen und wird auch als Tageseinstand angenommen. Doch selbst wenn in den großen Schlägen die eine oder andere Sau geschossen wird, bedeutet das nicht, dass die Sauen diese Schläge verlassen oder gar künftig meiden. Sie bleiben meist, bis der Mähdrescher den sprichwörtlich letzten Stängel frisst.

Teils vor der Ernte, teils während dieser werden die Maisschläge umstellt. Entweder man lässt sie durchdrücken oder – bei der Ernte – man wartet, bis der Mähdrescher den Sauen die Deckung nimmt und sie flüchten. Beides, die sogenannten Maisjagden, sind hochriskante jagdliche Unternehmen. Natürlich bleiben den Sauen die Schützen nicht verborgen; sie wissen, was gespielt wird. Den Mähdrescher, dieses sich durch den Mais wühlende, lärmende Ungeheuer hingegen, halten sie bis zum Schluss aus. Egal ob von Hunden und Treibern oder vom Mähdrescher in die Flucht getrieben, die Sauen verlassen den Mais fast immer hochflüchtig. Wenn sie endlich keine andere Chance mehr sehen, als hochflüchtig das Weite zu suchen, wird aus allen

Sauen bevorzugen Maisschläge in Waldnähe, daher ist es sinnvoll, nicht den Maisschlag mit Schützen zu umstellen, sondern diese im Wald zu postieren – nicht ins Feld schießen!

Rohren auf sie geschossen. Dies mehrheitlich in flachem oder hügeligem Gelände und zu einer Zeit, in der sich überall Menschen aufhalten können. Das ist schlicht unverantwortlich!

Wohin die Sauen flüchten, lässt sich in vielen Fällen grob vorhersagen, auch wenn es mehr als einen Fluchtwechsel gibt. Also kann man dort Schützen abstellen, wohin die Flucht der Sauen wahrscheinlich führt. Das wird der Wald sein. Dass dies eher selten gemacht wird, liegt oft daran, dass der Wald zum Nachbarrevier gehört. Da man aber selbst den Schaden hat, will man auch den – geringen – Wildbreterlös.

Statt einen Maisschlag mit Schützen zu umstellen, postiert man besser einen zusätzlich auf dem Mähdrescher. Der hat fast immer Anblick und schießt nicht flach übers Land.

Im vollen Herbst

Hase, Fasan & Co

Seit Jahrzehnten wird über die zurückgehenden Niederwildstrecken gejammert. Dabei sieht es so schlecht gar nicht aus. Es kommt eben darauf an, welche Dichten oder Strecken wir als „normal“ ansehen. Vor allem in den „klassischen“ Hasenrevieren erntet nicht nur der Jäger, sondern in ganz erheblichem Maße auch der Straßenverkehr. Wirklich eingebrochen sind die Hasenstrecken schon vor mehr als einem Jahrhundert, nämlich mit der Erfindung und Verwendung von Kunstdünger!

Die Heimat unseres Feldhasen liegt in den Steppen des Ostens, wo er in Dichten zwischen 2 und 5 Stück je 100 Hektar vorkommt. Wir aber erwarten, dass es die Hasen in unseren Agrarlandschaften, in denen vielfach Mais und andere Getreidearten dominieren, auf die zehnfache Dichte bringen. Dabei wurden sie von der Evolution auf die heutigen Verhältnisse überhaupt nicht vorbereitet. Wenn sie es nicht schaffen, schießen wir Greifvögel, fangen Wiesel und reden vom ökologischen Gleichgewicht …

Irgendwo im Salzburgischen, ehe der Mais alles eroberte: Hasen gab es mehr als genug, auch ohne Greifvogelbekämpfung...

Wenn die „Treibjagd" noch lohnt: Ob sich eine Treibjagd lohnt, hängt nicht nur vom Hasenbesatz ab, sondern ebenso vom Gelände. Man kann auch bei einem (Zähl-)Besatz von nur 20 Hasen auf 100 Hektar – mit angepasster Schützenzahl – eine Treibjagd machen, wenn es die Geländestruktur ermöglicht. In den Agrarsteppen mit weiten, baumlosen Flächen, sind aber oft Kreisjagd und große Vorstehtreiben die einzige Möglichkeit „rationaler" Bejagung, und dazu bedarf es vieler Schützen.

Die alte Regel, wonach der Jagdleiter eine Gesellschaftsjagd einstellt, wenn von den bis Mittag erlegten Hasen zwei Drittel oder gar mehr Junghasen sind, findet kaum noch Beachtung. Ob ein Hase noch im ersten Lebensjahr oder älter ist, lässt sich am Stroh'schen Zeichen feststellen.

Im Prinzip gilt für den Fasan, was beim Hasen gesagt wird, egal, ob Treibjagd oder Suche. Weite Teile Österreichs sind von der Höhe und dem Klima her für den Fasan ungeeignet, und wenn es früher gute Fasanenstrecken gab, dann einfach, weil alljährlich massiv ausgesetzt wurde. Daran hat sich wenig geändert. Verschlechtert haben sich die landschaftlichen Strukturen. Aus kleinen Ackerstreifen wurden viele Hektar große Parzellen;

die Vielfalt der angebauten Kulturpflanzen ist dramatisch geschrumpft, und die Landtechnik wurde extrem wildfeindlich. Wer diese Entwicklung mit Fallenjagd und Greifvogelbekämpfung kompensieren will, hat nichts begriffen, auch wenn er den einen oder anderen Wildbiologen auf seiner Seite weiß.

Noch viel trauriger steht es um die Rebhühner. Zu Beginn des vergangenen Jahrhunderts noch Massenwild, das billig auf den Wochenmärkten angeboten wurde, ist es zur Rarität geschrumpft, welches in der Agrarsteppe keine Heimat mehr findet, schon gar nicht in den Maiswüsten.

Fast vergessen – die „Hasenkur“: Früher war für die meisten Jäger ein Hase das erste selbsterlegte Wild. Manch ein Jäger hatte, wenn er unter Begleitung seines jagdlichen Mentors den ersten Hasen schoss, noch kein Gymnasium von innen gesehen. Beliebt war der Ansitz auf dem Stockerl irgendwo am Rande einer Waldwiese, in bester Schrotschussentfernung eines bekannten und vorher bestätigten Passes. Geschossen wurde fast immer auf den verhoffenden Hasen. Der Schuss war relativ kunstlos, was dem Hasen zu einem schnellen Tod verhalf. Die Stimmung bei dieser ersten jagdlichen Großtat war immer vom Feinsten, egal wie das Wetter war, und der Pulsschlag war allemal eines Hirsches würdig.

Heute wird die Hasenkur kaum noch ausgeübt. Eher ziehen zwanzig Jäger mit Hunden über die Felder, um mit einem einsamen Kompaniehasen Strecke zu legen. Wenn es sich auf der Gesellschaftsjagd nicht mehr lohnt, wird der Hase geschont. Welch ein Blödsinn! Nichts machen wir kaputt, wenn wir uns auf dem Ansitz unseren Weihnachtshasen holen. Es muss auch nicht am Waldrand sein. Da ist vielleicht die Buchen- oder Eichenkultur mitten im Wald, die allabendlich vom Hasen verbissen wird. Im dünnen Schnee sehen wir des Hasen Hoppelspur, erkennen seinen Pass. Je nach Örtlichkeit und Schneelage setzen wir uns im Schneehemd neben eine dicke Altbuche oder ohne weißes Gewand in einen Horst Jungfichten und warten. Wer Angst hat, wegen des Hasen seine Rehe oder Hirsche aufzuwecken, der greife in einer solchen Situation getrost zur .22 Mag.

Wenngleich die Hasenkur mehrheitlich am Abend ausgeübt wird, so lässt sich der Hase auch erfolgreich am Morgen am Waldrand abpassen. Sogar mitten im Feld kann der Jäger erfolgreich sein, wenn er in der Früh noch bei Dunkelheit an einem Feldweg Posten bezieht. Vor allem bei nassem Wetter nutzt der Hase Wege sehr gerne zur Fortbewegung. Wir müssen uns nur bei Schnee einmal das Spurbild anschauen, um Bescheid zu wissen.

Die Suche mit dem Hund: Eine andere Jagdart, die immer weniger ausgeübt wird, ist die Suche mit dem Vorstehhund. Gejagt werden kann im kleinen Kreis mit einem oder zwei Hunden, der oder die wirklich unter der Flinte suchen.

In den Steppengebieten Asiens, in denen unser Feldhase wirklich beheimatet ist, leben kaum irgendwo mehr als 4 bis 5 Hasen je 100 Hektar. Hierzulande werden völlig unnatürliche Dichten von 60 Hasen als Grundlage einer gerechtfertigten Bejagung gefordert. Die Einzeljagd ist auch bei niedrigeren Dichten nicht nur gerechtfertigt, es wird auch weit weniger krankgeschossen als auf Gesellschaftsjagden, und sie ist auch gesellschaftspolitisch eher nachhaltig!

Hasen liegen gerade an sonnigen Herbsttagen gerne draußen in den Wiesen und Äckern. Man geht mit seinem Hund alleine oder gemeinsam mit einem Jagdfreund und lässt den Hund suchen. Fährt ein Hase aus seiner Sasse und es ist für einen sauberen Schuss zu weit, merkt man sich die Sasse. Besonders die im Wald gelegenen Sassen werden mehrfach genutzt. Suchen wir sie am nächsten Tag neuerlich auf, lassen wir den Hund bei Fuß gehen und steuern die Sasse direkt an. Meist gelingt es so, auf Schrotschussweite heranzukommen, ehe der Hase flüchtig wird.

Früher, als es noch weit mehr Niederwild gab als heute, war es in den Niederwildrevieren üblich, ein Drittel der Revierfläche nicht zu bejagen. Das hat sich vielerorts geändert. Gerade bei der Suche, und hier besonders in kleineren Revieren, wird oft die letzte Ecke abgesucht. Umgekehrt wäre es richtig.

Am schönsten war das Brackieren: Ich schreibe nicht in der Vergangenheit, weil das Brackieren heute verboten wäre oder aus irgendeinem Grund nicht mehr funktionieren würde. Man darf brackieren, und es funktioniert wie in alter Zeit, nur macht es kaum noch einer. Dass diese alte und wunderschöne Jagdart langsam aber sicher in Vergessenheit gerät, liegt vor allem an unserer Fixierung auf das Schalenwild. Die Rotwildjäger haben Angst, dass ihnen die Hirsche auswandern. Wer Schwarzwild hat, befürchtet, dass sich sein Hund mit diesem anlegt. Dabei wird keiner mitten in den Rotwildeinständen mit dem Hund Hasen suchen, und vor der Brackade steht nun einmal die Suche. Es gibt

> *Heute sieht der Naturschutz die Hasen vielerorts vom Aussterben bedroht, weil wir Jäger über die zurückgehenden Strecken jammern. Aber Dichten von 40 Hasen je 100 Hektar sind nur möglich, wenn die Landwirtschaft ausgesprochen hasenfreundlich ist oder wenn der Jäger Beutegreifer massiv bekämpft. Wir selbst erwecken permanent den Eindruck, als sei der Hase vom Aussterben bedroht!*

Nur ein wenig mehr Schnee, und es ist aus mit dem Brackieren.

freilich auch den Fall, dass wir mit dem Hund draußen sind, und zufällig fährt vor uns ein Hase aus der Sasse, den der Hund nicht sieht. Letzteres ist wichtig, weil der Hund von der Sasse weg mit der Nase und nicht auf Sicht jagen soll.

Zwei große Irrtümer sind mit dem Brackieren verbunden. Erstens glauben viele Jäger, zum Brackieren bedürfe es eines recht großen Reviers, und zweitens es sei eine Bracke notwendig. Beides stimmt nicht. Ein Hase läuft im Wald kaum über mehr als fünf Hektar Fläche, und um fürs Brackieren zu taugen, muss ein Hund nur spurlaut, spursicher und spurwillig sein. Solche Vertreter finden wir unter den Dackeln gerade genug und gelegentlich sogar unter den Vorstehhunden; vom Wachtelhund mag ich gar nicht reden. Das einzige, was uns am Brackieren ernsthaft hindern kann, sind Straßen oder Bahnlinien.

Wird der Hase hoch, lassen wir den Hund kommentarlos folgen. Manche Führer glauben, wenn ihr Hund anfangs Probleme hat, die Spur zu halten, ihm „Ratschläge" erteilen zu müssen, womit sie mehr zur Verwirrung als zur Klärung beitragen. Sache des Hundeführers ist es, sich nun schleunigst einen geeigneten Stand zu suchen, die Flinte zu laden und abzuwarten. Manchmal sorgt das Gelände für so etwas wie Zwangswechsel. Da gibt es vielleicht eine Wand oder einen Bachlauf. Der Hase wird auch nicht unbedingt eine Dickung queren, eher nimmt er das Altholz an. Ganz gerne läuft er auf halboffenen Flächen, die ihm gute Sicht und leichtes Laufen gleichermaßen gewähren.

Im Gebirge geht der Hundelaut manchmal geländebedingt verloren. Manchmal wird er zeitweise auch von anderen Geräuschen überlagert. Doch im Idealfall zeigt er uns – wörtlich zu nehmen – an, wie der Hase läuft. Da ergibt sich manchmal die Notwendigkeit, dass wir unseren Stand noch etwas korrigieren. Im Idealfall läuft uns der Hase schon beim ersten Bogen in die Flinte und liegt. Das ist vor allem für den Junghund ein ungeheurer Motivationsschub.

(Früher) der Haselhahn

Das in Klammer gesetzte „Früher" ist ein Vorgriff, denn noch darf der Haselhahn in den meisten österreichischen Bundesländern bejagt werden. Aber er spielt keine wirkliche Rolle mehr im jagdlichen Jahreslauf. Den älteren Jägern ist die Lockjagd auf ihn noch vertraut. Die meisten jüngeren Jäger kennen sie jedoch nur noch aus den Erzählungen und weil sie im Vorbereitungskurs erwähnt wurde. Trotzdem oder besser gerade deshalb wollen wir ihr hier gedenken.

Die wenigen Jäger, die heute noch einen Haselhahn erlegen, lassen sich diesen präparieren. Dagegen ist nichts einzuwenden, schon gar nicht, wenn sie sich vom Präparator den Kern des Vogels für die Küche zurücklegen lassen. Früher, als es noch genug Haselwild gab und das Schalenwild nicht fast das ganze jägerische Denken für sich vereinnahmte, war es selbstverständlich, Haselhühner für die Küche zu erlegen, und an Rezepten mangelte es nicht. Das meiste Haselwild wurde übrigens auf Treibjagden erlegt. Heute werden in anderen europäischen Ländern Raufußhühner generell – zumindest von den Einheimischen – immer noch ausschließlich des Wildbrets und des jagdlichen Erlebens wegen geschossen.

Wie's funktioniert: Haselhühner leben paarweise, sind territorial, und die Hahnen verteidigen ihre Reviere. Wie bei anderen Vogel-

Links: Achtung, Henne! Heute geschont, vor hundert Jahren noch ein wichtiges und beliebtes Lebensmittel, das sogar auf Wochenmärkten angeboten wurde.

Rechts: Hahn und Henne des Haselwildes ähneln sich, doch die schwarze Kehle des Hahnes ist unübersehbar.

arten auch, signalisieren die Hahnen ihre Anwesenheit, und zwar sowohl gegenüber den Hennen als auch gegenüber ihren männlichen Konkurrenten. Das würde der Herbstjagd nichts helfen, würden die Hahnen nicht bereits im Herbst ihre Reviere markieren und diese mit ihren auserwählten Hennen teilen. Es gibt also, wie es in Jägerkreisen genannt wird, eine Verlobungszeit. Die Reviermarkierung erfolgt mit einem sehr hohen, nicht besonders lauten, aber bei Windstille doch so um die fünfzig Meter weit zu hörenden Gesang. Nur der ältere Jäger, dessen Ohr hochfrequente Töne nicht mehr hört, hat zuweilen Probleme damit.

Dringt nun ein fremder Hahn in das Revier eines Platzhahns ein und lässt seinen Reviergesang hören, steht der Platzhahn augenblicklich zu und versucht ihn zu vertreiben. Diese Situation wird bei der Jagd nachgestellt, und zwar mit Hilfe eines kleinen Pfeifchens, das sich früher die Jäger aus den Laufknochen des Feld- oder Schneehasen fertigten. Die, die wir heute im Handel bekommen, sind, wie alles, aus Kunststoff.

Um erfolgreich zu spissen, muss der Jäger zunächst das Revier eines Hahnes kennen. Er wird sich einfach erinnern, wo er gelegentlich Haselwild sieht. Dort setzt er sich am Rande an einen halbwegs gedeckten Platz, der dennoch Schussfeld bietet, wartet so zehn Minuten und beginnt dann zu spissen. Ist ein Hahn in der Nähe, wird er vielleicht antworten und zustehen. Dass sich der Jäger am Rande eines mutmaßlichen Einstandes ansetzt und nicht in dessen Mitte, macht Sinn, weil er so ziemlich sicher den Rücken frei hat und sich ganz nach vorne und zur Seite konzentrieren kann.

Schnepfen auf dem „Nahrungs-Strich"

Es ist schon eigenartig, dass so viele Jäger wegen der verlorenen Frühjahrsbejagung der Schnepfen jammern und gleichzeitig so wenig Interesse an der Herbstjagd haben. Doch so, wie die Schnepfen im Frühjahr nicht in alle Reviere zurückkehren oder Station machen, fehlen sie mancherorts auch im Herbst. Der Strich im Herbst ist mit dem im Frühjahr ohnehin nicht zu vergleichen, da es sich nicht um Balzflüge handelt. Vielmehr streichen die Schnepfen zur Nahrungssuche ins Offengelände. Es sind also dem Wald vorgelagerte oder in diesem gelegene, vorzugsweise feuchte Wiesen und Brachflächen, die am Abend aufgesucht werden.

Es sind vor allem Zugschnepfen, die dann bejagt werden. Die ersten Schnepfen verlassen schon Ende September das Brutgebiet. Doch das Gros zieht hierzulande – stark witterungsabhängig – in der zweiten Oktober- und ersten Novemberhälfte durch. Der Zug erfolgt jedoch nicht gleichmäßig. Er wird oft durch widriges Wetter auf der Zugstrecke unterbrochen, um nach Tagen wieder aufzuleben. Manchmal steht der Jäger mehrere Abende hintereinander draußen, ohne auch nur eine Schnepfe zu sehen oder zu hören. Bleibt er einen Abend daheim, ist der Zug vielleicht wieder in vollem Gange.

Waldschnepfen ziehen etappenweise. Ob sie bei uns im Revier einige Tage verweilen oder ob sie einfach durchziehen, hängt

Wenn die Jagd auf die Frühjahrsschnepfe verboten wird, ist das Geschrei groß, aber für den nicht weniger stimmungsvollen Herbststrich interessieren sich nur sehr wenige Jäger.

weitgehend von der Witterung ab. Trockene, knochenharte Böden erschweren ihre Nahrungssuche und lassen sie schnell weiterziehen, ebenso Frost. Ist es hingegen feucht und noch mild, verweilen sie gerne. Manchmal wird es während des Herbstzuges stürmisch, was die Schnepfen eher veranlasst, ihren Zug zu unterbrechen.

Jetzt das Kahlwild

So langsam rennt die Zeit davon, zumindest dort, wo die Jagdzeit auf Schalenwild (Schwarzwild ausgenommen) zu Silvester endet. Das ist außer in Deutschland fast überall so. Vor allem in Deutschland erfüllen heute immer mehr Reviere den kompletten Kahlwildabschuss auf einer einzigen großen Bewegungsjagd. Diese Jagden schließen häufig so um die tausend Hektar ein und manchmal deutlich mehr. Solche Jagden funktionieren nur bei sehr kluger, frühzeitiger Vorbereitung. Wer so auf die Schnelle per Handy oder Mail zusammentrommelt, wer gerade Zeit und

Lust auf einen Riegler hat, wer weder Stände sorgfältig vorbereitet, noch die notwendige Zahl für eine solche Jagd qualifizierte Hunde sichert, wird per Zufall das eine oder andere Stück erlegen. Der Abschuss wird auf diese Art kaum erfüllt!

Was nicht geplant werden kann, ist das Wetter, das den Erfolg einer großen Bewegungsjagd in vielfältiger Weise mitbestimmt. Eine Jagd, zu der die Gäste und Hundeführer schon Monate vorher eingeladen wurden, lässt sich nur schwer kurzfristig absagen. Also wird sie „durchgezogen", auch wenn ihr aller Wahrscheinlichkeit nach kein großer Erfolg beschieden sein wird. Im Gebirge kommt noch etwas hinzu, nämlich die Möglichkeit frühen Schneefalls. Wer aber will bei halbmetertiefem Schnee das Wild in Bewegung setzen, und wie kommen die Schützen ohne Fahrzeug zu ihren Ständen? Also alles nicht ganz so einfach, wie es sich schreibt.

Doch dafür bieten sich gerade im alpinen Raum oft verblüffend einfache, kleinere Möglichkeiten an. Je nach Revierverhältnis können für einen kleinen aber feinen Riegler schon drei Schützen und ein Durchgeher mit Hund ausreichen. Abgestellt wird oben, angegangen von unten. Ideal, wenn die ortskundigen Schützen schon oben in einer Hütte, einem Hof oder einem Bergwirtshaus übernachten und von dort aus ihre Stände selbstständig angehen können. Ein solcher Riegler kann durchaus in Form eines verlängerten Frühansitzes erfolgen. Um halb sieben ist es vielleicht hell, und um acht oder halb neun Uhr setzen sich unten ein oder zwei Hundeführer in Bewegung.

Es wäre unklug, bei einem solchen Riegler nur Kahlwild freizugeben, auch wenn es in erster Linie um dieses geht. Warum keine IIer-Hirsche, warum kein Rehwild oder Gamsjahrling? Weder wildbiologisch noch jagdlich traditionell spricht etwas dagegen.

Riegler ohne Planung und Standvorbereitung bringen meist minimale Strecke bei maximaler Beunruhigung!

„Wer über Schitourengeher, Schneeschuhwanderer oder Eiskletterer jammert, aber selbst bis Silvester auf Gams jagert, der ist unglaubwürdig." (Hubert Zeiler in seinem Buch „Gams")

Wo es Gams gibt, sind die Jäger jetzt unterwegs. Zwar taugt das Wildbret der Brunftböcke keineswegs für kulinarische Highlights, dafür sind die Haare auf dem Rücken und auf den Keulen länger als noch vor einem Monat. Sie spielen jedoch für viele Jagdgäste, die ein- oder zweimal im Leben einen Brunftbock schießen, meist gar keine große Rolle. Das Tragen von Wildbärten hat sich weitgehend auf Österreich und den bayerischen Alpenraum reduziert. Der Gamsbrunft haftet – dank eifriger Jagdgeschichtenschreiber – einfach etwas Heroisches an. Der Jäger, der nach stundenlangem Aufstieg schwer bepackt die Hütte erreicht und anderntags durch bauchtiefen Schnee weitersteigt, in Frost und eisigem Wind stundenlang aushält, letztlich auf mindestens dreihundert Meter einen brillanten Schuss anträgt und dann auch noch den erlegten Gams in Todesverachtung aus der Wand und stundenweit ins Tal trägt – Amen!

Ein ganz junger Bock mit noch ganz scharf abgesetzten Zügeln und mäßigem Bart.

Die Realität schaut oft ganz, ganz anders aus. Viele Jagdgäste sind, was die Strapazen angeht, schlicht überfordert. Schon das Steigen im nur knöcheltiefen Schnee macht ihnen zu schaffen. Kreislaufprobleme stellen sich ein, Unsicherheit in steilem Gelände, Kälte und Wind machen ihnen zu schaffen. Das alles ist nicht im Geringsten unehrenhaft, sondern schlicht stinknormal. Wer zugibt, dass er diesen Strapazen nicht gewachsen ist, wird im günstigsten Fall belächelt. Wer zögert, auf eine für ihn ungewohnte Entfernung zu schießen, nur weil es vielleicht die letzte Chance ist, schafft Verärgerung beim Pirschführer.

Dafür, dass der Gast zu Schuss kommt, wird seitens der Pirschführer meist viel gemacht und in Kauf genommen. Schon beim Aufstieg zur Hütte übernimmt der Führer nicht selten Gepäck oder Gewehr vom Gast, und das Bergen des erlegten Gams übernimmt in schwierigem Gelände ohnehin der Führer. Dafür lässt sich der Schütze spätestens im Tal unten feiern. Schlimmer – es bleibt ihm oft gar nichts anderes übrig, weil ruckzuck ein halbes Dutzend „Jäger" um den Wirtshaustisch sitzen und er immer wieder erzählen muss. Manche freilich genießen das und können gar nicht genug „Eingeborene" um sich versammelt sehen. Nun kann man die Jagd auf den Bartbock als sportliche Herausforderung sehen. Wichtiger wäre es jedoch, über die Auswirkungen intensiver Brunftjagd auf das Wild nachzudenken!

Gams sind längst zu einem Geschäft geworden. Sie müssen in vielen Revieren zur Pachtfinanzierung beitragen, und für den Mythos „Bartbock" werden die Euros leichter hingeblättert als für denselben Bock auf sommergrüner Alm. Die Einser-Böcke werden bei Abschluss eines Pacht- oder Abschussvertrags häufig

Männliche und weibliche Gams haben etwa dieselben Lebenserwartungen, doch auf den Trophäenschauen finden wir viel eher alte Geißen als wirklich alte Böcke. Warum wohl?

fix eingerechnet, und so kommt es, dass die erlegten Einser-Böcke immer jünger werden. Weil bei den Gams nicht nur die Böcke etwas zwischen den Lauschern tragen, sondern auch die Gaisen, fließen auch sie in die Kalkulation mit ein. Zuwachs wie Winterverluste lassen sich jedoch nicht für die Dauer eines Pacht- oder Abschussnehmervertrages festlegen. Winterverluste werden auch nicht so schnell wieder aufgeholt, wie wir das vom Rehwild und mit Einschränkung vom Rotwild kennen. So wundert es nicht, dass heute in manchen Gegenden über den Rückgang der Gamsbestände gejammert und nach allerlei Krankheiten und Feinden als Ursache gesucht wird.

Die Brunft kostet vor allem die Böcke viel Energie, noch mehr aber, wenn in dieser Zeit auch noch gejagt wird. Wo ausreichend wirklich alte Böcke fehlen, zieht sich die Brunft in die Länge, und der Energieverbrauch steigt weiter. Und verborgen bleibt die Anwesenheit des Jägers dem Wild auch nicht. Die natürlichen Feinde des Gamswildes – Wolf und Luchs – jagen kaum im Tiefschnee unter oder zwischen den Felsen. Sie tun sich in tieferen Lagen bei Rot- und Rehwild leichter. So wurde in alter Zeit das Gamswild in den winterlichen Hochlagen kaum gestört, weil früher – als die Jagd noch dem Adel vorbehalten war – die Gams vor allem auf großen Rieglern bejagt wurden. In der Brunft spielte die Jagd längst keine so große Rolle wie heute.

Der weite Schuss: Noch etwas sollte der Jäger bedenken. Auf kein anderes Wild wird im Alpenraum – die Schweiz ausgenommen – so oft auf unsinnige Entfernung geschossen, wie auf die Gams. Bei keinem anderen Wild wird so oft auf eine Nachsuche verzichtet, weil sie einfach zu gefährlich wäre, wie bei den Gams, und kein anderes Wild geht auch mit gutem Schuss so häufig verloren oder wird durch Sturz unverwertbar wie die Gams! Wollen wir das?

Weite Schüsse sind „in“ und werden gerne als notwendig erachtet. Weitschuss-Seminare haben ebenso Konjunktur wie die dazu erforderlichen Schießstände. Wer vor weiten Schüssen warnt oder dagegen anschreibt, hat einfach „keine Ahnung“. Basta. Da wäre es gut, einmal zu recherchieren, wie hoch bei

Schüssen auf Gamswild im Bereich um die 300 Meter oder gar darüber die Trefferquote ist und welche Treffer gelandet werden!

Die neue Optik macht den weiten Schuss scheinbar leicht. Man muss ja nur Kaliber und Laborierung eingeben, und schon erfährt man den Haltepunkt. Aber zwischen Abzug und Ziel spielen sich ja einige Dinge ab, die der Schütze kaum beeinflussen und meist auch nicht wirklich kalkulieren und berücksichtigen kann. Es ist ja nicht nur die in großer Höhe gegenüber dem Flachland gestrecktere Flugbahn des Geschoßes. Auf dieses wirkt beispielsweise auch der Wind ein. Je weiter geschossen wird, umso höher ist der Einfluss des Windes auf die Flugbahn, weil das Geschoß ständig an Geschwindigkeit verliert.

Welche Geschwindigkeit der Wind über die Gesamtstrecke gerechnet tatsächlich hat und in welchem Winkel er auf das Geschoß trifft, können wir nicht feststellen, folglich auch nicht, um wie viel das Geschoß windbedingt zur Seite abweicht. Und nun stellen wir uns eine Gamsgais vor, die tatsächlich völlig breit steht. Schon das ist auf 300 Meter Entfernung nur schwer zu sagen. Wir fahren hinterm Vorderlauf hoch und treffen 35 Zentimeter daneben die Keule oder schießen vor dem Stich vorbei.

Es gibt aber nicht nur Querwinde, sondern ebenso Auf- und Abwinde. Solche entstehen besonders vor steilen Wänden. Abweichungen sind folglich auch nach unten und oben denkbar.

Selbst Regentropfen können die Flugbahn eines Geschoßes ändern, weil sie die Geschoßgeschwindigkeit herabsetzen.

Windabdrift * (.30-06 Spr., 11,7 g)			
bei 90 Grad Querwind von		**5 m/s**	**7 m/s**
Schussentfernung	100 m	3 cm	4 cm
	200 m	11 cm	15 cm
	300 m	26 cm	36 cm

* Quelle: „Büchse“, Norbert Steinhauser, Österr. Jagd- und Fischerei-Verlag, Wien.

Treffergebnisse wie auf dem Schießstand darf man im Hochgebirge nicht erwarten, wenn man nach langem Ausharren in Kälte und Wind friert oder wenn der Puls nach schweißtreibendem Aufstieg rast.

Auch die Temperatur spielt eine Rolle. Büchsen werden in der Regel unmittelbar vor Beginn der Jagd im Mai eingeschossen, also eher bei angenehmen Temperaturen. Je kälter es ist, umso stärker verändert sich die Treffpunktlage. Auch das spielt bei normalen Schussentfernungen keine so große Rolle, wohl aber bei Weitschüssen. Hinzu kommt, dass die temperaturbedingten Abweichungen nicht exakt berechnet werden können, weil hier die Waffe selbst Einfluss nimmt.

Hinzu kommt die Streuung der Waffe, die auf 100 Meter angegeben wird, sich auf 300 Meter aber drastisch erhöht. Die wenigsten Büchsen weisen einen Streukreis im „Premiumbereich" von 3 bis 4 Zentimetern auf, die Mehrzahl liegt in einem Bereich von 5 bis 8 Zentimetern.

Der größte, alle anderen überlagernde Faktor ist jedoch die Schützenstreuung! Die Verschiebung der Laufmündung um nur einen halben Millimeter (!) bewirkt auf 300 Meter eine Abweichung von 21,4 Zentimetern. Bei vielen Jägern tanzt aber die Laufmündung obligat ums anvisierte Ziel herum. Doch selbst der überdurchschnittlich ruhige Jäger und sichere Schütze kann das Geschoß auf diese Entfernung nur ins Ziel „wackeln". Fatal ist es, Treffergebnisse, die auf einem Schießstand erzielt wurden, bei der Jagd im Hochgebirge zu erwarten, wenn der Schütze nach langem Ausharren in Kälte und Wind friert oder wenn nach schweißtreibendem Aufstieg sein Puls rast.

Ziel gekonnten Jägerhandwerks ist es nicht, mit immer raffinierterer Technik immer weiter zu schießen, sondern den Druck auf das Wild so weit als möglich zu minimieren. Da tut sich der Jäger im Sommer und Herbst leichter als im Frühwinter. Zum Jagdhandwerk gehört es auch, dass der Jäger einen Gast wieder gesund ins Tal bringt. Das klingt ganz selbstverständlich, und doch werden hierbei nicht wenige Unterlassungssünden begangen. Unverantwortlich ist es schon, mit einem Gast aufzusteigen, von dem man annehmen muss, dass ihn die geplante Jagd an die Grenzen seiner Leistungsfähigkeit bringt. Grundsätzlich muss sich der Jäger über den Gesundheitszustand des Gastes informieren:

- Erlitt der Gast schon einmal einen Infarkt oder Schlaganfall?
- Hat er Probleme mit dem Blutdruck, oder leidet er an Schwindel?
- Ist er zuckerkrank und muss spritzen oder der Unterzuckerung vorbeugen?
- Muss er Medikamente mitführen, und wo befinden sich diese?

Es ist ein Gebot der Fairness, Gäste, die sich für einen Gamsabschuss interessieren, schon bei der ersten Anfrage auf „Risiken und Nebenwirkungen“ hinzuweisen. Dies geschieht aber eher selten, weil die Vermarktung Vorrang hat!

Nebenbei die Sauen

In vielen Revieren werden die Sauen fast ausschließlich an den Kirrungen bejagt. Doch was am Anfang noch ganz gut funktionierte, wird mit jeder Wiederholung schwieriger. Die Sauen kommen später zur Kirrung, sind vorsichtiger und verweilen kürzer. In guten Mastjahren läuft im Herbst an den Kirrungen oft fast gar nichts. Warum auch sollten die Sauen staubtrockenen Mais an erkannten „Exekutionsplätzen“ aufnehmen, wenn überall im Wald Eicheln und Bucheckern in Hülle und Fülle liegen?

In dieser Zeit kann der Jäger in mondhellen Nächten die in mastreichen Althölzern Fraß aufnehmenden Sauen relativ leicht angehen. Sauen machen, gerade in der Nacht, relativ viel Lärm, weil sie sich bei der Nahrungssuche immer wieder in die Quere kommen. So sind sie gelegentlich über mehrere Hundert Meter Entfernung zu hören. Hinzu kommt, dass Sauen schlecht äugen;

Achtet der Jäger auf den Wind, kommt er in Mondnächten oft erstaunlich nahe an die Rotten heran. – Sauen äugen schlecht. Ihr Hörsinn ist zwar gut, wird aber von den Geräuschen, die sie in der Rotte verursachen, oft überlagert.

den ruhig stehenden Jäger erkennen sie in der Nacht kaum. Nur auf den Wind muss der Jäger achten. Daher muss er sich den Verlauf seines nächtlichen Pirschgangs sehr wohl überlegen und dabei den Wind berücksichtigen.

Ein Problem bleibt ihm dennoch, nämlich die Begegnung mit anderen Wildarten, die ihn verraten. Das kann ein laut davonrumpelndes Rudel Kahlwild sein, das er übersehen hat, oder eine einsame und nach ihrer Entdeckung endlos schreckende Rehgeiß. Ansonsten stehen seine Chancen nicht schlecht. Zur Regulation der Schwarzwildbestände eignet sich das nächtliche Angehen sicher nicht, denn nach wenigen Wiederholungen sind die Sauen übervorsichtig. In für einen Schuss ausreichend hellen Nächten meiden sie Althölzer ebenso wie Kirrungen.

Weit mehr Sauen werden jetzt im Herbst auf Drückjagden (Rieglern) geschossen. Wenn vor drei oder gar vier Jahrzehnten nach einem Riegler fünf Sauen lagen, verbreitete sich die Nachricht in Windeseile. Wenn heute in großen, schwarzwildträchtigen Waldrevieren zwanzig Sauen geschossen werden, nimmt man das weit gelassener hin. Doch wirklich reguliert werden können Sauen nur im Wald. Die Feldjäger mögen noch so fleißig und erfolgreich sein, sie mögen sogar die Schäden im Feld etwas senken, nicht aber den Schwarzwildbestand als solchen!

Wie ein Schwarzwild-Riegler geplant und durchgeführt wird, lässt sich in meinem Buch „Riegeljagd" nachlesen. Was bei einer solchen Jagd absolut kontraproduktiv ist, wird hier kurz gesagt: jede Abschussbeschränkung, außer die Schonung führender Bachen. Dies sollte aber ohnehin eine Selbstverständlichkeit sein. Ganz absurd ist es, nur Frischlinge freizugeben. Haben diese bereits ihre Streifen verloren, kommen viele Jäger in Zweifel, ob es sich tatsächlich um Frischlinge handelt oder doch um Überläufer. Das Gewicht sagt nicht allzu viel. Vor allem aber lässt es sich in der „Hitze des Gefechts" kaum sicher ansagen. Auch der generelle Bachenschutz ist kontraproduktiv, es sei denn, man will die Schwarzwildbestände weiter ansteigen lassen. Haben die Frischlinge ihre Streifen weitgehend verloren, sind sie längst selbstständig. Dann ist der Bachenabschuss durchaus sinnvoll, denn die Bache reproduziert ungleich stärker als die bereits geschlechtsreifen Frischlinge. Von letzteren werden ohnehin weit mehr erlegt, einfach weil sie in der Überzahl sind.

In zahlreichen Revieren sind erwachsene Keiler grundsätzlich tabu. Allenfalls werden Überläuferkeiler freigegeben. Wie aber unterscheidet der Jäger einen Überläuferkeiler von einem um ein oder zwei Jahre älteren Keiler, wenn er flott daherkommt? Es geht ja nur darum, dass Keiler irgendeiner ganz bestimmten Person oder einem Personenkreis vorbehalten bleiben sollen. Das ist nicht ehrenrührig und zu akzeptieren, aber der Regulierung der Schwarzwildbestände dient es nicht.

Nicht nur der boomende Maisanbau ist die Ursache für steigende Schwarzwildbestände, sondern vor allem jene Jäger in den Waldrevieren, die durch unsinnige Abschussbeschränkungen – vor allem bei den Riegeljagden – die Strecken bewusst drosseln!

Im Frühwinter

Die Füchse der Bälge wegen

Manche Jäger schießen den Fuchs, wann immer sie einen sehen und werfen ihn weg. Man mag das „Prädatoren-Kontrolle", „Jagdwirtschaft" oder sonst irgendwie nennen – Jagd vermag ich darin nicht zu sehen. Ich mag auch nicht „Wirt" sein und schon gar nicht „Jagdwirt". Als Jäger habe ich angefangen, als solcher mag ich aufhören!

Also schieße ich meine Füchse erst dann, wenn die Bälge halbwegs reif sind, und das ist so um den Buß- und Bettag herum der Fall, also in der zweiten Novemberhälfte. Dass es dennoch Situationen gibt, in denen der Jäger genötigt ist, auch unverwertbare Füchse zu schießen, sei nicht bestritten. Da gibt es irgendwo größeren Ärger mit Kleintierhaltern, oder ein Fuchs findet Gefallen an einem Kindergarten oder die Räude grassiert. Selbstverständlich verwende ich auch im Winter nur jene Bälge, die sich lohnen, also wirklich verwertbar sind.

Füchse halten sich die meiste Zeit ihres Lebens außerhalb der Baue auf. Sobald im Frühjahr die Jungfüchse auslaufen, werden die Baue kaum noch aufgesucht. Erst im Spätherbst sind Füchse bei Tage häufig in Bauen anzutreffen – vor allem, wenn das Wetter nass und windig ist! Das steht in Widerspruch zu einem alten Lehrsatz der Jägerei, wonach der Fuchs nicht mit nassem Balg in den Bau geht. Wie so oft, müssen wir uns auch hier in die Situation des Fuchses versetzen: Würden wir uns tatsächlich mit nassen Klamotten in den Wind legen oder doch lieber in die ungeheizte aber windgeschützte Bude verziehen?

Füchse stecken jedoch auch im Spätherbst nicht immer, ganz abgesehen davon, dass ihnen oft gar keine zugfreien Baue zur Verfügung stehen. Gerade an sonnigen Tagen – und da vor allem im Feld! – halten sie sich gerne im Freien auf. Bei Treibjagden erleben wir das immer wieder. Die Regel gerät nicht außer Kraft, weil sie gelegentlich nicht zutrifft. Jedenfalls lohnt es sich, so nach dem Buß- und Bettag mit dem Hund die Baue abzugehen.

Meist springen die Füchse aus den Hauptröhren, aber gelegentlich will sich auch einer durch eine Nebenröhre davonstehlen. Manchmal sind solche Nebenröhren sogar mit Laub zugeweht.

Ruhe auf dem Bau und guter Wind: Manche Baue sind so groß und weitläufig, dass sie nur mit mehr als zwei Jägern abgestellt werden können. Daneben gibt es aber auch Baue, die zwar gar nicht so groß sind, aber in einer Dickung oder in einem Stangenholz liegen, wo überhaupt nicht abgestellt werden kann. Dann müssen sich die Schützen ihre Stände außerhalb suchen – dort, wo sie auch schießen können. Dort sind aber meist mehrere erforderlich. Doch grundsätzlich jagt man alleine oder zu zweit am erfolgreichsten und beschaulichsten. Damit es auch klappt, sind einige wenige Dinge zu berücksichtigen.

Was wichtig ist:

- absolute Ruhe, nicht auf dem Bau selbst herumlaufen und den Hund nicht anrüden;
- den Wind berücksichtigen;
- möglichst hinter den Röhren oder seitlich stehen, damit der ausfahrende und sichernde Fuchs uns nicht anäugt;

– wenn der Hund den Bau verlässt, ihn nicht durch Zuruf oder Handzeichen zum nochmaligen Einfahren nötigen; steckt Raubwild, wird er auch so wieder einfahren;
– dem lauthals vor einem Fuchs oder gar Dachs liegenden Hund nie durch Trampeln oder Rufen helfen wollen.

Während der Ranzzeit stinkt es fast auf jedem Hauptbau nach Fuchs. Das heißt jedoch nicht, dass auch einer steckt. Vielmehr sind Ranzgesellschaften häufig auch am Tage unterwegs, suchen Baue auf und verlassen diese wieder. Wenn aber drei oder vier Füchse einen Bau aufgesucht haben, dann nehmen das selbst unsere unterprivilegierten Nasen wahr. Trotzdem ist die Ranz in Summe eine Zeit, in der sich die Baujagd lohnt! Später, im Feber, wenn die Ranz vorbei ist, nehmen zumindest die Rüden tagsüber kaum noch Baue an. Aber dann sind ja auch die Bälge nicht mehr besonders begehrenswert.

Ansitz am Bau: Wer keinen Hund oder nur ungeeignete Baue im Revier hat, der muss noch lange nicht auf die Baujagd verzichten. Er muss halt warten, bis der Fuchs selbst herauskommt. Das tut er – im Gegensatz zum Dachs – absolut zuverlässig, und zwar meist noch bei brauchbarem Licht. Wir benötigen – unter Berücksichtigung der Hauptwindrichtung – nur eine Ansitzleiter am Bau, von der aus wir die Hauptröhren im Blick haben. Sie soll so stehen, dass uns der Fuchs, der noch in der Röhre sichert, ehe er ausfährt, nicht gleich ins Gesicht schaut.

Wo der Pass, den der Fuchs vom Bau weg einschlägt, vorgegeben ist, etwa weil hinter dem Bau Felsen sind oder ein Bach, halten wir mit unserer Leiter am besten etwas Abstand zum Bau. Keine andere Wildart nimmt uns so leicht wahr wie der Fuchs. Da ächzt oder quietscht vielleicht die Leiter, weil das Holz gefroren ist oder das Sitzbrett nicht plan aufliegt, wenn wir unser Gewicht verlagern. Da gibt das Material unserer Jagdkleidung einen feinen Ton ab, wenn zwei Stoffteile aufeinanderreiben. Da „klappert" ein Knopf am Ärmel unserer Joppe an der Armlehne.

All diese feinen Geräusche werden vom Fuchs wahrgenommen und in blitzartige Flucht umgesetzt. Darauf müssen wir Bedacht nehmen. Allzu schnell sollten wir jedoch auch nicht schießen. Es ist gut, wenn der Fuchs sich im Schuss schon einige Meter von der Röhre entfernt befindet, damit er nicht mit letzter Kraft noch einfährt.

Manchmal, besonders wenn das Wetter umschlägt, lässt im Winter der Wind den Wald ächzen. Solche Abende sind nach meiner Erfahrung nicht schlecht für einen Ansitz am Bau. Die eigenen, manchmal unvermeidbaren Geräusche werden dann überlagert.

Nicht wenige Jäger setzen immer noch auf möglichst grobe Schrote. Es gibt aber wirklich keinen Grund, etwas Gröberes als Schrot Nummer 3 (= 3,5 Millimeter) zu wählen. Den Erfolg bringt nicht die Schrotgröße, sondern die Disziplin beim Einhalten der maximalen Entfernung, und die liegt bei höchstens 30 Meter. Ich habe am Luderplatz die meisten Füchse mit feineren Schroten erlegt!

Das beste Gerät für den Ansitz auf den Fuchs generell ist das kombinierte Gewehr – Schrot und Kleine Kugel. Beim Ansitz am Bau würde meist sogar die Doppelflinte genügen, denn wenn der Fuchs erst einmal außer Schrotschussweite ist, sinkt die Chance für einen Kugelschuss am Bau rapide.

Brücken-Füchse: Nicht zu jedem Revier gehört auch ein Feldteil, wohl aber zu recht vielen. Wenn dann durchs Feld noch ein etwas breiterer Bach oder Graben fließt, gibt es ganz sicher auch eine Brücke für die landwirtschaftlichen Fahrzeuge. In einem solchen Fall passiert der Fuchs keine andere Stelle so zuverlässig wie die Brücke! Wer es nicht glauben will, der muss sich bei Neuschnee überzeugen.

Bäche und Gräben nehmen gerade im Winter auch Einfluss auf den Wind. Wir müssen nur schauen, wie nach einem sonnigen Wintertag am Abend und in der Nacht überm Wasser die Luft hochsteigt. Je näher wir dem Wasserspiegel sind, umso sicherer wird unsere tatsächlich warme Körper- und Kleiderwitterung mit hochgezogen.

Brücke über einen Graben im Feldrevier, dahinter der Wald, eigentlich eine ideale Situation. Die Brücke wird von vielen Wildarten angenommen.

Entlang von Wasserläufen patrouillieren Füchse grundsätzlich gerne. Die Brücke ist der Punkt, an dem sie, ohne nass zu werden, die Seiten wechseln können. Füchse streben aber auch mitten aus der kahlen Feldflur auf die Brücke zu, etwa um aus dem Wald ins Feld oder aus dem Feld zum Dorf zu gelangen. Der auf oder neben der Brücke sitzende Jäger sieht sie dann, wenn es keinen Nebel hat, schon von Weitem kommen.

Natürlich kann man den „Reiz" einer Brücke mit ein paar geräucherten Forellenköpfen oder etwas diskret verlorenem Hundefutter erhöhen. Am einfachsten ist es, sich in ausreichend heller Schneenacht einfach auf die Brücke zu setzen. Ideal, aber nicht zwingend notwendig ist ein weißes, übers Brückengeländer gehängtes Tuch, vor das man sich mit dem Schneehemd setzt. Sieht man den Fuchs kommen, macht man sich schussbereit. Meist stellt eine Doppelflinte die beste Bewaffnung dar. Als „Draufgabe" im doppelten Sinne ist ein Rotpunktvisier zu empfehlen. Wer es sich bequem machen will, verwende einen Campingstuhl mit Lehne. Auf dem sitzt es sich einfach ruhiger, als auf dem traditionellen Stockerl.

Rehe, wenn es kalt und sonnig ist

An sonnigen Wintervormittagen, besonders an solchen nach dunklen und kalten Nächten, sind die Rehe gerne ausgiebig unterwegs. Sie ruhen in den dunklen Nächten mehr als in hellen, verringern dabei ihre Körperoberfläche und sparen damit Energie. In der Früh äsen sie, ziehen ein und tun sich zum Wiederkäuen nieder. Am Vormittag aber werden sie erneut hoch, tanken Sonne und äsen neuerlich. Inzwischen hat die Sonne den Reif von den Äsungspflanzen getaut, und alleine dadurch sparen die Rehe Kalorien.

Jetzt lohnt es sich, mit dem Gewehr draußen zu sein, und wieder müssen wir uns in die Situation der Rehe versetzen: Wohin würde es uns nach einer langen, kalten Nacht ziehen? An die Sonne natürlich und dorthin, wo wir wenig gestört werden. Das kann ein lichter Altholzhang mit ausreichend niedriger Naturverjüngung sein. Je steiler der Hang, umso mehr heizt er sich auf. Das kann natürlich auch eine Kultur- oder noch Schlagfläche sein, ein kleiner Windwurf oder eine eben erst geräumte Fläche, auf der noch die Wipfel des Laubholzes voll saftiger Knospen liegen, vielleicht auch etliche Misteln.

Gerne tun sich die Rehe, wenn sie die Pansen voll haben, auf solchen Flächen auch nieder, um sich zu sonnen. Da ist es gelegentlich schwer, sie zu entdecken. Hin und wieder sieht man irgendwo feinen Dunst aufsteigen – der von Rehen kommt.

Früher war's der Pferdewagen: Wenig Anblick werden wir dort haben, wo am Vormittag noch der Nebel oder Frost liegt und überall dort, wo sich der Reif halten kann. Manche Jäger haben es nicht so mit dem Sitzen und bevorzugen die „Gummipirsch".

Ob ein Reh gut durch den Winter kommt, hängt von seinen Feistreserven ab. Ein Kitz sollte im Dezember 150 Gramm Nierenfeist haben, ein erwachsenes Reh 350 Gramm.

Natürlich sehen sie meist mehr Rehe als der pirschende oder ansitzende Jäger, einfach weil sie mehr Fläche abfahren. Aber – abgesehen davon, dass der Schuss aus dem Auto verboten ist – wer regelmäßig mit dem Auto jagt, wird das bald spüren. Ob aus dem Auto geschossen wird oder ob wir aussteigen, auf dem Dach auflegen oder am nächsten Baum anstreichen, bleibt ziemlich gleich – immer wird das Auto mit dem Schuss in Verbindung gebracht. Wenn, dann müssen wir zu zweit fahren, wobei einer unbemerkt aussteigt (Position auf dem Rücksitz beziehen) und der andere weiterfährt. Ehe der Schuss fällt, muss das Auto verschwunden und etwas Zeit vergangen sein, je mehr, desto besser!

Ganz gut lässt sich das im Gebirge machen, im Mittelgebirge oft noch besser als in den eigentlichen Bergrevieren. Ideal ist es, wenn sich das Wild unterhalb des Weges befindet. Dann zieht in der Regel nicht nur der Wind hoch, der Jäger findet hangseitig auch gute Deckung und kann sich leichter bewegen. Immer ist es gut, schon auszusteigen, ehe man dem Wild wirklich nahe gekommen ist, denn wenn das Auto zügig am Wild vorüberfährt und danach noch einige Zeit zu sehen oder zumindest zu hören ist, beruhigen sich Rehe rasch.

Bei dieser Jagdart – die ja ohne Motor eine lange Tradition hat! – ist es besonders wichtig, nach dem Schuss nicht gleich in Erscheinung zu treten. Oft springen die Rehe im Schuss nur ein Stück weit ab und beruhigen sich dann wieder. Gerade wenn es sich um Geiß und Kitz handelt, wird die Geiß auf das erlegte Kitz warten. Mit ein klein wenig Glück und entsprechender Ruhe gelingt es, auch noch die Geiß oder ein zweites Kitz zu erlegen.

Das letzte Rotwild

Die Rede ist von echtem Rotwild, nicht von Halbjahres-Rotwild. Letzteres ist längst im Wintergatter eingestallt und wohlversorgt. Dass Kahlwild und geringe Hirsche teilweise in den Gattern geschossen werden, wird zwar nicht gerne gesagt, hat sich aber gleichwohl herumgesprochen.

Echtes, weil ganzjährig freilebendes Rotwild nutzt im Herbst und Frühwinter, wenn es nicht frühzeitig an Fütterungen „gebunden“ wird, die natürlichen Äsungsreserven, und es reagiert sehr gut auf sich anbahnende Wetteränderungen. In manchen Jahren hält in dieser Jahreszeit lange die Inversionslage an. Dann ist es oben wärmer als in den Tälern. Es liegt noch kein Schnee, die Wandersaison ist zu Ende, und die meisten Hütten haben geschlossen. Nie ist es so ruhig am Berg wie jetzt. Da müssen wir nicht lange überlegen, wo sich das Rotwild aufhält – ziemlich hoch oben!

Waren die Temperaturen im Herbst mild und die Feuchtigkeit ausreichend, bieten die Almen noch einmal frische Äsung. Auch in Schlägen und an Wegrändern mangelt es noch nicht wirklich. Der Jäger tut gut daran, diese Zeit zu nutzen, auch wenn Anmarsch und Bergung des erlegten Wildes oft mühsamer sind als in talnahen Lagen.

In den Hochlagen liegen Einstände und Äsungsflächen häufig näher beisammen als weiter unten oder im Tal, ganz abgesehen davon, dass es unten meist unruhiger ist. Im Bergwald wird – ehe es zuschneit – noch fest geschlägert. Auf die Wiesen wird Mist ausgebracht, Zäune werden niedergelegt, und am Wochenende ist viel Publikum unterwegs. Hinauf gehen nur noch wenige, weil es früh dunkel wird.

Wer jetzt schießt, hat das Leittier erlegt und sein nachfolgendes Kalb zum langsamen Wintertod verurteilt!

Weil es oben so viel ruhiger ist als noch vor wenigen Wochen, muss auch der Jäger besonnen vorgehen. Ansonsten wird er oben ganz schnell auch nicht mehr sehen als unten. Vor allem aber sollte er alleine sein, vielleicht noch zu zweit. Wenn aber eine komplette Jagdgesellschaft jedes schneefreie Wochenende oben umherspringt und alles verstinkt, wird sie weniger erlegen als ein einziger, behutsam jagender Berufsjäger.

Zum Nachdenken …

Es ist kalt geworden. In der Früh zeigt das Thermometer vorm Fenster immer noch –12 Grad. an. Die stehenden Gewässer sind schon geraume Zeit zugefroren, ebenso die Gräben und Vorfluter im Feld, auf denen den ganzen Herbst hindurch so viele Enten lagen. Nur der Bach ist, der starken Strömung wegen, noch eisfrei. Genau deshalb halten sich jetzt die von überall her zugestrichenen Enten auf ihm auf.

Super – jetzt weiß der Jäger wenigstens, wo er die Enten findet! Ruckzuck sind zwei Handvoll Jäger und drei Hunde zusammengetrommelt, und auf geht's!

Jetzt sei die Frage erlaubt, was los wäre, wenn – vielleicht unter Hinweis auf hohe Wildschäden und bei gut kniehohem Schnee – hinter der Fütterung ein Riegler abgehalten würde. In weitem Umkreis wären sich die Jäger einig: „So eine Sauerei!"

Was aber ist der Unterschied? Hier Rotwild, auf Sparflamme lebend im hohen Schnee, gehetzt von einigen Hunden, und dort Enten, denen die Nahrungsgewässer unterm Pürzel zufrieren. Nicht selten werden die Enten noch an eisfreien Bächen mit Futter gelockt und „angebunden". Der Tresterhaufen im Tiefschnee, an dem das Rotwild geschossen wird, wäre das Pendant.

Und noch etwas: Es zeugt von wenig Verständnis, wenn der Jäger seinen Hund ins eiskalte Wasser schickt, damit er ihm die geschossenen Enten bringt. Es gibt zweifellos genug Jagdhunde, die sogar mit Freude ins eisige Wasser springen, aber ihrer Gesundheit ist es verdammt abträglich, und eigentlich wäre vom Jäger zu erwarten, dass er etwas weiter denkt als sein Hund!

Im Hochwinter

Immer noch Füchse

Wenn der Schnee im Jänner und Feber meterhoch liegt, bleiben wir am besten daheim. Aber es gibt ja auch Jahre, in denen der Schnee sehr spät kommt oder nicht mehr als knöchelhoch liegt, ganz abgesehen von den Revieren im Flach- und Hügelland. Da gibt es noch Möglichkeiten genug, sich mit dem Fuchs zu beschäftigen. Zumindest in der ersten Jännerhälfte ist die Ranz noch in vollem Gange. Da lohnt die Baujagd mit dem Hund ebenso wie der Ansitz am Bau.

So lange die Ranz anhält, treiben sich suchende Einzelfüchse wie Ranzgesellschaften oft am hellen Vormittag noch im Feld herum, ehe sie einem Bau zustreben. Wenn man einige Jahre in einem bestimmten Revier jagen konnte, hat man meist auch Erlebnisse und Erfahrungen gesammelt und weiß, wo es sich um diese Zeit lohnen kann anzusitzen. Das mag eine Kanzel am Waldrand sein, aber auch eine Leiter am Bau.

Beim Auslaufen: In den großen Waldrevieren ist alles ein wenig anders, aber ansonsten streben die Füchse, wenn sie im Winter abends den Bau oder auch ihre Tagesdickung verlassen, dem Feld zu. Die meisten haben als irgendwann im Laufe der Nacht erreichtes Ziel die Umgebung des Dorfes oder dieses selbst. Zuvor laufen sie das Feld ab und kontrollieren alles, was interessant sein könnte. Dazu gehören Misthaufen im Feld ebenso wie Apfel- und Birnbäume, unter denen noch verfaulte Obstreste liegen können oder es zumindest nach Mäusen duftet. Interessant sind alle Grenzlinien, also Waldränder, Feldhecken, Bachufer usw. Gerne beläuft der Fuchs Dämme, Feldwege und sogar Langlaufloipen. Von solchen „Fortbewegungstrassen“ aus unternimmt er seine Abstecher nach rechts und links ins Gelände. Dementsprechend wird man seinen Ansitzplatz wählen.

All diese Verhaltensmuster sind einem Jäger geläufig, wenn er nicht nur zum Schalenwildabschuss und zur Niederwildjagd im Revier ist. Gerade jetzt im Winter gibt es ein Gerät, das jedem

Im Januar treffen wir Rüde und Fähe oft gemeinsam an, immer wieder auch am hellen Tage.

Allradfahrzeug weit überlegen ist – zwei vorne etwas hochgebogene Latten aus Holz oder Kunststoff, die man sich unter die Sohlen schnallt!

Mit der Schleppe: Nun lässt sich etwas nachhelfen, wenn man den Fuchs in eine bestimmte Richtung dirigieren will. Entweder wir legen eine Schleppe oder wir hängen ein „Duftsäckchen" in den Wind. Früher zog man einfach etwas Schlachtabfall, so man noch hatte einen Aufbruch oder auch ein Stück Fallwild übers Feld. Heute kommen rote Schleifspuren bei der Bevölkerung nicht mehr gut an, und der Jäger muss damit vorsichtig sein. Geräucherte Fischabfälle eignen sich am besten. Wer keinen Fischabfall bekommt, besorge sich im nächsten Heimtiermarkt getrockneten Rinderpansen oder ein ähnliches Produkt. Als Behältnis eignen sich kleine Kunststoffnetze, in denen Zwiebel oder Kartoffeln angeboten werden.

Mit einem solchen Netz können wir getrockneten Pansen auch in einen Baum oder Strauch hängen. Der Wind trägt die Witterung locker dreihundert Meter übers Feld, und wenn wir

Duftsäckchen im „Duftbaum".

manchmal ein paar feine Pansenstückchen unter unserem „Duftbaum" verstreuen, wird ihn der Fuchs regelmäßig kontrollieren.

Am Luderplatz: Die Mondnacht draußen am Waldrand, auf der Alm oder in den Wiesen hat ihren besonderen Zauber. Zugegeben: Manchmal ist es etwas kühl. Doch ein Luderplatz, das muss einfach sein! Früher bestand der Luderplatz hauptsächlich aus einem halbmetertiefen Schacht aus Holz oder aus einem Tonrohr, in den das ganze Jahr hindurch Aufbrüche, Nachgeburten, Fallwild und Zerwirkabfälle gegeben wurden, die besonders in der warmen Jahreszeit bestialisch vor sich herstanken. Weder ist das notwendig, noch können wir das heute der Bevölkerung zumuten.

Meine besten Erfahrungen habe ich mit Abfällen geräucherter Fische (Forellen) gemacht. Das ist zwar nach dem Tierkörperbeseitigungsgesetz auch wieder verboten, zieht Füchse aber magisch an. Am besten verwendet man nur die Köpfe und

Ein Luderplatz muss nicht stinken!

Flossen, nicht aber die Gräten. Letztere bleiben, bis sie im Frühjahr langsam einwachsen, im Gras liegen und erregen Ärgernis. Für die weithin duftenden und überdies diskret „tarnfarbenen" Köpfe und Flossen interessieren sich nicht nur die Füchse, sondern auch allerlei Vögel und Mäuse, was den Platz für die Füchse umso interessanter macht. Am häufigsten wird zum Kirren heute jedoch Hundefutter (Trockenfutter) verwendet. Es ist unauffällig, die Füchse nehmen es gerne, und selbst in aufgeweichtem Zustand bleiben kaum Reste liegen.

Viele Jäger versuchen, am Luderplatz menschliche Witterung oder die ihres Hundes zu vermeiden. Das ist Unfug. Im Gegenteil – der Fuchs soll unsere Witterung ebenso gewohnt sein wie die unseres Hundes. Schließlich hat er bei seinen nächtlichen Besuchen im Dorf auch keine Probleme mit Gestank nach Mensch und Technik. Am wenigsten Gedanken müssen wir uns dort machen, wo es immer und überall nach Mensch riecht – in der Nähe des Dorfes. Am empfindlichsten sind die Füchse dort, wo nur selten Menschen hinkommen – auf der winterlichen Alm etwa oder eben weit draußen im Revier. Im Allgäu stand meine Luderhütte direkt neben der Langlaufloipe, und die wurde vom Fuchs ebenso zum Anmarsch benutzt wie von mir!

Nützlich und sinnvoll ist es, wenn wir mitten auf dem Luderplatz, etwa 25 Meter von unserer Hütte oder Kanzel entfernt, einen Pflock einschlagen. Der sagt uns im trügerischen Mondlicht, wie weit wir problemlos schießen können.

Hütte oder Kanzel? Das ist nun wirklich egal. Ich bevorzuge die Luderhütte, weil sie unauffällig zu beziehen und zu verlassen ist und weil sie auch bei Wind weniger Geräusche verursacht als ein Hochsitz. Einigermaßen bequem muss so ein Ding sein, damit wir es auch etliche Stunden in ihr aushalten. Winddicht soll sie sein, wenngleich vorne offen. Ist die Öffnung zu klein, stoßen wir beim In-Anschlag-Gehen leicht mit dem Lauf ans Holz; dann weiß der Fuchs Bescheid. Ein Ablagebrett für Reservepatronen und Fernglas ist ganz nützlich. Vielleicht auch das eine Guckloch zu den Seiten hin, damit wir vorbereitet sind, wenn von dort ein Fuchs anwechselt.

Luderhütte bei einem Bauernhof, direkt neben dem Misthaufen. Ärger mit Aufbruch, Zerwirkabfällen oder Nachgeburten gibt es hier keinen. Dafür ist von Einbruch der Dunkelheit bis zum Morgengrauen Betrieb. Manchmal lagen an einem Winterabend fünf Füchse auf der Strecke. Das Dach ließ sich abnehmen, dann war die Hütte leicht verstellbar.

Mit der Quäke: Auch das Fuchsreizen mit der Quäke gehört zu den sterbenden Jagdarten. Wenn für das Schalenwild die Schonzeit beginnt, sitzt kaum noch ein Jäger draußen. Es ist schon komisch: Landauf und landab bieten Hersteller und Verkäufer von Rehblattern Blattjagdseminare an, die sich großen Zulaufs erfreuen. Lockjagdkurse, bei denen andere Wildstimmen, wie etwa die Hasenklage, vermittelt werden, sind rare Ausnahmen. Das mag ein wenig damit zusammenhängen, dass Füchse nichts zwischen den Gehören tragen und Krähen keine Grandeln haben.

Dabei ist das Fuchsreizen eine schöne und stimmungsvolle Jagdart, die wir höchst angenehm am hellen, warmen Winternachmittag ausüben können. Den richtigen Ton zu treffen, ist gar nicht so schwer. Die Töne, die ein vom Fuchs gegriffener Hase noch mit letzter Kraft herausbringt, sind nicht genormt. Wir müssen uns die Szene nur bildlich vorstellen: Der erste Aufschrei, wenn der Fuchs zufasst. Die verzweifelten Befreiungsversuche des Hasen, die etwas abgehackt herausgewürgt werden, weil die Kiefer des Fuchses auf Kehle oder Brustkasten drücken. Irgendwann die absterbende Klage, bei der wir förmlich ein paar letzte Zucker des Hasen mit den Hinterläufen sehen.

Wer dieses „Hörbild" schon einmal real in der Natur erlebt hat, weiß, dass so ein Kampf keine fünf Minuten währt; er ist schnell vorbei. Der Fuchs fängt auch nicht alle zehn Minuten einen neuen Hasen. Warum also trompeten manche Jäger ununterbrochen mit ihrer Hasenklage? Kein Fuchs glaubt einen solchen Schmäh. Es gelingt auch nicht, einen auf Sicht scheinbar gleichgültig vorüberschnürenden Fuchs mit mehrfachem Klagen zum sofortigen Zustehen zu bringen. Wir wissen ja gar nicht, was in seinem Kopf vorgeht. Vielleicht hat er etwas Schöneres im Kopf als banale Fresserei? Vielleicht hat er von einem Artgenossen vor noch nicht langer Zeit eine Tracht Prügel bekommen? Vielleicht auch hat er den Betrug schon einmal entlarvt und versucht, sich mit einem gehörigen Umweg Klarheit zu verschaffen?

Aus dem Bau pfeifen wir keinen Fuchs heraus. Er muss seinen Tagesruheplatz schon heraußen haben. Also haben wir an warmen oder zumindest sonnigen Wintertagen die größeren Chancen. Je weiter es ins neue Jahr hineingeht, desto weniger stecken die Füchse im Bau. Ende Jänner oder im Feber werden wir also mehr Erfolg haben als Anfang Januar.

Wo wird der Fuchs den Tag verbringen? Irgendwo, wo die Sonne hinscheint, also eher süd- als nordexponiert. In einer lückigen Dickung, einer Kultur oder auf einer Schlagfläche eher als im dunklen Stangenholz oder kahlen Altholz.

Wo werden wir unseren Platz suchen? Dort wo wir den Fuchs kommen sehen, dieser sich aber in ausreichender Deckung

Wer bei der Lockjagd auf „Dauerton" schaltet, wird zum ungerufenen Vertreter, dem keiner etwas abkaufen will!

wähnt. Das kann ein Altholz mit einzelnen Verjüngungshorsten sein. Wichtig ist, dass der Wind auf uns zusteht, dass wir nicht in der hellen Sonne sitzen und ausreichend Deckung haben. Vor allem aber müssen wir unseren Platz erreichen, ohne vom Fuchs bemerkt zu werden.

Kommt der Fuchs, ist höchste Vorsicht geboten, denn er lokalisiert die Stelle, von der aus die Klage kam, punktgenau, was übrigens auch Rehe tun, wenn wir blatten. Die Flinte, oder besser noch die Kombinierte muss folglich parat sein. Eine Auflage für den Fall, dass doch ein Kugelschuss notwendig wird, ist zweckmäßig. Sobald der Fuchs innehält und das Gelände sondiert, ist es geboten, zu schießen. Meist ist das ein Zeichen, dass er dem Frieden nicht so richtig traut und eventuell umschlägt.

Füchse drücken: Eine andere, sehr schöne Jagdart auf den Fuchs ist das Drücken. Es darf halt nicht viel Schnee liegen, und wir sollten wissen, wo er steckt. Letzteres ist ein wenig Erfahrungssache. Dort, wo im Herbst im Wald noch auf Hase und Fasan

Beim winterlichen Fuchsdrücken oder Fuchsreizen ist das Schneehemd eine sehr gute Sache, die den Jäger in der Landschaft fast verschwinden lässt.

gejagt wird, weiß der Jäger ohnehin, wo Füchse gerne stecken. Auch beim Riegeln auf Rehwild macht man seine Erfahrungen.

Nun wollen wir keine „Veranstaltung“, sondern am liebsten alleine oder zusammen mit einem zuverlässigen Freund drücken. Wir können uns die Fuchsdickung, so wir eine haben, vom Hund durchdrücken lassen. Wer keinen Hund hat, lässt einen Helfer durchgehen. Meist kommt der Fuchs vor einem Helfer gemütlicher als vor einem Hund. Die alles entscheidende Frage ist die, wo wir uns anstellen. Der Fuchs wird bestrebt sein, sich in Deckung davonzuschleichen und auf möglichst kurzem Weg wieder in eine Dickung einzutauchen. Gerne nimmt er alte, etwas eingesunkene Erdwege an. Hangmulden sagen ihm zu, ebenso Blockhalden.

Bei Gefahr verhalten sich Füchse am liebsten so:

- Sie verdrücken sich gegen den Wind.
- Sie nehmen am liebsten die kürzeste Verbindung zum nächsten Einstand.
- Sie bevorzugen, wenn sie sich verdrücken, einen Fluchtweg mit ausreichend Deckung.

Wenn der Jäger diese drei Dinge abklärt, kann er ziemlich sicher sagen, wo der Fuchs kommen wird. Natürlich können auch zwei oder drei Ziele in Frage kommen; dann tut sich ein Jäger alleine schwer. Manchmal nimmt der Fuchs aber auch einen anderen als den kürzesten Pass, weil ihn dieser über einen stark vom Publikum genutzten Weg führen würde oder weil irgendein Vorkommnis, etwa ein Fahrzeug, das Holz lädt, davon abhält.

Jeder Jäger weiß, dass sich Füchse gerne nach hinten aus dem Staub machen. Da gibt es, wenn man auf den Frontstand nicht verzichten will, zwei Möglichkeiten. Entweder, es müssen zwei Schützen sein, oder wir bauen hinten ein „Gespenst“. Das heißt, wir hängen im Wind – etwas außerhalb der Fuchsdickung – einen Mantel oder Parka auf, damit der Wind die Witterung dem Fuchs entgegenträgt.

Zweckmäßig ist es auch, wenn der Helfer, der uns die Dickung durchdrückt, erst einmal auf der Rückseite laut redend spazieren geht. Das ist viel besser, als wenn er sich ruhig nähert und dann gleich laut vernehmlich zu drücken beginnt oder aber auch in aller Stille drückt. In beiden Fällen signalisiert er dem Fuchs, dass hinten „offen" ist.

Auf dem Stand darf sich der Jäger nichts erlauben. Er muss von Anfang an unbeweglich stehen, oder besser noch: sitzen, denn in der Mehrzahl der Fälle kommt der Fuchs schon bald nach dem Angehen des Helfers. Immer ist es gut, sich etwas seitlich des gedachten Passes zu positionieren, was – je nach Wind – sogar unverzichtbar sein kann.

Wer's noch kann – die Marder

In meiner Jugend war das „Marder-Ausklopfen" noch überall gebräuchlich. Bei einer Neuen wurde am Rand des Dorfes und selbst mitten drinnen abgespürt und festgestellt, in welchem Schopf, Stall, Scheune oder Dachboden ein Marder steckte. Hatte man einen fest, wurden ein oder zwei Jagdkollegen mit ihren Flinten gerufen, ebenso noch ein oder zwei Helfer. Während die Jäger um das Gebäude herum Stellung bezogen, versuchten die Helfer, den Marder mit Lärm auszutreiben. Niemand regte sich darüber auf, wenn zwischen den Häusern geschossen wurde. Heute ist das undenkbar. Selbst wenn die Jäger mit ihren Flinten am Rande des Dorfes einen Stadel umstellen, bleiben sie nicht lange ungestört. Ganz schnell bildet sich eine „Bürgerorganisation", die sich gegen allfällige Schüsse energisch verwahrt, ebenso gegen das sinnlose Töten eines so lieben Tierchens wie den Marder.

Aber draußen, in den Schupfen und Stadeln im Feld und am Waldrand, ist diese Jagdart noch möglich. Die Frage ist, ob sich der Aufwand lohnt. Wo der Marder regelmäßig verkehrt, lässt sich sein Aus- und Einschlupf meist leicht feststellen, ebenso, welchen Weg er von dort aus nimmt. Marder queren ungern das freie, kahle Feld. Lieber huschen sie von Obstbaum zu Obstbaum, versinken gerne in Radspuren, nehmen Holzstöße an und

Wer den im Stadel steckenden Marder alleine austreiben und schießen will, deponiert eine Weckeruhr mit eingestellter Weckzeit und postiert sich selbst unter Berücksichtigung von Wind und Schussfeld im Wald. Sobald im Stadel der Wecker läutet, muss der Schütze aufwachen.

tauchen in Hecken ein. Hat man einen in einem Stadel fest, kann man beruhigt heimgehen und am frühen Abend zurückkehren. Vorher muss man sich noch einen Platz für den Abend suchen. Natürlich wird der Marder von seinem Ausstieg aus erst einmal die Lage sondieren, ehe er zu Boden geht. Entsprechend müssen wir sitzen. Ideal ist es, wenn er zuerst das Dach seiner Unterkunft quert, sofern auf diesem Schnee liegt. Dann ist der Schuss relativ einfach. Allerdings läuft man Gefahr, den einen oder anderen Ziegel ersetzen zu müssen.

Eigentlich mögen Marder so ziemlich alles Süße, egal, ob Dörrobst, Rosinen oder Honig. Eine ziemlich einfache Methode ist die, regelmäßig auf einem Stadel- oder Scheunendach mit Rosinen zu kirren. Man wirft diese einfach in den auf dem Dach liegenden Schnee. Der Marder ist dann zunächst beschäftigt, trotzdem darf man mit dem Schuss nicht allzu lange warten. Liegt der Schnee auf dem Dach hoch und ist es schon ziemlich dunkel, tut man sich mitunter schwer, auf den kleinen Kobold fertig zu werden.

Eine andere Methode ist die, die Rinde eines alten Obstbaumes regelmäßig mit Rosinen zu bestücken. Allerdings bekommen das sehr schnell auch Vögel mit und räumen vorher schon ab. Da ist es oft besser, in die Ritzen der groben Rinde etwas Honig zu schmieren.

Beim Ansitz am Marderpass kommt auch das Schneehemd wieder zu Ehren. Manchmal lässt sich der Schein einer Straßenlaterne nutzen. Grundsätzlich macht der Mond den Schnee aber auch dann hell genug, wenn er sich hinter den Wolken versteckt. In der Nähe von größeren, stark beleuchteten Ortschaften sorgen mitunter sogar die Wolken für ausreichend Licht, weil sie dieses zurückwerfen.

Unterm Holz im Wald: Gar nicht selten entdecken wir eine Marderspur, die unter einen Holzstapel führt und dort endet. Der Fall ist klar: Der Marder steckt. Die Frage ist nur die, wie wir ihn zum Springen veranlassen. Wenn er uns bemerkt, was fast immer der Fall ist, wird er nicht ohne Not springen wollen. Unserem Dackel ist er in der Enge eines Holzpolters weit überlegen. Haben wir zufällig einen Helfer dabei, kann der versuchen, ihn mit Hilfe einer Rute und Rufen zum Springen zu veranlassen. Gelingt dies in den ersten fünfzehn Minuten nicht, ist es besser, zum Schein abzuziehen. Helfer und Hund entfernen sich alles andere als diskret. Selbst sucht man sich zuvor einen Posten, bei dem der Wind passt und der etwas Deckung gewährt. Eine Sitzgelegenheit sollte vorhanden sein, denn eine Stunde kann es leicht dauern, ehe der Marder dem Frieden traut und sich davonmacht.

Die fast bessere Methode ist die, das Versteck des Marders so diskret wie möglich zur Kenntnis zu nehmen und erst am frühen Abend beziehungsweise Spätnachmittag zurückzukehren. Im Wald machen sich die Marder meist etwas früher auf den Weg als am Ortsrand. Auch hier passen Schnee und Schneehemd wieder gut zusammen. Bekommt der Marder jedoch die Anwesenheit des Jägers mit, verlässt er den Holzstapel kaum vor Einbruch der Dunkelheit. Am besten richtet man sich, sobald der Unterschlupf des Marders bekannt ist, unter Berücksichtigung des Windes

Die Jagd auf den Marder ist äußerst reizvoll. Der Jäger macht sich dabei oft die Vorlieben der Marder auf alles Süße – Dörrobst, Rosinen oder Honig – zunutze. Auch Vogelbeeren mag er.

zwei still erreichbare Plätze. Knirscht der Schnee, wird man todsicher bemerkt. Da gibt es nur eines: einen Helfer mitnehmen, der am Unterschlupf vorbeigeht und sich laut redend entfernt.

Es gibt noch eine Methode, den Marder zum Springen aus dem Holz zu bewegen, sie war freilich unseren Vorfahren noch unbekannt und funktioniert nur bei kleineren Holzstapeln halbwegs zuverlässig. Hat man den Marder im Holz fest, deponiert man dort selbst sein Handy und wartet eine halbe Stunde. Mit einem zweiten Jäger geht man, sodass der Marder möglichst nichts mitbekommt, in Position und lässt das im Holz zurückgelassene Handy anrufen. Meist dauert es keine drei Minuten, und der Marder verlässt den Holzstapel.

Literatur

HESPELER, BRUNO (2003): Rehwild heute, BLV, München.

HESPELER, BRUNO (2004): Fuchs und Marder, BLV, München.

HESPELER, BRUNO (2012): Erfolgreich jagen, BLV, München.

HESPELER, BRUNO (2012): Vor und nach dem Schuss, BLV, München.

HESPELER, BRUNO (2013): Riegeljagd, Österreichischer Jagd- und Fischerei-Verlag, Wien.

STEINHAUSER, NORBERT (2010): Büchse, Österreichischer Jagd- und Fischerei-Verlag, Wien.

WINKELMAYER, RUDOLF (2013): Wildbret-Hygiene, Zentralstelle Österreichischer Landesjagdverbände, Wien.

WINKELMAYER, RUDOLF (2014): Ein Beitrag zur Jagdethik, Österreichischer Jagd- und Fischerei-Verlag, Wien.

ZEILER, HUBERT (2005) Rotwild in den Bergen, Österreichischer Jagd- und Fischerei-Verlag, Wien.

ZEILER, HUBERT (2009) Rehe im Wald, Österreichischer Jagd- und Fischerei-Verlag, Wien.

ZEILER, HUBERT (2012) Gams, Österreichischer Jagd- und Fischerei-Verlag, Wien.